考宅惟型

莫阳 著

美术史视野下的
战国中山王墓

北京大学出版社
PEKING UNIVERSITY PRESS

图书在版编目（CIP）数据

考宅惟型：美术史视野下的战国中山王墓 / 莫阳著 . —北京：北京大学出版社，2021.11
ISBN 978-7-301-32671-8

Ⅰ . ①考… Ⅱ . ①莫… Ⅲ . ①陵墓—建筑艺术—研究—平山县—战国时代 Ⅳ . ①TU251.2

中国版本图书馆CIP数据核字（2021）第213900号

书　　　　名	考宅惟型：美术史视野下的战国中山王墓
	KAOZHAI WEIXING：MEISHUSHI SHIYE XIA DE ZHANGUO
	ZHONGSHANWANG MU
著作责任者	莫　阳　著
责 任 编 辑	赵　阳
标 准 书 号	ISBN 978-7-301-32671-8
出 版 发 行	北京大学出版社
地　　　　址	北京市海淀区成府路205号　100871
网　　　　址	http://www.pup.cn　　新浪微博：@北京大学出版社
电 子 信 箱	pkuwsz@126.com
电　　　　话	邮购部 010-62752015　发行部 010-62750672　编辑部 010-62707742
印 刷 者	北京市科星印刷有限责任公司
经 销 者	新华书店
	720毫米×1020毫米　16开本　17印张　300千字
	2021年11月第1版　2021年11月第1次印刷
定　　　　价	68.00元

目 录

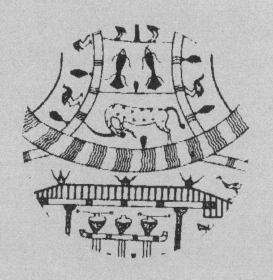

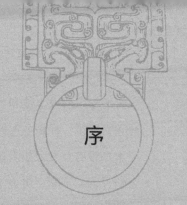

序

　　莫阳的这本书是在博士学位论文的基础上，经过数年沉淀修改而成。虽然她此前已出过几种不同类型的书，但这一本应是她用力最深的。莫阳从本科到博士研究生，都在中央美术学院学习美术史，毕业后又在中国社会科学院考古研究所工作。这与我的经历恰好形成一种"反相"——我是从学习考古，转向美术史的教学和研究。莫阳毕业后，常回母校找我聊天，我们谈的较多的一个话题，便是这两个学科的关系。这本书，可以看作她对这一问题思考和探索的阶段性成果。

　　本书所讨论的，是1974年发掘的河北平山战国中山王墓。近半个世纪以来，围绕这座重要的墓葬，已有大量研究成果发表，许多文物也为人所熟知。例如，墓中出土的兆域图铜版，即是较早的工程规划图。根据镶嵌在铜版上的《诏命》，该图"其一从，其一藏府"。《诏命》还严厉地说："不行王命者，殃连子孙！"这种语气与其说是政令，倒不如说是诅咒，暗示着世俗权力已无法控制未来。当兆域图上规划的享堂动工时，图版与其主人都已深埋在墓穴中。身处另一个世界的王，只能寄托于宗教的力量。他永远也不会想到，在两千多年之后，他的墓葬及各种随葬品会成为学术研究的对象。

　　这位中山王无法左右死后享堂、陵园等建筑项目的落实情况，更无法左右今天的学术研究。他和他的时代，早已成为过往。因此，所有的讨论，从某种意义上说，都是今人的提问。正像卡尔·波普尔（Karl Popper）所言，历史本身没有意义，如果说有，也是人们在研究中发现和附加的。学者们从考古学、古文字学、历史学、技术史、美术史等不同角度切入，对这些地下出土材料的研究，所采用的理论、方法、术语、技术乃至行文方式，都受到不同学术传统的影响，也随着当下世界的变化而不断转换。相关学科和领域的学者一方面彼此启发和支持，另一方面也不免局限于各自的知识结构，局限于所谓的"道统"与"家法"，而一些跨界越线的探索，就免不了首先在"路数"的合法性上受到质疑。实际上，身处同一个时代的学者，即使受到不同的学术训练，服务于不同的学术机构，思考问题的方式从本质上说总是大同小异。所谓的学科，都只是手段，而不是目的。人们从不同的角度向前摸索，有的摸到象鼻，有的摸到象尾，只有通过彼此的交流、理解、妥协，才能拼合出大象相对完整的图像。

本书在副标题中特别声明是美术史视野下的战国中山王墓。在我看来，这种声明不是可有可无的。由于美术史研究者不像考古学者那样第一时间出现于发掘现场，解释的层面上，有关经验不足，缺少现成的模板，难免会面对考古学者的质疑，这是作者无法回避的。18 世纪上半叶，近代意义的考古学开始形成，它的一个重要的特征便是超越传统的古典考古学，其研究对象和所关心的问题越来越广泛。1863 年开始的古罗马庞贝（Pompeii）古城的发掘，主要目标是复原古城的原貌，而不是获得艺术品。但是，这并不意味着从约翰·温克尔曼（Johann Winckelmann）开始的对古典艺术的审美研究不再具有价值，更何况，由此而产生的美术史学后来发展为同样富有尊严的人文学科。反观中国，艺术在早期文明中所扮演的角色，及其对于后世的意义，也是绝对不可忽视的问题。人们所熟悉的张光直先生的《美术、神话与祭祀》一书，就严肃地讨论了这样的问题。毫无疑问，对于这类问题的讨论，美术史不能缺席。近年来，汉唐考古材料已得到许多美术史学者的重视，所获成果也相当丰厚，而对于先秦考古材料，从美术史角度介入的研究还十分有限，其难度可想而知。年轻学者知难而进，我认为是值得鼓励的。

考古学和美术史学的研究都立足于物质性材料，但二者仍有一些差别。中国考古学的主体，某种程度上仍在傅斯年先生"上穷碧落下黄泉，动手动脚找材料"这一传统的延长线上，以普遍理性为基础，以复原历史、探求历史规律的宏大叙事为基调，忽略个体和偶然性。而美术史研究则更注重研究作品的特殊性，试图捕捉到艺术实践的活跃与精妙。在美术史家看来，每一件具有独特艺术价值的作品背后，都有一双创造它的手，一个与众不同的大脑。无论是张彦远的《历代名画记》，还是瓦萨利的《大艺术家传》，都包含有"艺术家 + 代表作"的二元结构。对于普遍性和特殊性的这两种追求，并不完全矛盾，但如何建立二者有机的关联，则需要大量的试验。

从美术史的视角出发，莫阳将研究对象设定为"作品"，而不是考古学所说的"标本"。她所说的"作品"，小到盈盈在手的器物，大到倚山望河的陵墓与城池，体量和形态各不相同，已不像传统美术史那样局限于一轴绘画、一尊雕像。在她的讨论中，这些"作品"都是特定历史条件下的产物，既与时代、地域、国族、文化传统等大背景相关，又与具体的事件、人物密不可分。书中对铭文书体、方壶结构、墓葬空间、自然景观等形式和视觉因素的分析，也都与研究对象属性的设定相关。

莫阳感兴趣的除了"作品"本身，更有其背后的"作者"。这里的"作者"不是以往的大艺术家，而是一种复数形式，包括拥有者、策划者、制作者等多种力量。她对于工程管理机制、工匠身份变化、产品与工匠复杂的关系等方面的讨论，最值得美术史研究者留意。在这个层面上，美术史的写作超越了英雄史观，不再只是著名艺术家的笔意墨趣。书中唤醒了戠、疥等大批不见于史乘的巧工，呈现出不断变动的大历史中这些小人物的位置与贡献。

就美术史本身而言，这本书所使用的材料、所讨论的问题、所采取的方法，都不是常规性的。换句话说，所谓"美术史视野"，并不是完全套用既有的概念和程序，而是一种提问方式的变化。而其最终目的，无非是以人释物，由物见人。在这一点上，又与考古学殊途同归。

以上所谈，只是我个人重读书稿的一点感想，也许并不能准确涵盖本书的主旨。说到底，这本书是莫阳个人的"作品"（借用她的概念）。我想，赞许的声音，对她是一种鼓励；但如果由此能引发更多的讨论，甚至不同的意见，对她来说，也是很幸运的事情。莫阳在学术道路上来日方长，我期待着各位前辈和同仁给予她更多指导，也希望她继续努力，取得更好的成绩。

郑 岩

2020 年 8 月 26 日

从四龙四凤铜方案说起

　　1974 年，河北省文物管理处在平山县三汲公社调查时发现一处战国时期的古城，其后数年间陆续发掘出春秋战国时期的墓葬三十座、墓上建筑遗迹两处、车马坑两座、杂殉坑一座、葬船坑一座，出土文物一万九千余件。[1] 这一发现引起学术界的广泛关注。研究普遍认为，这里就是战国时期中山国的都城与王陵。这批材料后来结集成《𰯼墓——战国中山国国王之墓》[2]（以下简称《𰯼墓》）和《战国中山国灵寿城——1975—1993 年考古发掘报告》[3]（以下简称《灵寿城》）刊布。在所发掘的墓葬中，编号为一的大墓（M1）拥有呈金字塔形的高大封土，规模最为宏大。[4] 一号墓出土遗物众多，其中不乏制作精良的重器。根据随葬器物上的铭文，该墓的墓主是中山国国君𰯼。

　　在𰯼墓（M1）出土的众多随葬器物中，四龙四凤铜方案因制作精巧久负盛名（图 0-1）。方案使用的支撑结构近似于建筑中的斗栱，因而深受建筑史

［1］河北省文物管理处：《河北省平山县战国时期中山国墓葬发掘简报》，《文物》1979 年第 1 期，第 1 页。河北省文物研究所：《𰯼墓——战国中山国国王之墓》（上册），北京：文物出版社，1995 年，第 1—2 页。

［2］河北省文物研究所：《𰯼墓——战国中山国国王之墓》（上下册），北京：文物出版社，1995 年。

［3］河北省文物研究所：《战国中山国灵寿城——1975—1993 年考古发掘报告》，北京：文物出版社，2005 年。

［4］封土残高 15 米，顶部边长 18 米，底部东西长 90 米、南北长约 100.5 米。《𰯼墓》（上册），第 11 页。

1

0   10厘米

2

图 0-1　四龙四凤铜方案（1. 莫阳拍摄，2. 摘自《𪨗墓》）

学者的关注。其他学科的学者也从各自的角度研究这件遗物，意见颇有分歧。参照中山国墓葬出土其他遗物的情况，这件方案应是实用器而非明器。那么，作为一件实用器，对于器物的使用者而言，这件器物是用在什么地方，如何摆置的？进一步追问，制作者是如何生产，它又是如何呈现在拥有者眼前的？

　　作为一件家具，四龙四凤铜方案的结构十分繁复——每一个细节都可以被提取出来，反复玩味。这种精巧、致密所带来的视觉体验，远超出它作为一件家具的实际意义。这些看似"冗余"的视觉信息，赋予四龙四凤铜方案以美感，并将它转化为一件可以被解读的"作品"。

一、四龙四凤铜方案

　　四龙四凤铜方案出土于未被扰动的𰻞墓东库（图0-2）。其结构之复杂，造型之优美，使人赞叹。

　　方案由三个可拆卸的部分组成（图0-3）。最下层是底座，圆环形的底座并不直接接触地面，而是被两牡

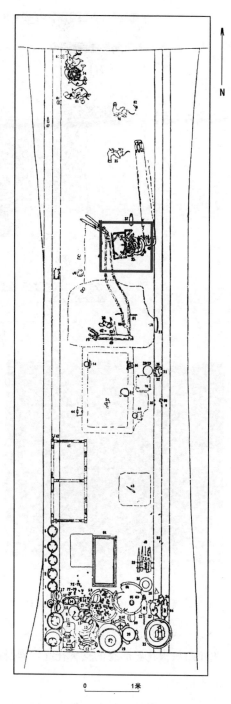

0　　　　1米

图0-2　四龙四凤铜方案出土位置（摘自《𰻞墓》）

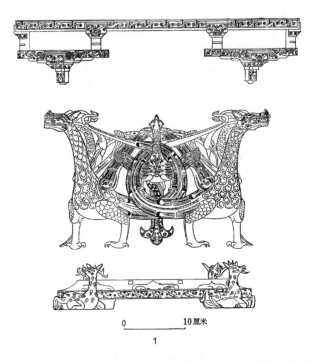

图 0-3　四龙四凤铜方案的组合 / 拆解（1. 莫阳据《𪊮墓》底图改制，2 和 3. 摘自《战国鲜虞陵墓奇珍》）

两牝四只梅花鹿形态的支脚托起。鹿身内侧有凹槽，环形底座的内折边正好可嵌入槽中。

　　中层的设计最复杂，视觉效果也最华丽，是由四龙四凤穿插组成的支撑结构，起到连接底座和承托桌案的作用，也是作品形态由圆转方的关键。中层支撑结构的主体是分踞四角的四条龙，龙的两只前爪支撑在环形底座上，胸口的位置正对平均分割底座的四只梅花鹿；相邻二龙间相错分布四凤鸟，凤鸟的尾羽垂落，搭接在底座上，与龙的双爪一样，起到支撑作用。龙的身体自脖颈一分为二，向两侧伸展，绕过凤鸟的身体又回转，两条尾巴的尖端分别与龙首上的双角勾连。四龙与四凤鸟的羽翼均向内聚合，交织成一个镂空的半球型。如此便在环形底座之上形成一个各部分紧密联结的支撑结构。

最上一层是放置案板的框架，包含承托构件和方形边框两部分。其中承托构件有四组，造型近似一斗二升的斗栱。这四组构件的底端，分别搭接在中层的四个龙首之上；顶端则铸接正方形案板边框。正方形边框内侧有"匚"状凹槽，槽内原应嵌合漆木板。[1]

这件四龙四凤铜方案的设计巧思体现在精妙的框架结构之中：由底层环形基座到最上层的正方形案框，完成了从平面转向立体，将圆环转化为半球又转化为正方形的过程。在结构上，方案的底部和中心紧凑聚拢，而四角又呈现向外、向上舒展的动势（图0-4-1）。更有趣的是，这本就极具形式美感的结构还被赋予了具象化的面貌，与具体的动物形象结合，带来更加丰富的视觉感受。从形象上看，四肢蜷起的梅花鹿位于最底层，中层的龙凤形象羽翼和身躯紧密聚拢，而整体姿态却是舒展的，尤其四龙修长的脖颈伸向四方，完成了从内敛到外放的转化。方案的结构与附属于结构的动物形象在形式意图上互相匹配，从而共同构成了这件造型舒展不失稳重的青铜作品。

从立面上看，方案的三层结构呈现一种层层外放的形式：环形底座直径31.8厘米，外伸的龙首在垂直方向上略超出底座范围；而向四方伸展的龙首仍非最终案框的长度，龙首之上插接一斗二升斗栱，从四边转角承托起案框，使方案的边长达到47.5厘米，下小而上阔。考虑到四龙四凤铜方案的高度是36.2厘米，整个方案在立面呈现为底边短而上边宽的倒梯形（图0-4-2）。华

---

[1]《罍墓》（上册），第137页。

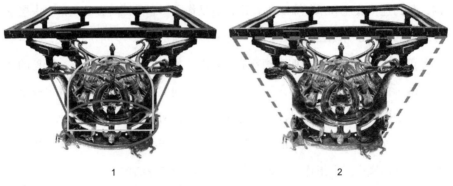

1　　　　　　　　　　2

图 0-4　四龙四凤铜方案的结构形式示意（莫阳制图）

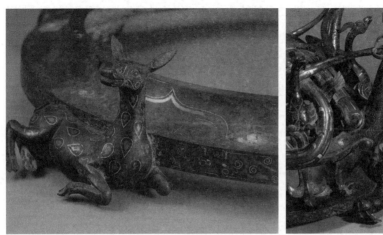

图 0-5　四龙四凤铜方案局部（摘自《战国鲜虞陵墓奇珍》）

美的结构和丰富的细节使方案的整体形态如同绽放的花朵。

　　复杂交缠的龙凤增加了整体结构的复杂性，引起观者在视觉上的好奇和探索，而细部刻画和纹饰装饰更是对这种视觉乐趣的进一步放大。错金银的装饰手法，使本来色彩凝重的铜方案变得斑斓。龙身上的鳞片、梅花鹿皮毛上的斑点、凤鸟缤纷的翎毛——一切细节都以线条精准勾勒出来，又被不同材质的金属填充。铜底色之上又点缀金、银、红铜，丰富的色彩层次使人目眩神迷。不难想象，在制作完成之时，四龙四凤铜方案应比两千多年后的今天拥有更斑斓的色彩（图 0-5）。

说明: 这是按整个器物的结构依铸造工艺排列的, 每一铸件成一对立单位, 每个单位右下角数为整个器物中所具有的个数。各单位之间的连线反映二者之间具连接关系, 连接手段在连线上 (旁) 标注, 标注汉字右下角的数字, "×"前者为次数, "×"后数字表示连接点数。每个单位最后"[ ]"内的数字, "×"前者是每个体范数, "×"后者为所铸个数。"□"内的单位为一整体。连线具箭头者, 表示两者为铸接关系, 所指者先铸。

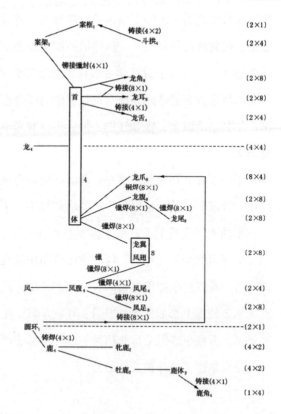

图 0-6 四龙四凤铜方案铸造关系（摘自苏荣誉:《战国中山王䁔墓青铜器群铸造工艺研究》,《磨戟: 苏荣誉自选集》, 上海: 上海人民出版社, 2012 年, 第 232 页）

　　与精美得让人目不暇接的视觉感受相应, 方案的铸造技术也可谓极端繁复, 几乎可称得上是块范法铸造技艺的巅峰之作。全器各部分都需分别铸造, 后期经过巧妙的嵌铸和铆焊组合成整体。单就方案转角的一条龙而言, 就包含首、身、翼、足 4 个部件, 其中龙首还包括双角双耳和龙舌 5 个附件, 每个部件和其所包含的附件都需要分别制范和浇铸, 再通过铸、焊的技术一步步组装拼合。一件四龙四凤方案的成形, 需要预先制作 78 个部件, 经 22 次铸接、48 次焊接将它们组合成整体。制作过程相当精密, 共计使用了 188 块泥范、13 块泥芯。专家因此将这种分铸铸接法的极端形式命名为"全分铸式"（图 0-6）。[1] 在方

[1] 苏荣誉、刘来成、华觉明:《中山王䁔墓青铜器群铸造工艺研究》, 见《䁔墓》(上册), 第 551 页。

案制作成形之后，还需要精细的后期加工，将铸造过程中产生的铸接痕迹打磨平整，仅就这件器物而言，铸造后的加工极为细致，几乎将范铸工艺产生的痕迹消磨殆尽，以至于曾让学者误认为它是失蜡法铸造。[1] 在完成打磨工序后，四龙四凤铜方案通体还装饰有细致复杂的错金银纹饰，这需在器表凿刻细小沟槽，于其中填以金、银和红铜，最后再打磨光滑，使各种材质的金属勾画出细腻图案。

不同部件分别制范、浇铸，各部件铸造完成后经过铸接、焊接和拼插，作品才大致成形。其后是更需耐心的后期加工，不难想象在这件占地面积不足半平方米的实用家具上，耗费了多少心思和人工。整件作品制作过程繁复至极，却又呈现出极强的完整性，这一方面说明作品在制作之前经过严密而细致的设计，否则难以想象如何将数以百计的部件组合成完整作品，使其不论在整体形态或细节处理上都如此恰如其分；另一方面，在制作过程中必然需要严密的统筹规划，否则很难保证这些精密的部件全部能严丝合缝地拼接起来。

是谁制作了这件精美作品？

二、由物见人

如果将四龙四凤铜方案视为一件卓越的艺术品，它的确能为观者带来层次丰富的视觉享受；但作为一件实用家具，它既具备被观看的价值，同时也有使用价值。

缺席的案板

笔者曾比对四龙四凤铜方案的造型和尺寸，试图证明它不仅是置物家具，

---

[1] 谭德睿：《灿烂的中国古代失蜡铸造》，上海：上海科学技术文献出版社，1989 年，第 59 页；《中国古代失蜡铸造刍议》，《文物》1985 年第 12 期。

图 0-7　四龙四凤方案展览空间中的视觉感受复原（无案面／有案面）（莫阳制图）

还可能是一件博局。[1] 但遗憾的是方案的面板早已腐朽成灰，这一推论永远无法得到确证。不过在这个思考过程中，也提示了一个显而易见却长久被忽略的问题。当我们面对这件结构精美的作品时，往往直接进入审美的、技术的层面，而忽略了它作为家具的实际功能——当没有案面时，整个青铜框架不具有任何实用性，不论四龙四凤架上放置的是普通的素案还是一副博局，消失的案面才是整个方案最重要的结构。正如挂在墙壁上的油画，画框装饰再精美，在功能上也不能取代框内的画作。

　　不仅如此，方案层层托举的倒梯形结构，上阔下狭，那么案面的存在势必会遮挡其下的精美结构。我们之所以能自如欣赏这件方案，完全得益于现代的展陈条件。而在透明材质发明前的战国时期，人们的视线无法穿透案面欣赏到最为精彩的龙凤穿插结构（图 0-7）。

　　进一步而言，将方案还原到它实际使用的场景中时，使用者的相对视角比起展厅的陈列又有所提高，这一角度更不便于观看整器中最精美的部分——全器通高 36.2 厘米，这与其复杂精巧的结构比起来，确实太过低矮。方案高度与成人身高的悬殊比例，致使不论站立或跪坐，使用者的视线都无法穿越案面观看到其下的精美结构（图 0-8）。也就是说，对四龙四凤方案而言，使用

---

[1] 详见本书附录一"几案或博局？"。

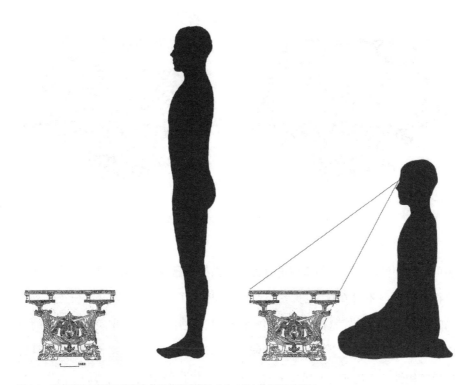

图 0-8　四龙四凤方案使用空间中的视觉感受模拟（站／坐）[1]（莫阳制图）

与观看是相矛盾的——移除案面才能观赏结构，但与此同时却失去了作为家具的实际功能——两种价值不能共存，只能选择其一。今天的观者透过展柜的玻璃，可以毫无阻碍地审视这件作品，从中获取极大的视觉满足感。这一方面得益于博物馆提供的现代展示空间和木制案面的朽坏；另一方面，将四龙四凤铜方案陈列在博物馆，体现了将文物"经典化"的结果，将它转化为欣赏和研究的对象，从而消解了其自身的功能属性。但显然，今天我们观看和理解四龙四凤铜方案的方式，并不同于方案被使用时的原始语境。

　　为何消耗了巨大的人力、物力制造的器物，却在使用时被遮盖了起来？这是一个复杂的问题，背后存在着多种可能性。笔者无意于细检每一种可能性，重要的是这一观察提供了一种重新思考物与人关系的角度。

---

[1] 图中人物身高取 170 厘米。

"两种拥有"——器物诞生的两个维度

尽管制作和使用器物的主体都是人，四龙四凤铜方案的例子却将这个问题引向更复杂的层面。

上文所说的观看与使用的矛盾，更多是站在使用者角度所理解的"拥有"。如果一件精美的作品在实际使用时，实用功能和可观赏性发生矛盾，使用者只能占有其中一种价值，那么对使用者而言，这种"拥有"就变成一种选择，选择一种价值的同时必然放弃另一种，二选一的困境必然造成浪费。尽管我们必须承认奢侈的本质就是对财力和物力的浪费，但显然问题并不是这样简单。

器物的拥有者不能在使用器物的同时欣赏它，如此精巧的结构究竟为谁而存在？事实上还存在着一种不同于使用者的"拥有"，即制作者的拥有。对于赋予器物形态的制作者而言，他虽然并不是器物最终的占有者，但在追求至臻技艺的过程中，器物的实用功能和观看价值并不矛盾。制作者实际掌控着一件器物从原料到成形的每个步骤，使他能在另一个层面完全占有这件器物的价值。

四龙四凤铜方案的例子提示我们，在细读器物的同时，更应穿透器物去找寻它背后的人。人不仅观看、使用、占有器物，更是器物的制作者，影响或决定器物最终呈现的形态。在本书中透物所见的"人"，通常并不指向某一个体，而是基于对人与物关系而产生的概念性身份。幸运的是，数千年后，当面对四龙四凤铜方案这件卓越作品时，我们不仅能剥离出作品背后隐藏的抽象身份，还能确知对应这些身份的具体个人——至少两个名字与四龙四凤铜方案相关联。出土方案的墓葬属于中山国的国君——𰯼；根据案框内沿铭文可知，方案的制作者名𰐊，是服务于中山国王室制器部门右使库的工。

三、研究对象与学术史

在进入具体研究之前，我们有必要系统梳理已有的学术资源，包括史料、考古材料和现有研究成果。

传世文献中对中山国的记载不多，除《战国策》列《中山策》外，并无专史。对春秋战国时期鲜虞中山的记载主要见于《春秋》经传和《史记》诸世家、年表的侧面记述。另外在《韩非子》《荀子》《吕氏春秋》《说苑》《淮南子》《新书》等战国秦汉时期的文献中，亦有涉及中山故事。尽管诸子之论不能完全当作信史来看，但其内容也能在一定程度上反映史实。西晋张曜曾著《中山记》，惜已亡佚，仅在《水经注》等文献中保留了转引的部分。此后的文献，或沿袭前人旧说、或辗转相引，再无新材料补充。

得益于 20 世纪以来考古学的发展，不断出土的地下材料，使对中山国的认识迈入新阶段。1935 年在河北省平山县南七汲村发现了被命名为"守丘刻石"的巨石，石刻文字表明此地曾为中山王陵所在。20 世纪 50 年代以来，陆续在平山县境内发现战国时期的遗物，并于 1974 年起展开对战国中山国墓葬和城址的调查发掘工作。在 1974 年 11 月至 1978 年 7 月间，由河北省文物考古所主持发掘了 M1、M3、M4、M5、M6 及墓葬附属的车马坑和陪葬墓，发现战国时期中山国都城灵寿城遗址，并进行了初步调查。 1978 年秋开始对灵寿城的城垣垣基、各处遗址、古道路、夯筑基址、城址外墓葬进行全面的勘探工作，历时三年完成，基本确定了城址的范围、城内布局和墓葬区分布。1980—1987 年间，对灵寿城内部分遗址进行了抢救性发掘，主要包括手工业作坊遗址、夯土建筑遗址和居住遗址等。[1] 以上工作出版了报告《䍐墓——战国中山国国王之墓》和《战国中山国灵寿城——1975—1993 年考古发掘报告》。简报主要包括《河北省平山县战国时期中山国墓葬发掘简报》[2]、《河北新乐县中同村战国墓》[3]、《河北平山三汲古城调查与墓葬发掘》[4]、《中山国灵寿城第四、五号遗址发掘简报》[5]、《河北平山县访驾庄发现战国前期青铜器》[6]、《河

[1]《灵寿城》，第 7—9 页。
[2]《文物》1979 年第 1 期。
[3]《考古》1984 年第 11 期。
[4]《考古学集刊》（第 5 集），北京：中国社会科学出版社，1987 年。
[5]《文物春秋》1989 年创刊号（第 1、2 期合刊）。
[6]《文物》1978 年第 2 期。

北灵寿县西岔头村战国墓》[1]以及《保定境内战国中山长城调查记》[2]、《河北唐县钓鱼台积石墓出土文物整理简报》[3]和《唐县淑闾东周墓葬发掘简报》[4]等。

在这些发现中，中山国国君𰯼的陵墓无疑是重中之重。𰯼墓一经发掘便引起了学术界极大关注，资料先后以考古简报和考古报告的形式刊布。尤其是出版于1995年的报告《𰯼墓——战国中山国国王之墓》，编写科学严谨、资料翔实，反映出当时田野考古整理和记录工作的最高水平，也为其后各项研究工作的开展打下基础。近半个世纪以来积累了大量研究成果，据统计，关于中山国的专门研究约有10余部专著、近20篇硕博士学位论文和200余篇期刊论文。尽管数目巨大，但涉及学科分野较清晰，在研究所针对的问题和使用的方法上呈现出较为集中的面貌。下面将以学科为纲目，以研究针对的问题为线索，进行简要梳理。

传世文献对中山国的记载并不系统，不同文献间亦存在矛盾之处，为后人研究中山国历史造成较大的困难。[5]随着𰯼墓的发掘，尤其是对平山三器上长篇铭文的释读，补充了传世文献的缺漏，这首先得益于古文字研究的成果。[6]虽然诸家在个别问题的认识上仍存在分歧，但对中山国出土铭文的释读工作使进一步研究中山国历史成为可能。

---

[1]《文物》1986年第6期。

[2]《文物春秋》2001年第1期。

[3]《中原文物》2007年第6期。

[4]《文物春秋》2012年第1期。

[5]在针对中山国历史的研究中，清人王先谦的《鲜虞中山国事表》最早将中山国史视为独立的研究对象，集中整理了传世文献中关于中山国历史的记载，并详加考订。王先谦娴于经史诸子，著述甚多，所著《水经注笺》于史地研究有超越其时代的敏感。王氏所著《鲜虞中山国事表》后附《中山疆域图说》一卷，绘制地图并详加考订中山国诸地名，即使在今天来看仍有价值。吕苏生作《鲜虞中山国事表疆域图说补释》，在王先谦原文的基础上，补充了20世纪以来的考古发现与研究。

[6]关于中山国文字的研究论著颇丰，其中较重要的研究有朱德熙、裘锡圭《平山中山王墓铜器铭文的初步研究》（《文物》1979年第1期），张政烺《中山王𰯼壶及鼎铭考释》《中山国胤𰯼蚉壶释文》（《古文字研究》第1辑，北京：中华书局，1979年），商承祚《中山王𰯼鼎、壶铭文刍议》（《古文字研究》第7辑，北京：中华书局，1982年）及黄盛璋《中山国铭刻在古文字、语言上若干研究》（《古文字研究》第7辑，北京：中华书局，1982年）等。台湾学者林宏明和华东师范大学王颖都以《战国中山国文字研究》为题，分别出版专著（林宏明：《战国中山国文字研究》，台北：台湾古籍出版社，1992年）和完成博士学位论文（王颖：《战国中山国文字研究》，华东师范大学博士学位论文，2005年），对战国中山国文字进行了细致的研究和比对，追溯其文化来源。此外张守中、黄尝铭和郝建文先后对中山国出土文字进行了系统的整理（张守中：《中山王𰯼器文字编》，北京：中华书局，1981年；黄尝铭：《东周中山王国器铭集成（增订本）》，台北：真微书屋，2018年；郝建文：《战国中山三器铭文》，北京：文物出版社，2020年），均是专门针对中山国文字的工具书。

李学勤在《平山墓葬群与中山国的文化》[1]以及与李零合作的《平山三器与中山国史的若干问题》[2]两篇论文中，较早提出了中山国研究的几种面向。在今天来看，部分结论受到材料局限，并不准确，但文中所提出的问题开启了其后数十年研究的主要方向。总体来说史学研究关注的问题主要集中在三个方面，即中山国族属、国君世系、中山国与周边国家关系。

其中针对中山国族属问题的研究持续时间较长[3]，但主要仍依托于文献材料。目前考古材料在这一具体问题的讨论中，参与程度较低，但在方法论上深具启发性。[4]与之相比，在中山国君世系、中山国与周边国家关系的研究中，出土文献的发现，尤其是平山三器铭文的释读，很大程度上弥补了中山国缺少直接史料的困境。在数位学者的参与和努力下，学界基本明确了中山国迁都灵寿到灭国时五位国君的世系，并确定了中山称王的大致年代。[5]同样基于对出土文献的释读和研究，补充了中山国与燕、齐及三晋诸国关系的新例证，传世文献和出土文献的对读使中山国的历史面貌逐渐清晰起来。[6]

---

[1]《文物》1979年第1期。

[2]《考古学报》1979年第2期。

[3]关于中山国族属的问题早在蒙文通《周秦少数民族研究》（龙门书局，1933年）中就已经有所涉及。顾颉刚亦有对"鲜虞姬姓"和"中山武公为西周祖公之子"之说的辨析，见顾颉刚（遗稿）、顾洪整理：《战国中山国史札记》，《学术研究》1981年第4期。而随着譻墓的发掘，新材料又推动学界对中山国研究的深入。段连勤对此有持续的关注和研究，先后发表论文，如《关于平山三器的作器年代及中山王譻的在位年代问题——兼与李学勤、李零同志商榷》（《西北大学学报（社会科学版）》，1980年第3期）、《鲜虞及鲜虞中山国早期历史初探》（《人文杂志》，1981年第2期），并出版专著《北狄与中山国》（石家庄：河北人民出版社，1982年）。此外还有众多学者参与讨论，争论焦点主要集中于鲜虞中山是否为狄族，鲜虞与中山是否是同一族群，以及鲜虞中山族姓等问题，如张岗《鲜虞中山族姓问题探讨》，《河北学刊》1981年创刊号；孙华：《试论中山国的族姓及有关问题》，《河北学刊》1984年第4期；何直刚：《中山非鲜虞辨》，《河北学刊》1987年第4期；何直刚：《中山出自长狄考》，《河北社会科学论坛》1990年第6期；天平：《论鲜虞国的族姓、都城及其他》，《河北学刊》1989年第5期；刘超英：《战国中山国族属浅析》，《文物春秋》1992年增刊；孙闻博：《鲜虞、中山族姓及渊源问题之再探》，《四川文物》2005年第5期；李零：《太行东西与燕山南北——说京津冀地区及周边的古代戎狄》，《青铜器与金文》（第2辑），上海：上海古籍出版社，2018年。

[4]杨建华：《中国北方东周时期两种文化遗存辨析——兼论戎狄与胡的关系》，《考古学报》2009年第2期。

[5]薛惠引：《中山王世系》，《故宫博物院刊》1979年第2期；饶宗颐：《中山君譻考略》，《学术研究》1980年第2期；段连勤：《关于平山三器的作器年代及中山王譻的在位年代问题——兼与李学勤、李零同志商榷》，《西北大学学报（社会科学版）》1980年第3期；尚志儒：《试论平山三器的铸造年代及中山王譻的在位时间——兼与段连勤同志商榷》，《河北学刊》1985年第6期。

[6]何清谷：《试谈赵灭中山的几个问题》，《人文杂志》1981年第2期；天平、王晋：《论魏灭中山与战国初期的格局》，《河北学刊》1993年第4期；白晓燕、李建丽：《试论中山国与周边国家的关系》，《文物春秋》2007年第5期；李零：《再说滹沱——赵惠文王迁中山王于肤施考》，《中华文史论丛》2008年第4期；张远山：《白狄中山、魏属中山秘史——兼驳〈史记〉"中山复国"谬说》，《社会科学论坛》2013年第4期。

除族属和政治史研究外，近年来史学界对中山国的关注转向社会史层面，其中较有代表性的是曹迎春、何艳杰等几位学者的研究。[1]这些研究重视对实物材料的解读，取用考古材料结合文献以研究古代社会生活诸方面，开启了新的研究思路。然而在先秦史研究中，不论文献或实物，均面临材料稀缺和碎片化的问题。如何在样本极有限的情况下进行社会史层面的研究，即便在当下仍存在不容忽视的困难。

与史学研究相比，考古学以实物为主要研究材料，针对问题和取用方法也有所区别。在中山国研究中考古学参与较晚，却因新材料的不断发现而具有持续活力，使研究在材料和方法两个层面上有所突破。在已有研究中，可按照对象的差异分为墓葬研究、遗址研究和出土物研究，其中对于墓葬和遗址的研究主要基于发掘所获材料和考古学理论方法，而对出土物的研究则在考古发现的基础上吸引多学科参与。

有关中山国墓葬的专论，最重要的是滕铭予《中山灵寿城东周时期墓葬研究》[2]，该文通过类型学建立了灵寿城内及周边春秋晚期到战国晚期墓葬的年代序列，此外通过文化因素分析的方式，观察中山国的政治文化演进和族群构成的动态变化，并认为这种变化表明中山国与其他战国诸国一样，处于这一时期普遍性的变革中，即由血缘关系为主的封建制向以地缘关系为主的中央集权制转变。巫鸿《中山王𰯼墓九鼎考辨——对"考古材料"与"考古证据"的反思》[3]一文从𰯼墓出发，反思考古学记录方式对研究者理解考古材料造成的影响，并通过回归墓葬原境的方式，提出对𰯼墓随葬器物组合关系的新认识。此

[1] 路洪昌：《战国中山国的经济》，《河北学刊》1985年第1期；高兵：《中山国婚制、婚俗初探》，《河北大学学报（哲学社会科学版）》2004年第3期。曹迎春：《战国时期中山国的交通》，《山西广播电视大学学报》2007年第4期；《战国时期中山国商业初探》，《河北青年管理干部学院学报》2008年第6期；《战国中山人口探索》，《河北师范大学学报（哲学社会科学版）》2009年第2期；《中山国灵寿城人口问题初探》，《文物春秋》2010年第2期；《战国中山农业探索》，《农业考古》2010年第1期；《"飞跃"与"同步"——中山国经济发展特点》，《河北师范大学学报（哲学社会科学版）》2011年第4期；《战国时期中山国的商品生产分析》，《兰台世界》2011年第3期；《鲜虞中山的"农"与"牧"》，《农业考古》2012年第3期。曹迎春：《中山国经济研究》，北京：中华书局，2012年；何艳杰：《中山国社会生活研究》，北京：中国社会科学出版社，2009年；徐海斌：《铜器铭文所见白狄中山之伦理观念——兼论白狄对华夏文化的认同》，《江汉论坛》2016年第9期。
[2] 滕铭予：《中山灵寿城东周时期墓葬研究》，《边疆考古研究》（第19辑），北京：科学出版社，2016年。
[3]《考古》2020年第5期。

外崔宏《战国中山国墓葬研究》也梳理了战国时期中山国的墓葬材料，并探讨墓葬背后所反映的社会问题。[1]

除两座国君墓外，考古工作者在战国灵寿城遗址展开的工作同样引人关注，自简报发表以来引起学界诸多讨论。除一系列综合研究外[2]，还有如柳石、王晋《中山国故都——古灵寿城考辨》[3]和陈应祺、李恩佳《论中山国都城灵寿城的营建——答柳石、王晋》[4]围绕灵寿城遗址营建年代展开的专门讨论。近年来亦有学者对灵寿城进行多方面的分析和比较研究[5]，扩展了该领域研究的问题和视野。

在有关中山国出土文物的研究中，受到考古报告编写体例的影响，主要以材质区别作为分类依据，如铜器[6]、玉器[7]、陶器[8]等，兼及一些有独立研究传统的类别，如瓦当[9]、钱币[10]。与墓葬研究和遗址研究中考古学方法占主导地位

---

[1] 崔宏:《战国中山国墓葬研究》，河北大学硕士学位论文，2015年。

[2] 陈应祺:《中山国灵寿古城》,《河北文化报》1988年9月20日;《中山灵寿城址考古综论》,《环渤海考古国际学术讨论会论文集》，北京：知识出版社，1996年。

[3]《河北学刊》，1987年第3期。

[4]《河北学刊》，1988年第2期。

[5] 武庄:《中山国灵寿城与赵都邯郸城比较研究》,《邯郸学院学报》2009年第2期；武庄:《中山国灵寿城初探》，郑州大学硕士学位论文，2010年；徐文英:《燕下都与灵寿故城比较研究》，河北师范大学硕士学位论文，2012年。

[6] 杜迺松:《试谈平山县中山王墓出土的铜器》,《光明日报》1979年10月16日；杨泓:《介绍几件工艺精美的中山国铜器》,《中国文物》1980年第4期；史石:《中山国青铜器艺术的特色》,《河北学刊》1982年第3期；石志廉:《中山王墓出土的铜投壶》,《文博》1986年第3期；陈伟:《对战国中山国两件狩猎纹铜器的再认识》,《文物春秋》2001年第3期；张金茹:《鲜虞中山国青铜器的造型艺术》,《文物春秋》2002年第5期；孙华:《中山王𰯼墓铜器四题》,《文物春秋》2003年1期；曹迎春:《从青铜器看中山国的北方民族特色》,《晋中学院学报》2008年第5期；孙德惠:《古中山国青铜器物纹饰艺术审美探析》,《河北师范大学学报（哲学社会科学版）》2011年第3期；李娜、艾虹:《中山国青铜器的出土与研究概述》,《沧州师范学院学报》2017年第3期。

[7] 周南泉:《中山国的玉器》,《故宫博物院院刊》1979年第2期；常素霞:《战国中山国玉器》,《收藏家》1998年第1期；袁永明:《𰯼墓出土玉器研究刍议》,《文物春秋》1999年第6期；刘昀华:《战国中山王𰯼藏玉》,《收藏家》2002年第1期；曹迎春:《战国时期中山国制玉业》,《文教资料》2007年第27期；杨建芳:《平山中山国墓葬出土玉器研究》,《文物》2008年第1期；常素霞:《中山国王𰯼墓及其陪葬墓出土玉器研究》,《文物春秋》2010年第4期。

[8] 李知宴:《中山王墓出土的陶器》,《故宫博物院院刊》1979年第2期；李恩佳:《战国时期中国的陶量》,《文物》1987年第4期；陈应祺:《战国中山国建筑用陶斗浅析》,《文物》1989年第11期；陈应祺:《中山国灵寿城遗址陶器初探》,《文物春秋》1991年第4期；曹迎春:《战国中山国制陶业研究》,《兰台世界》2009年第23期。

[9] 陈应祺:《战国中山国瓦当》,《收藏家》2001年第7期；申云艳:《中山国瓦当初探》,《考古》2009年第11期；徐文英、韩立森:《燕下都与灵寿故城出土瓦当的比较研究》,《文物春秋》2012年第2期。

[10] 石家庄地区文物管理所:《河北灵寿县出土战国货币》,《考古辑刊》1982年第2期；陈应祺:《战国中山国“成帛”刀币考》,《中国钱币》1984年第3期；高英民:《中山国自铸货币初探》,《河北学刊》1985年第2期,《战国中山国金贝的出土——简述“成白”刀面文诸问题》,《中国钱币》1985年第4期；陈应祺:《中山国灵寿城出土货币概论》,《河北金融·钱币专辑》1988年增刊；胡金华:《中山灵寿城址出土空首布及相关问题研究》,《中国钱币》2010年第1期。

的情况不同，针对出土文物的研究并不囿于特定问题和方法，呈现出多学科交融的复杂面貌。此外，由于中山国君墓出土器物的精美和重要性，也有针对单一作品进行的研究，如巫鸿《谈几件中山国器物的造型与装饰》[1]着重分析了M6出土的银首男俑铜灯。另外仅针对兆域图铜版就有数篇专论，主要取用建筑学的方法对𰯌墓出土的兆域图进行解读和复原。[2]

除以上两个学科的研究外，近年还有一些针对中山国进行的综合研究，如何艳杰、曹迎春、冯秀环及刘英合著《鲜虞中山国史》[3]、许雅惠《𰯌墓所见战国中期铜器的转变》[4]和吴霄龙（Xiaolong Wu）《中国古代的物质文化、权力与身份》[5]等。这些研究从历史学、美术史和考古学的角度审视中山国，但并不囿于单一种类的材料或方法，对中山国的历史、文化进行综合的观察和分析，在一定程度上拓展了中山国研究的深度和广度。其中吴霄龙的专著是在其博士学位论文[6]的基础上修订完成，除关注考古学材料之外，还引入人类学的视角，进一步阐释了物质文化在权力表达和身份建构上起到的具体作用。

四、研究思路与方法

在中国历史中一直保有强大的记录传统，往往距离现在越近的时代留存下的文献数量越多。一般来说，文献传统越强大的时代，研究者就越少借助考古

---

[1]《文物》1979 年第 5 期。

[2] 傅熹年：《战国中山王𰯌墓出土的〈兆域图〉及其陵园规制的研究》，《考古学报》1980 年第 1 期；杨鸿勋：《战国中山王陵及兆域图研究》，《考古学报》1980 年第 1 期；赵擎寰：《战国中山王墓出土公元前四世纪建筑平面图》，《工程图学学报》1980 年第 1 期；孙仲明：《战国中山王墓〈兆域图〉的初步探讨》，《地理研究》1982 年第 1 期；刘来成：《战国时期中山王𰯌墓兆域图铜版释析》，《文物春秋》1992 年增刊；徐海斌：《战国中山王墓所出兆窆图铜板铭文集释》，《兴义民族师范学院学报》2014 年第 2 期。

[3] 何艳杰、曹迎春、冯秀环、刘英：《鲜虞中山国史》，北京：科学出版社，2011 年。

[4] 许雅惠：《𰯌墓所见战国中期铜器的转变》，台湾大学艺术史研究所硕士学位论文，1999 年。

[5] Xiaolong Wu: *Material Culture, Power, and Identity in Ancient China,*Cambridge University Press, 2017.

[6] Xiaolong Wu: *Bronze Industry, Stylistic Tradition, and Cultural Identity in Ancient China: Bronze Artifacts of the Zhongshan State, Warring States Period (476-221BCE)*, Ph.D. dissertation, University of Pittsburgh, 2004.

材料，反之文献匮乏的时代则迫使研究者不得不依靠考古材料辅助研究。正如在梳理中山国研究学术史的过程中，可以看到不论是历史学、考古学、美术史还是其他综合性研究，都集中出现在中山国的墓葬和都城遗址发现后，更随着对这些出土材料认识的深入而不断深入。

与汉唐宋元乃至明清相比，先秦存世文献的数量相当有限，这就使考古材料在先秦研究中占有较大比重，从而也引发了一系列文献、考古材料孰先孰后、孰重孰轻的论争。在阐述本书的研究思路之前，不妨对这个问题略做简单的讨论。

1925 年，王国维在清华大学讲授古史时曾言：

> 吾辈生于今日，幸于纸上之材料外，更得地下之新材料。由此种材料，我辈固得据以补正纸上之材料，亦得证明古书之某部分全为实录，即百家不雅驯之言，亦不无表示一面之事实。此二重证据法准在今日始得为之。虽古书之未得证明者不能加以否定，而其已得证明者，不能不加以肯定，可断言也。[1]

这段文字论述的就是"二重证据法"。王氏此说中所谓"地下之新材料"，是指出土文字资料。王国维去世后，陈寅恪对他的"二重证据法"有所阐发。在《王静安先生遗书序》中，陈寅恪写道：

> 然详绎遗书，其学术内容及治学方法，殆可举三目以概括之者。一曰取地下之实物与纸上之遗文互相释证。凡属于考古学及上古史之作，如《殷卜辞中所见先公先王考》及《鬼方昆夷玁狁考》等是也。二曰取异族之故书与吾国之旧籍互相补正。凡属于辽金元史事及边疆地理之作，如《萌古考》及《〈元朝秘史〉之主因亦儿坚考》

---

[1] 王国维：《古史新证——王国维最后的讲义》，北京：清华大学出版社，1994 年，第 2—3 页。

等是也。三曰取外来之观念，与固有之材料互相参证。凡属于文艺批评及小说戏曲之作，如《〈红楼梦〉评论》及《宋元戏曲考》《唐宋大曲考》等是也。此三类之著作，其学术性质固有异同，所用方法亦不尽符会，要皆足以转移一时之风气，而示来者以轨则。[1]

王国维的"二重证据法"大概就是陈寅恪所列的第一类。陈寅恪虽然没有明确说明，但言下之意似乎三类都可以算作"二重证据法"。不难看出，不论是王国维的原意还是陈寅恪的阐释，所谓的二重证据仍指文本[2]间的比对，而非取不同性质材料（如文本、图像或实物）进行比对互证。但事实上，数十年来在对"二重证据法"的发展和使用过程中，人们越来越忽视这一点，在不同性质的材料间建立联系的情况时有发生，而对这一方式存在的合理和合法性尚缺严密论证。

鉴于中国古代强大的文本书写传统，人们习惯于借助文献考察历史。当考古学引入中国之后，人们也理所当然地将其用来佐证史学的研究。这也造成了考古学在中国一度成为史学附庸的处境。

毫无疑问，实物提供的信息可能是文本无法涵盖的；文本所包含的信息，也不是实物所能全然取代的。两者之间，并非是二选其一的关系，因为无论是实物（或图像）的制作者，还是文献的记录者，他们都不是脑子完全空白地开始工作的。两者看似分离，实则常常交织难分。但是实物和文本两者的研究方式却有较大区别，不应有所偏废的同时，也不能一概而论。

本书更关注文本（text）、图像（image）和实物（physical materials）这些不同材料间的关联和互动，并试图构建一种由实物（或图像甚至遗迹现象等广义视觉材料）主导的分析模式。对比不同材料所呈现现象的异同，进而追问其所反映的问题。古代文献往往没有为后世留下足够的信息解释历史遗留

---

[1] 陈寅恪：《金明馆丛稿二编》，上海：上海古籍出版社，1980年，第219页。
[2] 本书中使用的文本（text）指由文字构成的狭义文本概念，区别于当下文本研究中将图像、实物纳入的广义文本概念。

的重重疑问，但是通过对实物的细致阅读，同样能得到诸多信息，这可以帮助研究者在合理的范围内就所关心的问题进行逻辑推导。

从小型的器物，到大型的建筑乃至城市，它们的物质形态各有不同，体量参差不齐，功能千差万别，人们可以从不同角度审视它们，得出不同的结论。但我们可以暂时将它们的种种差异"悬搁"起来，一律将它们视为"作品"。需要指出的是，本书中所谓的"作品"包含甚广，主要指投入大量主动性，明确反映制造者意图，并能通过视觉进行传达的"人工品"。各种可移动和不可移动的遗存，如器物、墓葬、建筑、城市以及对自然景观的改造利用都属于本书观察和研究的对象。

在考古发现的古代遗物中，人们往往将目光集中于器物本身，却忽视器物背后人的活动。而笔者感兴趣的除了"作品"外，还有隐藏在作品背后的"作者"。解析作品并不是研究的最终目的，笔者更希望可以通过这些作品，去碰触与它相关的人。正如四龙四凤铜方案展示出的那样，一件作品对于拥有者和制作者的意义并不相同。那么，一件作品的形态是否与拥有者或制作者的意图相关？谁又是决定作品最终呈现面貌的关键？进一步而言，在一件作品诞生的过程中，都是什么人或群体在其中发挥作用？通过对一件作品的观察，我们是否能还原出它从设计到完成的过程？

本书试图从美术史的角度进入先秦墓葬研究，并在方法上做一些新的尝试。将包含墓葬整体在内的人造物视为"作品"，进而复原其制作和使用的视觉语境，透过"作品"观察作品背后的"人"——他们的需求和为此付出的努力，并进一步分析人的意图和观念是如何通过"作品"表达的。所谓视觉语境的复原，主要以"观看"作为切入点，从作品制作和使用的细节出发，推敲"物"与"人"之间的关系，还原其在历史原境中的位置。这种方式不仅可以为理解作品的视觉呈现提供更细微的角度，同样也会为审视这一时代提供一种不同的视角。

遵循这一思路，在第一章将首先谈譽墓的墓主，即"作品"的拥有者，以及他所处的时代。目的在于为其后的讨论铺垫一层底色，建立作品与拥有者的关系，并将分析作品的过程纳入历史视野。

在第二章，则将视线转向决定作品的另一重要角色——"制作者"，这并不特指某个具体的人，而是面向整个群体。制作者的生存状态和工作方式，都会直接影响作品的最终呈现。作为创作的主体，时代夺去了他们什么，又给予了他们怎样的机遇？

在第三章和第四章，经过漫长的铺垫后，本书想来谈一件"作品"，那就是罍墓本身。兆域图铜版的发现，让世人得知中山王对其墓葬的设计理想，然而这件巨大的"作品"，从规划到"完成"却经历了一个漫长、复杂的过程。在第三章，笔者从形式出发来分析这件作品：对墓葬进行的规划设计与其最终呈现的结果，二者间有什么区别联系，以及这些现象所反映的问题是什么？第四章谈作品与外部世界的关联，罍墓的建造与之前的中山国君墓相比有何不同？离开墓葬系统，放眼整个中山国都，罍墓、中山先公墓和灵寿城又有着怎样的关联？在五国相王的时代背景下，透过罍墓这座相对完整的王陵，可以看到这个时代在视觉空间建构上的何种突破？

诚然，本书是针对战国中山王罍墓的个案研究，在面对材料时，也尽力考虑不同区域、阶层、族群的共性与特殊性。笔者相信对重要墓葬进行深入的解剖，亦应是对当前墓葬研究的一种必要补充。

第一章

䜌与䜌时代的中山国

中山国的国君名䜌，他是四龙四凤方案的拥有者。很可能出于对这件器物的宝重，䜌将其带往幽暗的墓室。

位于河北省平山县三汲乡的䜌墓是一座中字型大墓，地表有巨大封土；墓内两个未被盗掘的库室出土了极尽奢华的随葬品。这表明䜌在中山国历史中非比寻常的地位，然而其名却并不见诸史籍。在位于平山县的中山国墓葬被发掘前，文献对这个小国历史的记述仅有只字片语。䜌墓出土的刻有长篇铭文的铜器弥补了这一缺憾，它们是中山王䜌鼎（XK∶1）、中山王䜌方壶（XK∶15）和夐盗圆壶（DK∶6），通常合称为"平山三器"或"中山三器"。三器铭文的释读，对研究中山国史甚至战国时期的区域史，都有重要意义。一方面，铭文对中山国的历史和世系有较为详细的记述，补充了史籍的不足。另一方面，三器铭文除内容外，其书写形式本身也可作为研究对象，反映出时代和地域特点。通过对其字体、字形和特殊写法的分析，可以推测书写者（也包括阅读者）的文化背景，使剖析中山国文化来源的问题成为可能。最后，从美术史的角度出发，将镌刻铭文的礼器视为"作品"，那么铭文和器物的关系，以及背后反映的人的意图和行为，同样值得深入探析。

出土文献对了解中山国的历史有着至关重要的作用，而传世文献和出土文献的对读又带来新的机遇和挑战。此外，以譻墓为代表的中山国墓葬的发掘亦为研究提供了大量实物材料。针对中山国的研究，材料数量的增加、种类的丰富，为研究走向多角度、多层面提供了先决条件。但需要警醒的是，传世文献、出土文献以及实物材料带来的多重视角，是否真的能为当下的中山国研究指明方向，还是在本就不清晰的认识之中加入了更多错综的线索？

正如引论所述，基于对多重证据法的反思，笔者并不主张在论述中将性质不同的材料（本书所涉主要指文本、图像和实物材料）不加限定地混同使用。这不是要否定综合研究的意义，而是认为在将不同性质的材料并行讨论之前，首先需对各种材料的内在逻辑有清晰的认识。不论文本、图像或是实物，都是对历史的反映，只是，这种反映可能并不是基于同一类事实，或尽管基于同一事实，也是对事实不同层面的反映。进一步说，不同性质的材料产生的机制不同，携带的信息有差异，可信度亦有区别，因此材料的丰富也给研究者带来更大的挑战。在实际研究中，本书更倾向于将不同材料分类梳理，再对结论进行对读和分析，追问其呈现共性或差异性的原因。

第一节　譻墓发掘前有关中山国历史的知识

在譻墓发掘之前，对于中山国历史的认识均来源于传世文献。中山国所处的春秋末期到战国中期，正是诸国征伐、战乱频发的大变革时代。战国诸国各有独立的史料编纂系统，但是存留至今的寥寥可数。尽管经过汉代整合，春秋战国时期的历史文献仍颇多混乱矛盾之处，史料辨析和史实考证仍是这一时期研究中绕不开的问题。中山国作为北方少数民族建立的"千乘之国"，地处华夏边缘，汉及汉以前对其历史的记载非常有限。除《战国策》单列《中山策》外，《史记》无传，但中山史实散见于赵魏等诸世家。此外还见诸《春秋》经传、《吕氏春秋》《韩非子》和《说苑》等文献，其中亦存在辗转相引的情况。

晋人张曜曾撰《中山记》，是最早考订中山国史的地书。此书曾为《水经注》《通典》及《太平御览》等转引，今已不存，据考亡佚于南宋。[1]

一、从鲜虞到中山——罌以前的中山国

中山一名最早见于《左传·定公四年》：

> 四年（前506），春，三月，刘文公合诸侯于召陵，谋伐楚也。晋荀寅求货于蔡侯，弗得，言与范献子曰："国家方危，诸侯方贰，将以袭敌，不亦难乎？水潦方降，疾疟方起，中山不服，弃盟取怨，无损于楚，而失中山，不如辞蔡侯。吾自方城以来，楚未可以得志，只取勤焉。"乃辞蔡侯。[2]

杜预注："中山，鲜虞。"[3]《春秋》鲁定公四年经云："秋，晋士鞅、卫孔圉帅师伐鲜虞。"《左传》记鲁定公四年春中山不服于晋，而《春秋》记同年秋晋伐鲜虞。这其中存在的因果关联，使学者普遍认为中山即鲜虞。[4]

近年来清华简《系年》的发现与释读也佐证了这一认识。[5]其中第十八章云："晋与吴会为一，以伐楚，闯方城。遂盟诸侯于召陵[6]，伐中山。晋师大疫且饥，食人。"[7]《系年》为楚地出土文献，晋召陵之盟的记载与《春秋》《左传》鲁定公四年所记史实相合。《左传》记鲁定公四年春，晋在召陵之盟后并

---

[1] 鲍远航：《〈水经注〉所引三种汉晋河北地记考论》，《河北工业大学学报（社会科学版）》2014年第3期。

[2]《春秋左传正义》，[清]阮元 校刻：《十三经注疏》，北京：中华书局，1980年，第2133页。

[3] 同上。

[4] 顾颉刚（遗稿）、顾洪整理：《战国中山国史札记》，《学术研究》1981年第4期；李学勤、李零：《平山三器与中山国史的若干问题》，《考古学报》1979年第2期。

[5]《系年》是楚地出土竹简，无传世本。原简无篇题，因其史事多有纪年，整理者拟题为《系年》。《系年》体例和一些内容近于西晋时汲冢发现的《竹书纪年》，叙述了周初到战国前期的史事。其中有"至今晋越以为好"，可推断其写成之年当在楚威王灭越，即公元前333年以前。又所见诸侯名号，最晚者为楚悼王，可知此篇作于楚肃王或稍晚时。《系年》简共138支，计有23个段落，为称引方便，划为23章。详见李学勤主编：《清华大学藏战国竹简（贰）》，上海：上海文艺出版集团、中西书局，2011年。

[6] 按，晋于召陵会诸侯事又见《左传》鲁定公四年。

[7] 释文见李学勤主编：《清华大学藏战国竹简（贰）》，第180页。

没有顺从其他诸侯伐楚的请求，而欲伐中山；《春秋》载同年秋，晋出兵鲜虞。而《系年》补充了二者间缺环，表明晋确实出兵中山。[1]由此可推知《春秋》记载中的"鲜虞"，在《左传》和《系年》中称"中山"。

"鲜虞"之称的历史更为久远，最早见于《春秋·昭公十二年》："（冬十月）晋伐鲜虞。"[2]《左传》："（六月）晋荀吴伪会齐师者，假道于鲜虞，遂入昔阳。秋八月壬午，灭肥，以肥子緜皋归。"[3]在其后的四十余年时间中，鲜虞之名又数见于《春秋》，而《左传》中先用鲜虞，后以中山代之。

依据文献提供的线索，中山之名取代鲜虞约发生在春秋晚期，在春秋晚期到战国初期，鲜虞中山国又面临更剧烈的变动。

二、"邻邦难亲，仇人在旁"——中山国所处的外交与军事环境

战国之称在其时已有，但意义却与今天不尽相同。[4]自西汉刘向编纂《战国策》开始，后世将春秋之后到秦国统一之前的这段时期称为战国。战国的起始之年，有多种说法[5]，至晚到公元前 403 年，周威烈王册命韩、赵、魏三家为诸侯，战国诸侯割据的局面正式形成。

西周末期分封诸侯数量多达数百，周王室衰落，诸侯兼并战争频发，战胜者吞并战败者的领土。经过春秋三百余年，到战国初期仅剩十数家，原本分散在各诸侯手中的土地、人口和财富，都集中在少数几个诸侯手中。其中以齐、楚、燕、赵、韩、魏和秦七国最强大，史有战国七雄之称。大国对小国的吞并与整合，势必导致大国与大国之间原本由小国构成的缓冲区逐渐消失，大国间的竞争也变得日趋激烈和残酷。战争双方一旦势均力敌，冲突的规模和激烈程

---

[1]程薇：《清华简〈系年〉与晋伐中山》，《深圳大学学报（人文社会科学版）》2012 年第 2 期。

[2]《春秋左传正义》，《十三经注疏》，第 2061 页。

[3]同上书，第 2062 页。

[4]如《尉缭子·兵教下》说："今战国相攻，大伐有德。"战国意指发动战争的军事强国。

[5]一说从《史记》起周安王元年（前 475），见《史记·六国年表》："余于是因《秦记》，踵《春秋》之后，起周元王，表六国时事，讫二世，凡二百七十年，著诸所闻兴坏之端。"一说接续《左传》之后起周贞定王元年（前 468），林春溥《战国编年》、黄式三《周季编略》及杨宽《战国史料编年辑证》从此说。一说从《资治通鉴》，起周烈王二十三年（前 403），见《资治通鉴·周纪一》："（周威烈王二十三年）初命晋大夫魏斯、赵籍、韩虔为诸侯。"各书及论著划分节点各有不同，本书以周安王元年，即公元前 475 年，为战国起始年。

度也会大幅提升。大国与大国间的对抗和联合通常是暂时性的，这些决策的执行往往牵一发而动全身，引起一个区域内的系列动荡，因此战国时期的政治局势无疑是纷繁复杂、变化多端的。

郭嵩焘在《鲜虞中山国事表疆域图说补释·序》中曾言："战国所以盛衰，中山隐为之枢辖。"[1] 中山虽小，但它地处赵、燕和齐三国的包夹之下，特殊的地理位置决定了它的重要性：在政治上倾向或背离某一国，都会打破大国间平衡，它的兴亡存废都对此区域的整体局势，乃至整个战国时期的局面，产生直接而深远的影响。反观之，夹在赵、魏、燕、齐等大国间，中山国仍存续了二百余年，它是如何在激烈的征伐战争和诡谲的政治形势下谋求生存空间的？我们只能从与中山有关的他国记述中，侧面了解中山国。需要注意的是，在记述中山国时，他国史料在反映史实的同时，也难免会将这一敌对的异族政权"客体化"。

战争是文化交流的一种极端形式，这不仅反映在军备竞争上，也反映在社会文化的各个方面。尤其不同于一般意义上的文化交流，战争带来的国与国之间的交往和了解，往往是自上而下的，具有明确的功能性或者目的性，正可谓"知己知彼百战不殆"——对战争中敌对国各种信息的收集、整合，是政治、军事决策的制胜筹码。同时这些信息也会成为调整自身策略的重要参照，甚至会因此渗入政治、文化结构，产生更深的影响。

1. 与晋国的关系

中山与晋的关系主要见于《春秋》经、传，涉及鲜虞与晋之间的征伐战争。以两国在战争中扮演的角色来看，大致可分为三个阶段。

第一阶段，晋数伐鲜虞。鲜虞最早出现在周边国家的记载中，是作为晋国征伐的对象。《春秋》经、传载，晋于鲁昭公十二年（前530）灭肥，次年便"侵鲜虞及中人，大获而归"；鲁昭公十五年（前527）再伐鲜虞，围鼓而克之；鼓叛晋，晋再伐鲜虞，至昭公二十二年（前520）晋灭鼓。[2] 在这一阶段中，

---

[1] [清]王先谦 撰、吕苏生 补释：《鲜虞中山国事表疆域图说补释》，上海：上海古籍出版社，1993年，第5页。
[2] 有关鲜虞中山国的文献辑录，见本书附录二"鲜虞中山国文献编年"。

仅文献所记，晋国对鲜虞发动数次征伐战争，在这十年始终占据主导地位。

但这种势态并未一直持续，在鲜虞部族的反击下，晋开始失去对鲜虞的绝对优势。鲁定公三年（前507）秋，鲜虞败晋师于平中，获晋勇士观虎，可被视为晋与鲜虞关系的一个转折点。此前晋在与鲜虞诸部的战争中是占据攻势的一方，对鲜虞战争的失败不但在情感上难以接受，亦对晋国的内政外交产生不利影响。次年春，晋与宋、蔡、卫等国会于召陵，合谋伐楚。[1] 召陵之会的目的本是诸小国希望得到晋的帮助打击楚国势力，但晋因受到数月前对鲜虞之战失败的影响，竟放弃了对楚的征伐转而攻打鲜虞，此举尽管在短期内看来是合理的，[2] 然而召陵之会失信于诸侯，是晋国走向衰落的开始。这一次晋伐中山的结果《春秋》经、传无载，但根据清华简《系年》"晋师大疫且饥，食人"的记载，晋应是受到军中疫情的影响，再一次失败而归。这与《左传》"疾疟方起，中山不服"的记载暗合。

在晋国与鲜虞征伐战争开始的前两个阶段中，两国关系单纯表现为敌对，但随战争而来的往往也包括政治上的沟通，国与国关系又呈现出较战争而言更深入和复杂的局面。在这一阶段中，鲜虞参与晋国范氏、中行氏之乱。范氏和中行氏本为晋之六卿，中行氏之荀吴、荀寅（荀吴之子，亦称中行寅）更是晋国伐鲜虞之主力。然而在范氏、中行氏发动的晋国内乱之中，鲜虞亦裹挟在齐、鲁、卫联军中，助范氏、中行氏对抗晋。哀公元年（前494）鲜虞及齐、鲁、卫伐晋，取棘蒲，这次战争是鲁定公十三年（前497）晋六卿内乱的余绪，战败的范氏和中行氏求援于鲜虞，鲜虞因此卷入与晋的战争中。哀公四年（前491）中行寅奔鲜虞，鲜虞纳于柏人，次年晋围柏人，中行寅奔齐。六年（前489）春，晋赵鞅帅师伐鲜虞，治范氏之乱，这是鲜虞之名最后见于《春秋》经、传。这一战的结果未明，但"晋数伐鲜虞，终春秋之世未能得之"的结果

---

[1]《春秋》经云："（四年春）三月，公会刘子、晋侯、宋公、蔡侯、卫侯、陈子、郑伯、许男、曹伯、莒子、邾子、顿子、胡子、滕子、薛伯、杞伯、小邾子、齐国夏于召陵，侵楚。"《春秋左传正义》，《十三经注疏》，第2133页。

[2]（荀寅）言于范献子曰："疾疟方起，中山不服，弃盟取怨，无损于楚，而失中山"，见《左传》鲁定公四年。《春秋左传正义》，《十三经注疏》，第2133页。

是已知的。

晋国在春秋时期实行六卿执政，在消灭了范氏和中行氏两卿的势力后，韩赵魏三家又灭智氏，自此晋国的势力被三分。进入战国时期，赵、魏两国与中山毗邻，三国间仍难免此消彼长的竞争与直接战争，在政局上表现出互相牵制和影响的关系。

2. 与赵、魏的关系

赵、魏与中山之关系，主要见于《史记》的《赵世家》《魏世家》与《六国年表》诸篇。此外还散见于《战国策》的《赵策》《中山策》。

《六国年表》赵献侯十年（前414），"中山武公初立"[1]。这是中山国第一位出现在文献记载中的国君。进入战国之后，中山这一国名完全取代鲜虞这一部族称号，这种显著变化也暗示了中山国在史书记述中的形象悄然发生转变。

魏灭中山

《战国策·赵策》：

> 魏文侯十七年（前408）[2]，借道于赵攻中山，赵侯[3]将不许。赵利曰："过矣。魏攻中山而不能取，则魏必罢，罢则赵重。魏拔中山，必不能越赵而有中山矣。是用兵者，魏也；得地者，赵也。君不如许之，许之大劝，彼将知赵利之也，必辍。君不如借之道，而示之不得已。"[4]

《史记·六国年表》魏文侯十七年（前408），"击守中山"[5]。同年赵烈侯元年，"魏文侯伐中山，使太子击守之"[6]。可为印证。

《战国策·秦策》："魏文侯令乐羊将，攻中山，三年而拔之。"[7] 又《说苑·

---

[1]〔汉〕司马迁 撰、〔宋〕裴骃《集解》、〔唐〕司马贞《索引》、〔唐〕张守节《正义》：《史记》，北京：中华书局，1959年，第706页。
[2]姚本作元年，鲍本作十七年，对照《史记·六国年表》以十七年为准。
[3]即赵烈侯。
[4]〔汉〕刘向 集录：《战国策》，上海：上海古籍出版社，1985年，第600—601页。
[5]《史记》，第708页。
[6]击，魏太子，前386年即位，是为魏武侯。《史记》，第1797页。
[7]《战国策》，第149页。

尊贤》："（魏文侯）谓太子击曰：'我欲伐中山，吾以武下乐羊，三年而中山为献于我。'"[1]可知魏伐中山，三年得之，因此魏灭中山应在魏文侯十九年（前406）到二十年。

鲜虞中山与晋国之间有着长达半世纪的相互征伐，而随着旧对手晋的分裂，中山亦被新崛起的强邻所拔除。

中山复国

《史记·乐毅传》载："乐羊为魏文侯将，伐取中山，魏文侯封乐羊以灵寿。乐羊死，葬于灵寿，其后子孙因家焉。中山复国，至赵武灵王时复灭中山。"[2]司马贞《索隐》云："中山，魏虽灭之，尚不绝祀，故后更得复国，至赵武灵王又灭之也。"[3]若此说不误，则复国之中山即魏文侯所灭之中山。[4]

《史记·赵世家》司马贞《索隐》引《系本》云："中山武公居顾，桓公徙灵寿。"[5]因此推测中山桓公复国应与迁都灵寿同时。又《赵世家》载赵敬侯十年（前377），"与中山战于房子"[6]，次年"伐中山，又战于中人"[7]。可知中山复国时间以公元前377年为下限。[8]

中山复国，迁都灵寿，此灵寿与魏文侯封乐羊之灵寿是否是同一地方，尚未有更明确的证据。又《赵世家》赵成侯六年（前369），"中山筑长城"[9]。此时的中山已不同于《春秋》和《左传》中来去莫测的鲜虞，而拥有政治核心——都城，甚至有能力组织长城的修筑工程，这些举措直接表明中山已不是松散的部族联合，而已成为一个独立的国家。

---

[1]［汉］刘向 撰、向宗鲁 校证：《说苑校证》，北京：中华书局，1987年，第194—195页。
[2]同上。
[3]《史记》，第2427页。
[4]尽管通行观点认为战国中山即为春秋鲜虞中山之延续，但对此观点学界尚存争论。如黄盛璋即认为复国后的中山与鲜虞并无关系，是为姬姓侯国，见黄盛璋：《关于战国中山王墓葬遗物的若干问题辩证》，《文物》1979年第5期；《再论平山中山王墓若干问题》，《考古》1980年第5期。持同样观点的冯时对此有进一步引证和补充，见冯时：《中国古文字学概论》，北京：中国社会科学出版社，2016年，第634—635页。
[5]《史记》，第1797页。
[6]同上书，第1798页。
[7]同上书，第1799页。
[8]蒙文通《周秦少数民族研究》认为中山复国至迟不过前378年，杨宽《战国史》定在前380年。
[9]《史记》，第1799页。

𝑦墓的发现大大补充了复国后中山的材料，因此，在讨论复国后的中山历史时，单纯依靠传世文献已经远远不足了。

第二节　平山三器与𝑦时代的中山国

一、平山三器的发现

　　在平山一号墓发掘伊始，考古工作者并不能从墓葬形制确知墓主身份。通过对出土铭文的释读，这一疑问才得到解答。这些铭文的发现，也更新了学界对中山国历史的认识。

　　出土于西库的铁足圆鼎和方壶铭文表明，铸造这两件重器的是中山国国王𝑦，但这并非铭文中出现的唯一人名。东库出土圆壶上的铭文出自𝑦的继任者妾蚤之手，是一篇追思先王的悼文。另外，椁室出土的兆域图铜版上有"其一从，其一藏府"的字句，这表明兆域图一共制作了两份，一份随葬王陵，一份收藏于府库。随着对铭文的释读，墓主身份一步步清晰起来：属于中山王𝑦的两件重器、𝑦嗣王所作悼文，以及应从葬王墓的兆域图，表明平山一号墓的墓主就是中山国的国王——𝑦。

　　𝑦鼎（XK∶1）出土于西库西北角（图1-1-1），是该墓九件升鼎中最大的一件的[1]，与其他升鼎不同的是，此鼎三足为铁铸，是目前发现的战国时期最大的一件铜铁合铸器。该鼎通高51.5厘米、口径42厘米、最大径65.8厘米。底部有火烧烟迹。出土时鼎内盛有咖啡色结晶状的肉羹渣，应为文献所载之"大羹"，经检测其中含有猪和马的微量成分。[2]铜鼎鼎盖外侧和腹部锲刻长篇铭文，计469字（含重文10个，合文2个）（图1-2-2）。

　　𝑦方壶（XK∶15）出土于西库西侧中部（图1-1-1），是𝑦墓所出壶中

---

[1] 𝑦墓西库出土鼎15件，报告认为其中9件升鼎为一组合，见《𝑦墓》（上册），第111页。巫鸿根据𝑦墓诸鼎出土时的位置推测，𝑦墓西库的九件鼎并非同组，而应分属两个不同的器物组合，见巫鸿：《中山王𝑦墓九鼎考辨——对"考古材料"与"考古证据"的反思》，《考古》2020年第5期。
[2]《𝑦墓》（上册），第111页。

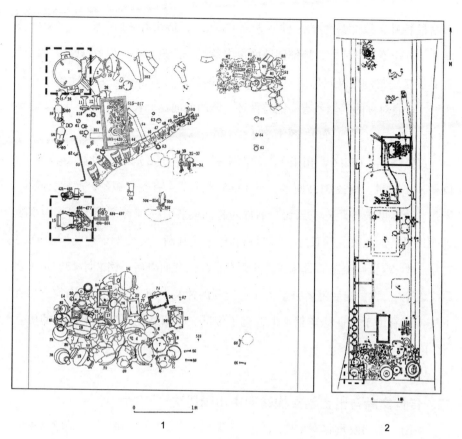

图1-1 平山三器出土位置（1.西库:譽鼎 XK：1、譽方壶 XK：15；2.东库:圆壶 DK：6）（莫阳据《譽墓》底图改制）

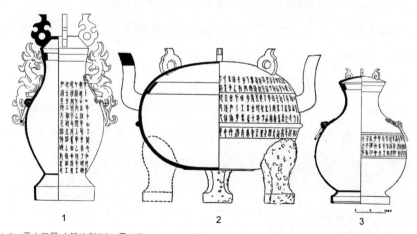

图1-2 平山三器（等比例）（1.譽方壶 XK：1，2.譽鼎 XK：15，3.舒蛮圆壶 DK：6）（莫阳据《譽墓》底图改制）

形制最特殊、尺寸最大的一件。壶高 63 厘米，最大径 35 厘米，重 28.27 公斤。[1] 方壶盖为盝顶形，顶部四坡面正中各嵌一云钮。壶身为短颈鼓腹，四棱肩部各立一龙，龙仅四爪攀附壶身，其他部分不与壶接触，显得轻盈而有空间感。壶肩对称的两侧各有一铺首衔环。壶的四面锲刻长篇铭文，共计 450 字（含重文 3 个，合文 1 个）（图 1-2-1）。

舒蚉圆壶（DK:6）出土于东库西南端（图 1-1-2）。圆壶通高 44.9 厘米、口径 14.6 厘米、腹径 31.2 厘米，重 13.65 公斤。[2] 有盖，短颈，溜肩，鼓腹，圈足。顶盖圆鼓等距立三云钮，肩部对称两侧各有一铺首衔环，圆壶腹部装饰两道平行的弦纹。从尺寸、形制和制作年代判断，舒蚉圆壶应与圆壶 DK:7 为一对。舒蚉圆壶因其腹部弦纹间刻有长篇铭文而得名，铭文计 182 字（含重文 5 个），为𰻃的后继者舒蚉为先王所写的悼文。悼文中提及中山伐燕得胜的史实，有助于考证𰻃卒年，也补充了传世文献未载的第二代中山王的信息（图 1-2-3）。

二、传世文献与出土铭文构建的中山国历史

平山三器的发现具有重要意义。三器上的铭文共计 1101 字，是对传世文献的极大补充。但出土文献和传世文献两者各有其特点和作用，不应有所偏废。不能因为出土文献时代古老，就贬低传世文献的价值，认为出土文献可以推翻和替代它们，相反，传世文献更应被视为讨论框架和理解背景。[3] 结合两者特性，重新梳理文献，有助于全面了解和把握中山国历史。

1、平山一号大墓的主人——𰻃

𰻃鼎铭有"唯十四年，中山王𰻃作鼎于铭"，方壶铭亦称"唯十四年，中山王𰻃命相邦赒，择燕吉金，铸为彝壶"。此外兆域图铭文"王命赒为逃（兆）乏（窆）"。这些铭文证实墓主人名𰻃，他的身份是中山国的国王。

---

[1]《𰻃墓》（上册），第 118 页。
[2] 同上书，第 125 页。
[3] 李零:《简帛古书与学术源流》，北京：生活·读书·新知三联书店，2004 年，第 4 页。

𫮃，读 cuò。从"𦥑"，昔声。"𦥑"作为部首，金文常见，其形象如两手持一容器。[1]张政烺认为"𫮃"字不见于字书，疑为"错"之异体。[2]李零在《跋中山王墓出土的六博棋局——与尹湾〈博局占〉的设计比较》一文中也延续此说，并直接用"错"替代"𫮃"为名。[3]尽管在先秦时期，起名并不刻意避讳凶字，但将𫮃释为"错"似乎也有违常理。[4]商承祚在对"𫮃"字音形上持同样看法，但认为"𫮃"字当释义为"措"，以取措置得当则安稳而不倾斜，使国家长治久安的意思。"错"字本义指琢玉所用的石头，《诗·小雅·鹤鸣》："他山之石，可以为错。"后引申为锉刀。《说文》错字从金，昔声。而"措"从"手"，昔声，较之"错"，更能与"𦥑"手持容器之形呼应。因此将𫮃释义为"措"似乎更为妥当。[5]

"昔者吾先考成王，早弃群臣，寡人幼童未通智，唯傅姆是从。"[6]从𫮃鼎铭文可知，𫮃的父亲"成王"（即中山成公）早逝，𫮃年少即位。年少的国君以"𫮃"为名，或许暗含先王对他治国稳妥的殷殷期望，又能窥见彼时中山处于强敌包夹的困顿局面——想要在其中平稳安置小小的中山国已是非常困难的事。

𫮃鼎和方壶均为𫮃十四年铸造，这一年也是目前所见𫮃纪年中最晚的一年，𫮃大约于该年亡故。[7]在𫮃统治中山的十四年中，中山国发生了什么？年少即位的国君，是否完成了父亲的嘱托？根据平山三器铭文的记述，我们大致可了解和推测𫮃的生平和功绩，以及𫮃统治时期中山国的处境。

---

[1]目前学界该字常见的写法有两种，其一字头中部为"月"，其一中部为"同"。据金文原字，该字字头双手中间为一鬲，考虑到和今字的关联，本书采用"𫮃"字。
[2]张政烺：《中山王𫮃壶及鼎铭考释》，《古文字研究》（第1辑），北京：中华书局，1979年，第209页。
[3]李零：《跋中山王墓出土的六博棋局——与尹湾〈博局占〉的设计比较》，《中国历史文物》2002年第1期。
[4]王颖：《战国中山国文字研究》，第38页。
[5]商承祚：《中山王𫮃鼎、壶铭文刍议》，《古文字研究》（第7辑），北京：中华书局，1982年，第44—45页。
[6]𫮃鼎铭文。三器铭文详见本书附录四"平山三器铭文集释"。
[7]关于𫮃的生卒年及在位时间，学界尚存分歧。李学勤、李零《平山三器与中山国史的若干问题》认为𫮃元年至十四年为公元前322—前309年，或公元前321—前308年，且𫮃亡故于十四年或次年。段连勤在《关于平山三器的作者年代及中山王𫮃的在位年代问题——兼与李学勤、李零同志商榷》中认为𫮃生于公元前344年，公元前323年称王，𫮃十四年为公元前314年，卒于公元前308年。董珊则认为𫮃生于公元前338年，公元前323年称王并改元，八年或九年（公元前315年或前314年）伐燕，十四年为公元前309年，亡故于十四年或次年，见《战国题铭与工官制度》，北京大学博士学位论文，2002年。《𫮃墓》报告认为𫮃生于公元前343年，公元前327年为𫮃元年，公元前323年称王，十四年为公元前314年，𫮃于当年或次年亡故。本书从报告说。

2、第一代中山王

关于中山称王的时间，学界主要有两种观点，一说在成公时，一说在𰻞时。《战国策·中山策》有中山与燕赵为王，燕、赵称王事在公元前323年，则中山君称王应在是年。

另据𰻞方壶载伐燕之事，中山出兵燕国的理由是为平定燕王哙七年（前314）发生的子之内乱。子之内乱见于《史记·燕召公世家》《战国策·燕策》《孟子》《竹书纪年》等史籍，燕王哙让位于燕相子之，引起燕国内乱，齐宣王趁机出兵以平乱之名占领燕国都城。据平山三器铭文，中山国也参与到此次"诛不顺"[1] 的平乱之战中，甚至𰻞方壶的制作原料都直接来自燕国礼器。[2] 𰻞铜鼎和中山王𰻞方壶的铭文均为（𰻞）十四年，在这一年中山国制作了大量的青铜器，应与"克敌大邦"之后的纪念活动有关，因此中山王𰻞十四年应与

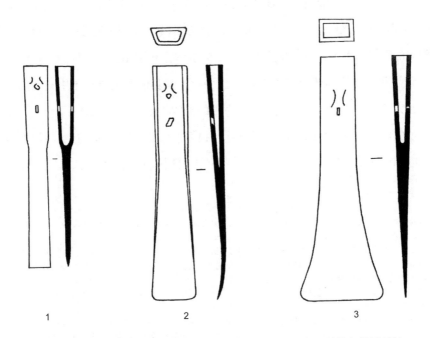

图1-3　成公墓（M6）出土铸"公"字铜凿（1. M6：127，2. M6:143，3. M6:142）（摘自《灵寿城》）

---

[1] 𰻞方壶铭文：是以身蒙皋胄，以诛不顺。
[2] 𰻞方壶铭文：择燕吉金，铸为彝壶，节于禋齐，可法可尚，以享上帝，以祀先王。

燕王哙七年（前314）相去不远，为同年或次年。那么嚳元年当在公元前328或前327年。若中山君称王时间确如《战国策》所载与燕赵在同年，即周显王四十六年（前323），那么该年在嚳五年或六年，则嚳是首位称王的中山国君。

平山三器铭文中，在措辞上均称中山先君为"王"[1]，应是嚳称王后为父祖追赠的尊号。关于这点，对比已发掘的成公墓（M6）和嚳墓出土实物，亦可为佐证。

M6西库随葬的一漆箱中，放置刻刀、铜权、斧和凿等青铜工具。其中有三件凿顶端铸有"公"字铭文（图1-3），应是使用者身份的标志。嚳墓也发现相同性质的器铭，如椁室内所出铺首，其上刻有"君""王"字样；东库出土的错金银铜接扣上亦有错金的"君"和"王"字样（图1-4）。物勒主名的形式未变，但称谓发生变更，这表明嚳作为中山国君，在身份上有别于他之前的君主们——从成公时称"公"，至嚳时已称"王"（表1-1）。在嚳统治期间，中山称王，嚳拥有了前所未有的身份地位，他不仅如父祖一般是一国之主，同时还是第一代中山王。在称王之后，伐燕得胜又让这位新王和中山国走上辉煌的顶峰。

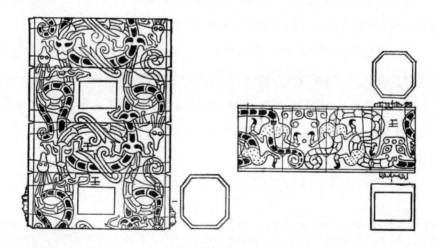

图1-4 嚳墓出土错金"王"字铜接扣（摘自《嚳墓》）

---

[1] 中山王嚳鼎（XK:1）有"先考成王""昔者吾先祖桓王昭考成王"，中山王嚳方壶（XK:15）有"以享上帝，以祀先王"的字句。

表 1-1　成公墓、𦙺墓刻主名器物表

墓葬	编号	名称	铭文
成公墓（M6）	M6：127	凿	公
	M6：143	凿	公
	M6：142	凿	公
𦙺墓（M1）	GSH：2—1	木棺铜铺首	君
	GSH：5—1	木椁铜铺首	王
	DK：41	木框错金银铜接扣	上两角各刻一"上"字，上中部两面各刻一"王"字，横中部上错金"王"、下错金"君"字。

3、辟启封疆，克敌大邦——中山伐燕

据三器铭文可知，中山出兵燕国的原因是燕王哙传位子之，导致"臣宗易位，以内绝召公之业，乏其先王之祭祀；外之则将使上觐于天子之庙，而退与诸侯齿长于会同，则上逆于天，下不顺于人也"。因此中山国相邦司马赒"亲率三军之众，以征不义之邦"。在征伐燕后，"辟启封疆，方数百里，列城数十，克敌大邦"取得了胜利，并占领部分燕国的土地。

中山伐燕之事，史籍无载。但在𦙺墓出土的"平山三器"铭文中，或详或略地提及此事[1]，可见伐燕得胜对于𦙺和中山国来说，都是一件值得铭记的大事。齐国伐燕见于《史记·燕召公世家》《战国策·燕策》《孟子》和《竹书纪年》。而对读平山三器铭文与传世文献，中山与齐合兵攻打燕国，那么中山和齐国之间或存在联盟关系。

---

[1] 中山王𦙺铜鼎 XK：1："今吾老赒，亲率三军之众，以征不义之邦，奋桴振铎，辟启封疆，方数百里，列城数十，克敌大邦。"中山王𦙺方壶 XK：15："适遭燕君子哙，不分大义，不旧诸侯，而臣宗易位，以内绝召公之业，乏其先王之祭祀；外之则将使上觐于天子之庙，而退与诸侯齿长于会同，则上逆于天，下不顺于人也。寡人非之。赒曰：'为人臣而反臣其宗，不祥莫（大）焉。将与吾君并立于世，齿长于会同，则臣不忍见也。赒愿从在大夫，以请燕疆。'是以身蒙皋胄，以诛不顺。燕故君子哙新君子之，不用礼义，不分逆顺，故邦亡身死，曾无匹夫之救。"中山胤嗣䝮蜜圆壶 DK：6："逢燕无道烫上。子之大辟不义，方臣其宗。唯司马赒靳䚦战怒，不能宁处，率师征燕，大启邦宇。方数百里，唯邦之翰。唯送先王，苗蒐田猎。"

4、司马喜

铭文数次提及中山国相邦司马𧊒。"𧊒",一释为"赒",一释为䚦。李学勤征引罗福颐《古玺文字征》、丁佛言《说文古籀补补》并对照《说文外编》,认为𧊒之"用",并非用,而是周字的省写。[1]

通常认为铭文中所言司马赒即为传世文献中的司马喜(又作憙)。在传世文献和铭文中此人活动时间、身份和姓氏均可一一对应。李学勤推测喜与赒意义相近,是可以转相为训的同义字,因此可能一为名一为字。[2]又《太史公自序》称:"自司马氏去周适晋,分散,或在卫,或在赵,或在秦。其在卫者相中山。"徐广曰:"名喜也。"[3]《吕氏春秋·应言》中有一则中山相国司马喜和墨者相辩的故事,二人分举"今(中山)王兴兵而攻燕"和"赵兴兵而攻中山"为例[4],这与司马赒为相时中山国的政治环境相符合。《战国策·中山策》有司马喜使赵、"三相中山"和为新王选后之事。[5]李学勤还进一步认为蓝诸君也是司马喜的别称。[6]

在《韩非子》和《战国策·中山策》中,司马赒都被描绘为暗通赵国的中山权臣,而铭文中,他却是另一种形象。𦍑鼎铭共计469字,其中竟有275字说司马赒:

> 天降休命于朕邦,有厥忠臣赒,克顺克俾,无不率仁,敬顺天德,以左右寡人,使知社稷之任,臣宗之义,夙夜不懈,以善导寡人。今余方壮,知天若否,论其德,省其行,无不顺道,考宅惟型,呜呼,哲哉!社稷其庶呼!厥业在祗。寡人闻之,事少如长,事愚如智,此易言而难行也。非怃与忠,其谁能之,其谁能?唯吾老

---

[1] 李学勤、李零:《平山三器与中山国史的若干问题》,《考古学报》1979年第2期。李学勤、李零释此字为"赒";张守中释为"貯";《𦍑墓》报告释为"䚦"。本文从李学勤、李零说。

[2] 同上。

[3]《史记》,第3286页。

[4] [战国] 吕不韦 著、陈奇猷 校释:《吕氏春秋新校释》,上海:上海古籍出版社,2002年,第1220—1221页。

[5] 对照平山三器铭文所述中山国世系,可推测司马赒三相中山当在成公、王𦍑和㛬蜜之时。司马喜三篇见刘向集录:《战国策》,上海:上海古籍出版社,1985年,第1177—1187页。

[6] 李学勤:《平山墓葬群与中山国的文化》,《文物》1979年第1期。

惆，是克行之。呜呼，攸哉！天其有佣于兹厥邦，是以寡人委任之邦，而去之游，无惧惕之虑…………今吾老惆，亲率三军之众，以征不义之邦，奋桴振铎，辟启封疆，方数百里，列城数十，克敌大邦。寡人庸其德，嘉其力，是以赐之厥命："虽有死罪，及三世无不赦"以明其德，庸其功。吾老惆奔走不听命，寡人惧其忽然不可得，惮惮业业，恐陨社稷之光，是以寡人许之，谋虑皆从，克有功智也，辞死罪之有赦，智为人臣之义也。

嚳方壶铭共计450字，亦有近半说司马惆之能、之忠：

天不斁其有愿，使得贤才良佐惆，以辅相厥身。余知其忠信也，而专任之邦：是以游夕饮食，盗有遽惕？惆竭志尽忠，以左右厥辟，不贰其心，受任佐邦，夙夜匪懈，进贤措能，无有常息，以明辟光。适遭燕君子哈，不分大义，不旧诸侯，而臣宗易位，以内绝召公之业，乏其先王之祭祀；外之则将使上觐于天子之庙，而退与诸侯齿长于会同，则上逆于天，下不顺于人也。寡人非之。惆曰："为人臣而反臣其宗，不祥莫大焉。将与吾君并立于世，齿长于会同，则臣不忍见也。惆愿从在大夫，以请燕疆。"是以身蒙皋胄，以诛不顺。

舒蚉圆壶铭文较短，却也言及司马惆率军征燕之事，称其为"贤佐"。[1] 传世文献和出土铭文出现矛盾，孰是孰非尚难判断。当然出现这类矛盾可能另有原因，即外部观察和内部观察的区别、别国记载和自述的区别。但不论司马惆是私通赵国的奸臣还是中山国的贤才良佐，其地位和影响于中山国而言都是极大的。兆域图铜版上，嚳的诏命是这么说的："王命惆：为兆窆。"司马惆极可能是嚳墓设计的实际主导者——嚳墓的修筑，从整体到细节都与他紧密相关。

---

[1] 舒蚉圆壶铭文为："或得贤佐司马惆，而重任之邦。逢燕无道烫上。之子大辟不义，方臣其宗。唯司马惆靳諮战怒，不能宁处，率师征燕，大启邦宇。方数百里，唯邦之翰。"

三、文风和书体——铭文的细节

　　器物铭文除了被阅读以外，它的锲刻、书写方式都呈现为一种具体的视觉形态。文字首先能提供语义信息，而文字的视觉形态同样可以为研究提供诸多信息。

　　古文字研究在面对铭文时，主要针对文字的音形意；而在美术史研究中，铭文是作品的组成部分：文字的书写、排布方式、书体和题（刻）的具体位置，都值得细读和分析。如果将锲刻铭文的礼器当作一件完整作品审视，那么铭文不仅承担记录王命的功能，还是作品外在形态的重要组成部分。

　　研究者在释读平山三器铭文时，已发现这三篇铭文的作者对儒家经典尤其是《诗经》进行了大量引用或套用。[1]另外铭文文字与晋国侯马文书接近，属于三晋系统（图1-5；表1-2）。[2]

1

2

图1-5　侯马盟书（1.35:6，2.35:8）（摘自《侯马盟书》）

[1] 李学勤：《平山墓葬群与中山国的文化》，《文物》1979年第1期；李学勤、李零：《平山三器与中山国史的若干问题》，《考古学报》1979年第2期。
[2] 李学勤、李零：《平山三器与中山国史的若干问题》，《考古学报》1979年第2期；林宏明：《战国中山国文字研究》，台北：台湾古籍出版有限公司，2003年，第401页。

表1-2　侯马盟书和平山三器文字比较

类型	隶定	文字	出处	年代
人名	賙		《侯马盟书》35:8	公元前 5—4 世纪
			瞏鼎、瞏方壶、 妾鎜圆壶	公元前 4 世纪初 （约前 314—313 年）
	妾		《侯马盟书》35:6	公元前 5—4 世纪
			妾鎜圆壶	公元前 4 世纪初 （约前 314—313 年）
通假	郾（燕）		《侯马盟书》1:21	公元前 5—4 世纪
			瞏鼎、瞏方壶、 妾鎜圆壶	公元前 4 世纪初 （约前 314—313 年）
	虖（嘑）		《侯马盟书》200:39	公元前 5—4 世纪
			瞏鼎、瞏方壶、 妾鎜圆壶	公元前 4 世纪初 （约前 314—313 年）
	盧（吾）		《侯马盟书》3:1	公元前 5—4 世纪
			瞏鼎、瞏方壶	公元前 4 世纪初 （约前 314—313 年）
合文	大夫		《侯马盟书》16:3	公元前 5—4 世纪
			瞏方壶	公元前 4 世纪初 （约前 314—313 年）

比较平山三器铭文和侯马盟书所见墨书，二者除了在常用字上呈现相近书写方式外，如表 1-2 所示，在专名、通假字的使用以及合文等特殊写法中，也呈现出极高的一致性，这提示我们中山国使用文字的直接来源。

平山三器是中山国最高等级的礼器，随葬进入中山国君的陵墓，礼器铭文反映的是中山国官方推行的价值观，也反映出中山国核心的文化倾向。学界普遍认为中山国是由非华夏族群建立的政权，但从𪨗墓及墓中出土物的情况看，至少在𪨗统治时期，中山国采用三晋系统的文字作为官方文字，同时推行儒家意识形态。这些事实可以直接反映中山国所推崇的核心文化和自我认知，是不同于他国史书记录的另一重历史"真实"。

四、史实与认知——传世文献和出土文献的双重视角

《吕氏春秋·先识》：

> 威公又见屠黍而问焉，曰："孰次之？"对曰："中山次之。"威公问其故。对曰："天生民而令有别。有别，人之义也，所异于禽兽麋鹿也，君臣上下之所以立也。中山之俗，以昼为夜，以夜继日，男女切倚，固无休息，康乐，歌谣好悲。其主弗知恶。此亡国之风也。臣故曰中山次之。"居二年，中山果亡。[1]

在传世文献中，除了有明确纪年信息可验证的史实外，还有许多这样的故事，它们游离于历史的轴线之外，或者将已知的史实以"预言"形式套用到某人身上。这些后见之明的故事，大多缺乏可考证的时间信息，或与史实有明显矛盾，其性质更接近于寓言。将寓言故事用作例证以论证某一观点，是战国诸子演绎这些故事的出发点和目的。但这些寓言也反映出部分的历史真实，在《吕氏春秋》的这则故事中，借由屠黍之口表达出的或许便是中原国家对中山

---

[1]《吕氏春秋新校释》，第 956 页。

国的"真实"认知，这种认知常因族属之别而带有天生的对立，中山国也因此被赋予一种"他者"的身份。作为非华夏族群建立的国家，中山一定保有自身的传统和族群文化，但是我们仍然要对这些故事的真实性（或者说真实性的含量）保有警惕。

传世文献中对中山国的描述均为外部观察，难免存有想象、附会的嫌疑；而作为出土文献的平山三器铭文却是两代中山国君的自述。因此将传世文献和出土文献对读，除了充实已有信息外，还应分辨存在于两种历史中的中山国：一面是中山国在战国这一大的时代背景中被赋予的形象，一面则是中山国的自我表述。

追随传世、出土两重文献的线索，我们可以观察到中山国从分散部族一步步融入华夏系统的进程。自桓公迁都灵寿起，到𰯼的统治时期止，中山国的文化已经通过自我表述，而呈现出"华夏化"的完成形态。尽管在别国文献中，中山仍难摆脱"异族"的色彩，但其在政治、意识形态、文化身份认同等核心层面，已无异于战国诸国。[1]

第三节 被观看的铭文：作为作品的平山三器

通过梳理传世和出土文献，大致可知中山国的历史和其在春秋战之际所处的政治环境。另外也从纷繁错杂的文本中，锁定了两个和平山一号大墓紧密关联的人物，他们分别是墓主——第一代中山国王𰯼，以及中山王陵园的策划者、三相中山的司马赒。

在这一节中，笔者尝试从实物出发，利用其本身所具有的"物质性"（materiality）[2]特质，解读作为作品存在的中山三器，并从中提取关键信息。具

---

[1] 事实上，在针对中山国文物的研究中，研究者亦时常难以摆脱对中山文物"北方因素"的强调，这主要来源于对中山国统治者狄族身份的认知，不能否认的是，这样先入为主的认识，其实同样忽略了中山国的主体性。关于这点，吴霄龙有较详细的论述，见 Material Culture, Power, and Identity in Ancient China, pp.132-133。
[2] 本书所涉及的"物质性"承袭自巫鸿的相关讨论。他提出了"历史物质性"（historical materiality）这一概念，试图以此建立起解释性理论和具体的实物研究之间的关联。见巫鸿：《实物的回归：美术的"历史物质性"》，《美术史十议》，北京：生活·读书·新知三联书店，2008年。

体而言实物所具有的物质性使其呈现出不同于文本的复杂面貌：一件器物从设计到最终成型的过程，包含多个步骤。制作者会面对一系列具体问题：选用什么材质、采用什么造型、需要什么技术、如何应对使用者的种种要求……不管这些选择是出于工匠的主观行为或者只是无意识的举动，都为今天的研究者提供了多层次的细节。"听其言，不如观其行"区别于文本书写带有的主观性，从中山国的具体实践入手，分析其文化属性，解读作为物质实体的平山三器，将其还原到所处的时空情境中理解，或许将会呈现出别样的真实。

杰西卡·罗森（Jessica Rawson）认为铜器纹饰布局疏密取决于使用场合中人与礼器的距离。如西周早期的青铜器体量小且纹饰精细复杂，那么这可能是用于相对私人的场合，礼仪活动的参与者数量少且与青铜器的距离近。到了西周后期，青铜器则通过巨大的数量和体积营造另一种全然相异的视觉感受，而此时纹饰多采用直棱纹或窃曲纹等更为粗犷的样式，这似乎暗示参加礼仪的人数远超过往。[1]这样的说法有一定的合理性，事实上，在礼器的诸多功能中，"展示"与相应的"被观看"也是极重要的一项，自然会在设计中考虑到。

一、外向铭文与平山三器的观看

中山国的礼器多为素面而少装饰，平山三器却是例外。除了方壶形制稍显特殊外，響鼎和舒蛮圆壶在器型上与同出的礼器相比并无特异之处，但是镌刻在器身上的长篇铭文，使它们的面貌变得与众不同。

如果仅从形式出发，将铭文镌刻于器表的方式并非寻常。自商迄西周，从简单的族徽文字到长篇纪功铭文，绝大部分都铸造于容器内部。将文字铸刻于器表，以现有材料来看，到春秋时期才有实例可寻，且多为兵器铭文，较少见于容器。其中较著名者包括现藏美国华盛顿弗利尔美术馆（The Freer Gallery），传闻出于山西太原的子乍弄鸟尊[2]；另有现藏中国国家博物馆，传出

---

[1] [英]杰西卡·罗森 著、邓菲等 译：《是政治家，还是野蛮人？——从青铜器看西周》，《祖先与永恒：杰西卡·罗森中国考古艺术文集》，北京：生活·读书·新知三联书店，2011年，第39—41页。
[2] 据铭文推测，此尊可能为赵简子或赵襄子之器。

1   2

图 1-6　春秋时期的外向铭文
1. 弗利尔藏子乍弄鸟尊，摘自弗利尔美术馆官网；铭文"子乍弄鸟"摘自《中国青铜器全集 8》
2. 中国国家博物馆藏栾书缶，摘自《中国青铜器全集 8》

于河南辉县的栾书缶，颈部有 5 行 40 字的错金铭文（图 1-6）。[1] 至战国时期，随着青铜器日趋实用化，在青铜容器上铸刻铭文的现象变得愈发少见，如平山三器这样通体满布长篇铭文的例子更是前所未见。三器铭文书体华丽流畅，文字本身具有极强装饰性，这些铭文本身就成为素面铜器的装饰（图 1-7）。以文字替代纹饰作为器表装饰的方式，在汉代仍能看到实例，如西汉中山靖王刘胜墓出土鸟篆文壶。[2] 但其中文字的表意性已经完全让位于装饰性——华丽变形的鸟虫篆造成阅读的障碍，这种视觉上的陌生化处理，实际上是将文字转化成了抽象纹样。反观平山三器的情况，铭文则正处在装饰和记录两种功能之间的平衡状态。

---

[1] 自 1958 年容庚、张维持的《殷周青铜器通论》将其定名为"栾书缶"，学界一般将此器视为春秋中期晋国之器。然而亦有学者持不同意见，认为栾书缶是战国楚器。李学勤在《栾书缶释疑》中认为此器是春秋时活动在晋楚之间的蛮氏后裔流落至楚地后所制。
[2] 中国社会科学院考古研究所、河北省文物管理处：《满城汉墓发掘报告》，北京：文物出版社，1980 年，第 38 页。

平山三器的铭文均錾刻于器表，当陈列这些礼器时，观者自然可以直接看到这些铭文。铭文呈现的方式又表明，在观看的基础上，设计者显然将"阅读"也纳入考量。

䚘鼎是中山王墓九件升鼎中最大的一件，也是目前发现战国时期铭文字数最多的铜器。䚘鼎鼎身外侧刻有长篇铭文计469字（含重文10，合文2），铭文以䚘的口吻自述成为国君以来的种种经历。将出自中山王之口的文字转

图1-7　䚘鼎拓片（摘自《战国中山器铭文拓本》）

化为铜鼎铭文，并不像看上去那么简单，刻文者首先需要根据铭文字数对器表空间进行细致的设计：铭文排布齐整、字体优美；469字分为77列，每列6字（最后一列1字），刚好环绕鼎身一周；整篇文字首尾相接，末端以圆圈装饰符号标示，用以指明首尾起止；近距离观察鼎身，仍能看到细如发丝的格线，这应是为确保铭文排布齐整，在刻字前事先划出的。

另外，䚘鼎铭文的排列显示出一些有趣的细节：铭文每列6字，其中前两字刻于器盖之上，后四字则刻于鼎腹（腹部凸起弦纹以上3字，以下1字）。如此排列铭文显然会造成使用不便——将内容连贯的长篇铭文竖刻在鼎盖和鼎身，一旦器、盖分离，或扣合的角度出现偏差，那么整篇铭文的顺序将全部错乱而无法阅读。这显然是所有人都不愿见到的，因此为了避免这样的情况出现，制作者也有所准备。

俯视礜鼎会发现鼎盖和鼎双耳均刻有指示性符号，这一现象不见于同组其余八鼎（图1-8）。礜鼎左耳刻内向箭头，右耳刻"十"字符号；鼎盖正中刻一道直线，直线的左端为内向箭头，右端为"十"字符号。当鼎盖直线两端的符号分别对准鼎耳上相应的符号时，鼎盖与鼎身上的铭文相对成列、上下连贯为长篇铭文。

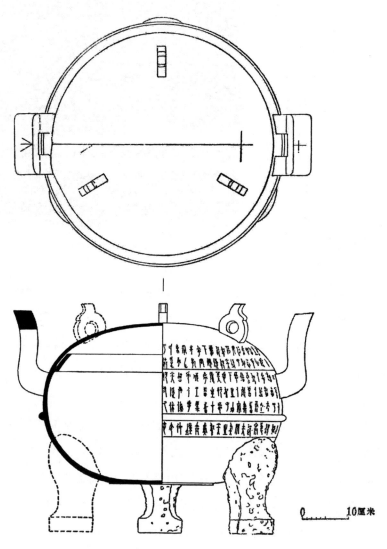

图1-8 礜鼎器盖刻划痕迹（摘自《礜墓》）

将一列六字的铭文分刻在鼎盖和鼎身，只有在正确拼对时，才能连贯成文，这样的设计明显不合常理。事实上，若将最上两行铭文下移至鼎身或将铭文字体缩小，都可以避免这样的别扭情形。这是刻文者的失误么？还是有什么特殊情况迫使他不得不采用这种"麻烦"的方式？

二、铭文、器物与刻文者

刻文者并非铭文的作者，但他用自己熟练而优美的书写技法，将铭文誊刻在礼器上。[1] 在此之前，刻文者显然经过一番深思熟虑：如何使铭文完美贴合器物？铭文和器物孰轻孰重？

进一步观察平山三器，不难发现铭文的位置和大小都经过精密演算：首先需要最大限度地保证铭文不会被器物结构遮挡；其次，尽管三器的器型、尺寸均不同，但器身上的铭文大小却几乎完全相当，均长约 2 厘米。考虑到三器器身上长短不一的铭文皆环绕一周，首尾相接而不留空余，在这样的情况下还要保证铭文大小一致，显然是极困难的！这需要在刻文前就精确计算出铭文所占幅面，并尽可能妥帖地将这些文字与器物结合在一起。如譽鼎的例子所示，当铭文所需幅面超出鼎腹的空间时，刻文者选择突破鼎自身结构的局限，而不是缩小文字。牺牲器物使用的便利性以迁就铭文大小，这样做的目的极可能是服务于视觉感受，使观看器物的人能较舒适地阅读这些器物上的铭文。如此一来，器表铭文与器物结构间的矛盾就有了合理解释——与铭文的完整和美观比起来，器物使用的便利性则需让步。

当然，为了"完美"呈现这些篇幅不一的铭文，刻文者需要据铭文选择器物。从尺寸、形制和制作年代判断，编号 DK：6 的鈺鋚圆壶应与圆壶 DK：7 为一对。两件壶均铸造于譽十三年，虽然壶上的长篇铭文并未提及写作年份，但是根据铭文内容可知，这是一篇悼念已故先王譽的悼文，必然写在譽十四年之后。也即是说必先有成器，才加上的铭文。因此鈺鋚圆壶刻文的位

---

[1] 三器长篇铭文的书风精妙，与同墓其他铭文差异较大，因此刻文者或许还可以进一步拆分为书丹者和誊刻者。但考虑到圆壶铭文字体风格的前后差异，在实际操作中，书、刻两步骤关联紧密，以致难以区分。

置并不是预留的，而是刻文者根据新王所作悼文的篇幅估算需求后，在众多礼器中着意挑选出来的。

三器器表的铭文全出于刻文者手刻而非铸造。[1] 铭文线条圆转修长，在某些笔画细节还装饰有鸟兽形象，对比同墓所出兆域图和大部分物勒工名的铭文，平山三器的铭文显然更具有观赏性，即便在无法识读文字的情况下，也能感受到书体带来的形式美感。经过对比观察，能从三器铭文中识别出两种差异显著的字体风格，即圆转风格（A型）和方直风格（B型）。

从整体来看，首先，A型风格单字的长宽比例较B型更为悬殊，因此呈现出修长的视觉特点。其次，从结体上看，A型风格字体上部三分之一紧收，下部三分之二则布局疏朗，呈现出上紧下松的结构，这与其修长的比例结合，在视觉感受上显得愈加精致典雅；与之相比，B型风格在单字结体上无明显松紧之别，则显得平稳古拙（图1-9）。

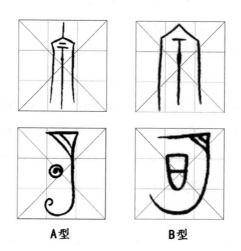

A型　　　　　B型

图1-9　A型、B型单字比较（莫阳制图，摹本摘自《中山王𰯼器文字编》）

---

[1] 有学者对此提出质疑，认为战国时期的工具不足以在青铜器表面刻划如此流畅的线条，因此推测三器铭文或为铸造，见苏荣誉：《小国大器：战国中山国金属技艺疏要》，《发现中山》，成都：巴蜀书社，2019年。河北省博物院郝建文亦曾在与笔者的交流中指出，方壶铭文或为铸造，且有补刻痕迹。二说均较有说服力，但尚无法解释舒鲎圆壶器表铭文晚于该器物勒工名纪年的情况，因此在本书中暂沿用报告旧说，将铭文当作刻文者手刻而非铸造，并期待日后认识有所更新。还需说明的是，无论刻文者是将铭文直接刻于器表上或是书于模上并翻制于范上，都不影响本节的结论。

若将两种风格的铭文还原到它们具体的位置来看，礜鼎和礜方壶上的铭文均为 A 型风格，字体笔画圆转，刻文者习惯在笔画中加入旋涡状用笔，或在起笔、收笔处添加鸟兽形象（见表 1–3："祀""於""马"），凸显装饰性。妤蚉圆壶的铭文则 A 型和 B 型风格并存，圆壶前 22 行铭文为 B 型，在文字和书体上均与 A 型有明显差异。如"昔""明""宗""道"等字，A 型和 B 型铭文虽取用同样书写方式，但 B 型字方折而少装饰性，且比之 A 型更多省笔；又如"去""民""夜""其"等字，B 型甚至采用和 A 型不同的构形方式（表 1–3）。

表 1–3　三器文字 A 型、B 型比较

释文	A 型			B 型
	礜鼎	礜方壶	圆壶（后37行）	圆壶（前22行）
去				
民				
昔				
型				
道				
忧				
告				

释文	A型			B型
	嚳鼎	嚳方壶	圆壶（后37行）	圆壶（前22行）
仮				
悬				
胄				
亡				
子				
氏				
臣				
而				
忘				
明				
宗				
宜				

释文	A 型			B 型
	嚳鼎	嚳方壶	圆壶（后37行）	圆壶（前22行）
夜				
者				
慈				
赁				
疆				
敢				
马				
同				
祀				
鄉				
新				
会				

释文	A型			B型
	釁鼎	釁方壶	圆壶（后37行）	圆壶（前22行）
女				
母				
行				
里				
征				
啟				
庸				
復				
寧				
又				
于				
可				

释文	A型			B型
	厝鼎	厝方壶	圆壶（后37行）	圆壶（前22行）
右				
命				
於				
祂				
祗				
孙				
能				
虖				
惪				
敬				
其				
之				

释文	A型			B型
	譻鼎	譻方壶	圆壶（后37行）	圆壶（前22行）
大				
王				
不				
以				
先				
邦				
得				
唯				
郾				
阙				

　　A 型和 B 型两种风格字体共存，且差异截然，说明三器铭文应出自两位刻文者之手。[1] 譻鼎和譻方壶上的铭文出自一位书风华丽且具有装饰性的刻文者。

---

[1] 报告的编写者也早已发现这一现象，见《譻墓》（上册），第 124 页。

图 1-10　 妤蚉圆壶器底铭文 "十三岁，左使车（库）啬夫孙固，工臝，冢（重）一石三百三十九刀之冢（重）"（摘自《殷周金文集成》）

图 1-11　 妤蚉圆壶铭文前后书体区别（莫阳制图）

　　妤蚉圆壶则略显特殊，铭文由两位刻文者相继完成。妤蚉启用了一位新的刻文者，这位刻文者选择了一件嚳十三年所制圆壶（图 1-10），并完成了前 22 行铭文的刻制，然后他停了下来，或者应该说被替换了。可能是因为这位刻文者简率、方折的书体，不能达到新王的预期，更有经验的刻文者被重新启用——铭文的后 37 行的风格亦属 A 型，显示出与嚳鼎和嚳方壶铭文的一致性（表1-3；图 1-11）。

　　这些细节提示我们，三器制作的每个步骤都经过周密的设计，铭文、刻文器物甚至刻文者都是经过严格挑选的，以求将这三件刻铭礼器呈现出最完满的效果。三器之中，嚳鼎和妤蚉圆壶是从众多礼器中挑选出来，用以刻写铭文，即先有器物再刻铭文，因此尽管设计者周密安排，在器物结构和铭文之间仍遗留了些许不可调和的 "矛盾"。但嚳方壶的情况似乎与此不同。

三、为铭文而制：𦅫方壶

如前文提及的，三器中𦅫鼎铭文分刻在鼎身和鼎盖，若想阅读，鼎盖不能摆错分毫；而𡠅䶈圆壶的铭文虽然完美嵌入壶身两道弦纹之间，却出现了中途更换刻文者的特殊情况。与前两者相比，𦅫方壶的设计则显示出从整体造型到铭文细节的完整性。

𦅫墓共出土壶 17 件，其中方壶 3 件、扁壶 4 件、圆壶 10 件（含提链壶 2件）。除𦅫方壶外，𦅫墓所出 16 件壶均为两两相配成组（表 1-4）。在这些壶中，制作精良的 3 件方壶等级明显较圆壶更高。而𦅫方壶在尺寸上又远超其余 2 件方壶，且为同墓所出壶中最大的 1 件。在等级制度森严的商周时期，尺寸

表 1-4 𦅫墓所出壶及尺寸　　　　　单位：厘米

类型	编号	制器年	制器者	高	腹径	备注
方壶	XK：15	十四年		63	35	𦅫方壶。器表镂刻长篇铭文。
	DK：10	十四年	亳更	45	22	器表错红铜、松石填蓝漆。
	DK：11	十四年	亳更	45	22	器表错红铜、松石填蓝漆。
扁壶	DK：12			45.9	36.5/15.3	抹角成桃形状边，素面。
	DK：13			45.9	36.5/15.3	抹角成桃形状边，素面。
	DK：14	十二年	鄁	35	33.8/12	样式同上，圈足物勒工名。
	DK：15	七年	弧	29	24/15	仿皮囊形，田字形络带文。
圆壶	DK：6	十三年	𧩾	44.9	31.2	𡠅䶈圆壶。镂刻长篇铭文。
	DK：7	十三年	𧩾	44.9	31	素面，物勒工名。
	XK：16	十年	胄	44.3	31.2	素面，物勒工名。
	XK：17	十一年	角	45.5	32	素面，物勒工名。
	XK：18		昱	43	31	素面，物勒工名。
	XK：19		弧	43	31	素面，物勒工名。
	XK：20	十三年	𧩾	21.2	11.5	素面，物勒工名。
	XK：21			21.6	11.5	素面。
提链壶	DK：8	十三年	上	32.6	21.4	素面，物勒工名。
	DK：9			15.1	12.5	素面。

的大或小，除实际功能外，常与等级高低有关。但基于上文对于铭文和器物关系的推测，我们可以提出一个大胆假设，即𧊊方壶尺寸如此突出，或许表明这件器物本就是为了铭文设计的。

正如上文提到的，三器在器型和尺寸上不尽相同，但各器单字大小几乎相当。𧊊方壶特殊的尺寸或许是由铭文长度决定的，即使并非全由铭文决定，这也是设计过程中考虑的一个重要因素。

有特殊意义的订制品

平山三器是𧊊统治时期重要的礼器，其上锼刻的长篇铭文，是两代中山王的诏命。𧊊方壶铭文这样说道："呜呼，允哉若言：明则之于壶，而时观焉。"尽管最终这三件重要礼器被带入墓葬中，但在器物的设计过程中，制作者必须要将王期望"时观焉"的要求妥帖执行。显然，站在器物制作者的角度，"观看"和"阅读"铭文是设计中需要重点考虑的。另外，这种设计一定预先考虑器物在使用时的具体场景，那么设计者所预设的器物使用空间是怎的呢？

事实上，𧊊方壶铭文首句，就直接点明方壶制作的时间、材料来源和功能：

> 唯十四年，中山王𧊊命相邦赒，择燕吉金，铸为彝壶，节于禋
> 齐，可法可尚，以享上帝，以祀先王。

在𧊊十四年，中山国国王𧊊命相邦司马赒用伐燕所获青铜，铸造了这件方壶；方壶用来在祭祀时盛放酒水，以享祀上帝和先王。这段铭文指出制作方壶的初衷是用于国家祭祀，那么我们可以推测，对于制作者而言，方壶铭文的"观看"和"阅读"实际是发生在祭祀场合的。

四、平山三器的视觉语境

前文已经提到，将铭文铸刻于器物表面的实例最早见于春秋时期。就目前所见，这些铭文多选取器物中部偏上的位置（图1-12）。将铭文刻于器表，最大程度避免了器物自身结构的遮挡，使观看者一目了然；考虑到器物使用的具

1

2

3

图 1-12 器表铸刻铭文实例（1. 栾书缶，2. 国差𦉜，3. 薛侯行壶）（摘自《中国青铜器全集》）

体空间，将铭文安置在中部偏上，而不是更加美观的正中位置，也暗示了器物在使用环境中可能处在观看者视平以下。

平山三器铭文的排布位置则与上述诸器有所不同，不论是𧊀鼎、𧊀方壶还是好盗圆壶，铭文都大致居中且环布器身。这也许表明三器所处的视觉空间与之前不同。从𧊀鼎的例子看，既然证明铭文的锲刻充分考虑到观看的需求，那么也可以根据器表铭文的位置，反推其使用或放置的空间。具体而言，就是根据铭文在器表的排布范围，计算出适合人观看的最佳高度，从而推测礼器摆放的位置。

三器铭文大致分布在距离器物底部 8.5—41 厘米（图 1-13 A—A'）的范围内。若将𧊀鼎和𧊀方壶放置在同一水平上，二器铭文的起首几乎是平齐的，这应不是巧合。正因铭文是"被观看"的核心，铭文在器身上所处的位置才会被设计者格外考量。

如果以𧊀方壶为例，方壶的铭文下端距壶底约 8.5 厘米，铭文顶端距壶底约 39.5 厘米。铭文大致居中排布，但最底端已接近器物底部。尽管方壶的体量较其他壶更大，但若将壶直接放置于地面，那么不论观者是站立、跪或坐，都无法通篇阅读铭文（图 1-14）。根据这一情况反推，在使用和展示三器时，它们应被置于离地有一定高度的台或几案之上。

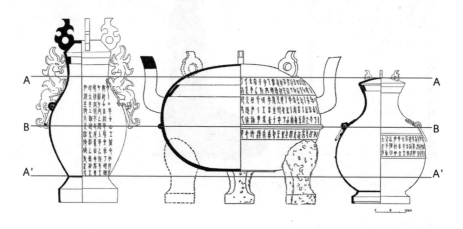

图 1-13　平山三器铭文分布示意图（莫阳制图）

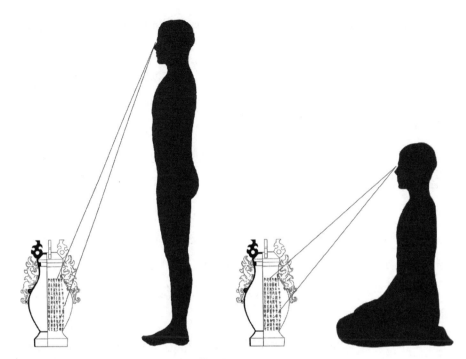

图 1-14　平山三器铭文观看示意图（站／坐）（莫阳制图）

图 1-15　平山三器铭文观看方式示意图（莫阳制图）[1]

---

[1] 图中使用几案线图改绘自漆几（编号 N：7），见《荆门左冢楚墓》，北京：文物出版社，2006 年，第 79 页。

最合适观看的角度，应是人眼视平与铭文分布范围的中线（图 1-13B）平齐时。进一步考虑到先秦时期席地起居的生活方式，置物类家具也较低矮，器物设计者预设的观者，将会在跪或坐的情况下观看器物并阅读器物上的铭文。

根据人平均身高的比例进行推算，承托物高度为 55.25 厘米（图 1-15）。进一步考虑到人的视域，实际上要远宽于视平，那么承托物的实际高度在高或低 20 厘米的范围内都是合理的。

这种推断并非凭空得来，一些同时期的图像证据也可作为补充。在春秋战国之际的铜器刻纹中，不乏对祭祀场景的描绘（图 1-16）。我们可以想象，平山三器在实际使用时，也被放置于类似的场景中。

在图 1-16 的刻纹铜器图像中，我们可以大致了解祭祀场景中礼器的使用情况。如战国早期中山鲜虞族墓出土铜盖豆（图 1-16-1），器表遍布红铜错嵌的图案，其中豆盖上的图像表现的是一个完整的建筑空间：在楼阁建筑内，底层是钟磬演奏的宴乐场面；上层则是祭祀场景，居中的是四位着深衣人物，他们从壶中盛取酒水并互相传递，画面正中是放置在案上的两只壶，案的右侧是手执长柄勺盛酒的人物。这种长柄勺是配合壶使用的盛取工具，与壶存在共生关系，在图 1-16-4、1-16-5、1-16-6 中也与祭祀用的壶并置。在线刻图像描绘的祭祀场景中，不论在室内还是室外，礼器往往处于画面中心位置，多被表现为在仪式过程中放置在高台或高足案上。这些内容相近、图式却不尽相同的图像表明，虽然不同工匠使用的表现手法不同，但图像描绘的场景却大致相同，说明作为表现对象的祭祀场景也具有一致性。通过铜器刻纹图像作为旁证，可推测平山三器应在与此类似的祭祀场景中使用，而器物的设计和器铭的排布也是为了契合这一空间并服务于参与祭祀的人。

平山三器铭文以中山王的口吻写就，又经由擅书的刻文者誊刻于青铜礼器之表。铭文锲刻的位置精准对应礼器摆放和使用的祭祀空间，使参与祭祀的人可以从最佳的视角阅读。三器从制作到最终完成的整个过程参与者众多，却环环相扣有条不紊，似乎有一双无形的手在操控每一个环节。

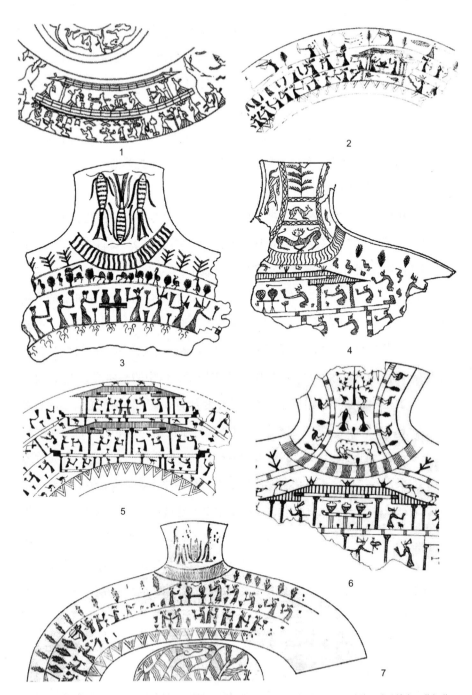

图 1-16 战国铜器刻纹中的祭祀场景（1. 战国早期中山鲜虞族墓铜盖豆 M8101:2, 2. 江苏镇江谏壁镇东周墓铜鉴, 3. 江苏镇江谏壁镇东周墓铜匜, 4. 江苏六合和仁战国墓铜匜, 5. 山西长治分水岭铜鉴 M84:7, 6. 长治分水岭 M12 出土铜匜, 7. 晋国赵卿墓铜匜 M251:540）

小结：䜮的意志

春秋战国之际是一个大变革的时代，国与国之间兼并战争频发的同时，也激发了人群流动和文化沟通。通常认为中山国是由鲜虞部族建立的国家，至桓公迁都灵寿以来，该国日渐摆脱部族旧制，成为战国诸国中的一方势力。

平山一号墓的墓主名䜮，正是在他统治期间，中山国国力发展到了顶峰。在公元前323年，也就是䜮即位后的数年，中山与燕、齐一同称王，这位少年君主成为第一代中山王。在䜮的时代，中山国在文字、祭祀和自我认知等方面，显示出与其他华夏国家的一致性，且与三晋文化的关联格外紧密。我们还可以通过平山三器的铭文了解到，作为第一代中山王，䜮克敌大邦、辟启封疆，获得了先祖们都不曾拥有的荣耀，这大约不仅是䜮，同时也是中山国历史中最耀眼的一刻。

作为第一代中山王，䜮的意志对其墓葬营建而言无疑起到至关重要的作用。一方面墓主显赫的身份直观反映在他的墓葬上——䜮墓在豪华和恢宏程度上远超其父、祖；另一方面，陵墓的规模、形制和随葬品也反映䜮个性化的需求和好尚。整个墓葬从规划、营建再到完工，历时长久。对这个巨大的国家工程来说，䜮是唯一的使用者，更是出资者和审核者。他手握决定权，自然占据主导地位。

墓主的意志固然重要，但在审视䜮的陵墓之前，还需要考虑当时生产力发展情况以及制造技术可以达到的最高水准。因此除了䜮统治时期中山国的历史、政治这条主线外，我们还应重视隐藏在这背后的另一条线索，即墓葬的实际营建者。䜮作为一国之君，姓名都被湮没数千年之久，中山国的工匠群体则被忽视得更为彻底。比起墓主的意志，小到器物造型、大到墓葬营建，更多取决于工匠这类专业人士的知识和技艺。正如本章中所述的平山三器，中山王固然是诏命的"书写者"，但真正决定器物和铭文完美呈现的，是制器的工匠和刻文者。又如引论中详述的四龙四凤铜方案，对使用者䜮而言，无法同时拥有方案的使用价值和观看价值，而制作者却能在另一层面完全拥有整个作品——

他们用双手、刀锛和铸造术掌控作品的每一个细节。在今天，当我们细读这些煞费苦心的造物时，仍能从中感受到丰富的层次，甚至还原作品成型的过程，这是制作者们通过器物向我们发出的声音。

引论中已经提到，通过方案案框内沿铭文"十四岁，右使车（库）啬夫郭痤，工疥"，可知四龙四凤铜方案的制作者名疥，是一名服务于中山国王室制器部门右使库的工匠。嚳墓出土的青铜器多数为本地制造，在铭文中保留了大量制作者的信息。这些简短的铭文严格遵循统一的格式，记录器物制造的年代、制造部门、监察官员的姓名及制作者的名字，其性质属于物勒工名。与本章所讨论的平山三器铭文相比，物勒工名性质的铭文则能揭示中山国的另一重历史。

第二章

匠师：作品背后的手

　　如果说上一章讨论平山三器的铭文充分考虑到观看的需求，表现出统治者对自身话语的着意彰显，那么本章所关注的器物铭文则完全相反：它们往往被铸刻在器物的底部、内侧以及其他易被忽视的位置，仿佛一种刻意的掩藏。这一章将聚焦于这些隐藏的铭文，以及铭文中的人。

　　在魏晋以前，有明确记载的艺术家寥寥无几，因此在美术史写作中往往将魏晋之前的阶段归为无名的美术史。但人人都清楚，艺术品从来都是人所创造的。作品的品质有高下之分，这全然取决于工匠技艺精深与否，从这个角度看，工匠中最顶尖和卓越的那部分无愧艺术家的称号。只不过在人们固有的认识中，艺术家似乎必然要与身份的独立、地位的自由乃至与文化身份的优越性相联系。因此，无论工匠的作品是多么巧夺天工、撼人心魄，在当时与后世均被视为难得的珍货倍受赞赏、加以宝藏，但他们仍然被视为工匠而不是艺术家。这种情况下，作者的地位造成了作品价值与作者身份两者之间的背离。人们在称赞这些"无名"作品的鬼斧神工时，真实存在的作者被选择性地遗忘了。与此截然相反的是，人们在观看"有名"艺术家的作品时，往往主动将作品与艺术家本人、他的经历甚至个人品质联系起来。

图 2-1　四龙四凤方案案框内沿铭文（摘自《䥓墓》）

䥓墓出土的宝器中，不乏精品，它们真的是无名之作么？还是长久以来艺术家和艺术品的对应关系让人们对工匠视而不见？事实是，正如通过案框内沿的铭文"十四岁，右使库啬夫郭痽，工疥"，我们可以获知包括制作者名字在内的一系列重要信息（图 2-1）。

䥓墓出土的部分器物上铸或刻有格式统一的铭文，纪录制器时间、制器部门、督造官员和制器者姓名等信息。比起商周以来歌颂器主的长篇铭文，这些更简短、缺少文辞修饰，甚至并不连贯成句子的铭文，是战国时期出现的一种新型铭文，与物勒工名制度有关。《礼记·月令》有言："物勒工名，以考其诚。功有不当，必行其罪，以究其情。"郑玄注："勒，刻也。刻工姓名于其器，以察其信，知其不功致。功不当者，取材美而器不坚也。"[1] 这是说将制器工匠的名字刻于器物之上，用以考校其制品的质量。如果所制器物出现质量问题，则要追究制器者的责任。显然，监控质量是物勒工名最基本、最显著的功能。

在铜器上铸造或刻划铭文的传统由来已久，商时铭文多为族徽或标示受祭祀者的身份。至西周，铜器铭文字数大大增加，内容也更丰富，主要是对器主功德的记录和颂扬。东周以来的铜器铭文，字体变化繁缛，在所记述的内容方面，有一部分继承传统铭文"铭功纪德"的功能，同时又有许多此前未见的新发展。如在春秋战国之际，便偶见有题名记某人所造的情况，与此前物勒主名，强调拥有者和使用者的情况有所不同。迟至战国中期，随着物勒工名制度

---

[1]《礼记正义》，《十三经注疏》，第 1381 页；这一表述亦见于《吕氏春秋·孟冬纪》，其中"功有不当"作"工有不当"，见《吕氏春秋新校释》，第 523 页。

完善成熟，形成较为完备的记录多级监造结构的功能性铭文。[1] 镌刻这类铭文的器类突破了礼器范畴，所记内容与器物本身的生产和制造关联紧密。

物勒工名作为一种制度可以有效监察工匠的工作，保障制器质量，自出现以来，迅速在诸国间流行，并在其后时代得到持续推行。物勒工名类铭文的作用与铭记功德的旧式铭文完全不同。就铭文性质而言，平山三器上的长篇铭文属于旧式铭文范畴，其内容针对的是器物的拥有者；而物勒工名则强调制作者，这种记录并不具有颂扬的意义，而是管理机构在组织生产的过程中，对制作者使用的监察手段。我们可以推想，在所造器物上留下姓名的工匠，心境应与在作品上签名的艺术家有天壤之别——当他们加刻自己的名字时，除了完成工作的欣慰外，恐怕更多需担负起沉重的责任。

对今天的研究者而言，物勒工名制度留下的这些"只字片言"是绝佳的材料，得以由此一窥战国时代手工业的运营和生产组织模式。这些卓越作品的制作者是在怎样的环境和制度之下完成他们的工作的？这个角度将有助于重新审视这些作品。反过来，通过分析作品的制作过程，也有助于观察社会变迁的某些轨迹。

第一节　制器与职司

战国时期具有物勒工名性质的铭文并不鲜见，但材料通常较为零散，且普遍见于兵器。[2] 而在罍墓出土的器物中，有为数不少刻或铸有物勒工名铭文的器物，尤以礼器和实用器为主，这是目前发现中罕见的。这些铭文提供了大量罍统治时期的纪年、府库、官职名称和制作者姓名。考虑到这些铭文发现于王陵，通过它们应能直接了解中山王室制器机构的真实情况。

---

[1] 冯时:《中国古文字学概论》，北京:中国社会科学出版社，2016 年，第 525—526 页。
[2] 兵器的数量和质量直接关乎一国的军事实力，因此每个环节都需要严格管控。相关研究见黄盛璋:《试论三晋兵器的国别和年代及其相关问题》，《考古学报》1974 年第 1 期;苏辉:《秦三晋纪年兵器研究》，上海:上海古籍出版社，2013 年。

根据已发现的中山国物勒工名铭文，中山国官方制器机构具有一定规模。铭文所涉左、右使库、冶勾等，均为制器部门名称，表明器物为专门职司所造。由于铭文格式、职官名称与同时期其他诸国存在明显差异，因此学者早就注意到中山国这些极为精美的器物是本地生产而非外来输入的。[1]

据统计，䧹墓所出的文物中，含有物勒工名铭文的器物共计60余件（套），其中有纪年的是34件（套）。铸刻此类铭文的器物以铜器为主，约占出土铜器总数的20%。这些器物制作精良，是专供王室使用之物，且制作年代接近，相继完成于䧹七年到十四年间。这对研究䧹时代中山王室制器机构的生产组织模式和工匠的地位处境来说是一批珍贵资料。

除䧹墓出土的较为系统完整的物勒工名铭文外，灵寿城内大墓M6中亦有时代较䧹墓早、所记内容更简单的铭文。在灵寿城内也零散发现铸刻物勒工名的器物。为了了解物勒工名制度在中山国的发展过程，下面将首先以时间为线索，梳理中山国的物勒工名铭文。

一、物勒工名制度在中山国的发展

平山县内编号M6的战国大墓，通常被认为属于䧹的父亲——中山成公。该墓出土器物中有三件刻有表明制器时间和部门的铭文。分别是东库所出漆盒残片M6:202，底部刻划"廿一岁左库"；西库出土甗M6:87，上有"廿七岁右"铭文；以及同为西库所出的双提链耳三足盆M6:99，上有铭文"左""廿七岁"（图2-2）。

从上述例子看，M6诸器铭文仅包含纪年和简略的左、右库信息，未记具体工匠姓名。从功能上来看，铭文形式并未完备，但可以对制器机构起到一定监管作用，已与纪功类或表示所属关系的铭文有所区别，可反映中山国物勒工名制度的早期形态。另外对比䧹墓同类铭文，M6器物铭文中出现的"左"和"右"应分别指代左库、右库，或至少是相似机构。将手工业者分左右编制的

---

[1] 李学勤、李零：《平山三器与中山国史的若干问题》，《考古学报》1979年第2期；李学勤：《平山三汲》，《青铜器与古代史》，台北：联经出版事业股份有限公司，2005年，第53页。

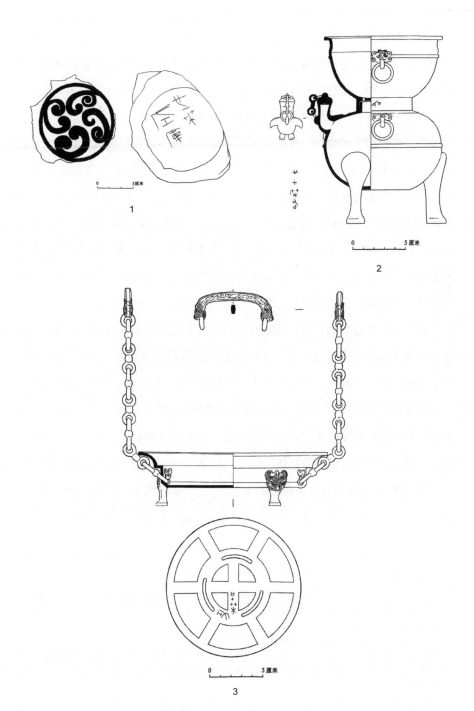

图 2-2　M6 出土刻文器物（1. 东库漆盒残片 M6:202, 2. 西库甗 M6:87, 3. 西库双提链耳三足盆 M6:99）（摘自《灵寿城》）

传统可追溯到更久远的殷商时期，在卜辞中即有"左工""右工"之分。[1]"库"一般指称府库，多用做储藏功能。将国家的制器机构以"库"指称的现象，多见于韩、赵、魏，如赵国有邦左库、邦右库[2]，韩国有郑左库、郑右库等。[3]这也表明中山国与三晋诸国在政治文化上的紧密关联。

除国君墓出土器物外，战国灵寿城遗址内也有零散材料发现。在灵寿城的手工作坊（E4）和居住遗址（E6）中，出土了较多的陶量，其中完整器16件，有戳印陶文的8件。戳印陶文"邦左二""邦左中"，应是制造陶量部门的名称。《说文解字》："邦，国也。"[4]此处"邦"应指国或都城，"左"与M6诸器相似，为左库或类似制器机构之省写，这些陶量应是由官方制陶作坊制作。另据统计，不同单位出土的陶量容积均可明确分为四个量级，这也反映出中山国通过官方制作并分配度量衡工具，实现了有效统一度量衡标准的目的。[5]

这一举措并非中山独有，战国时期各国出于追求效率的目的，通常会由国家自上而下地推行度量衡标准，并向各地方管理机构颁发统一制作的衡量器。如睡虎地秦简《工律》中有规定："县及工室听官为正衡石赢（累）、斗用（桶）、升，毋过岁壶（壹）。"[6]地方和官营手工业机构，需由官府校正权、斗桶和升等衡器，至少每年校准一次。齐量三器的发现也证实这种管理方式具有一定普遍性。[7]种种证据表明量器的制作和校验都是由国家把控的，直接反映官方行为。

中山国发现最大宗且完整的物勒工名铭文见于𰼷墓，有六十余件（套）（表2-1）。

[1] 肖楠：《试论卜辞中的"工"与"百工"》，《考古》1981年第3期；常淑敏认为卜辞中，"工"前缀方位的现象与手工业作坊所在区位相关，见《殷墟的手工业遗存与卜辞"司工""多工"及"百工"释义》，《江汉考古》2017年第3期。

[2]《集成》11700；《集成》11702。陆德富认为赵国左、右库的划分可能依据都城面向的方位，见《战国时代官私手工业的经营形态》，上海：上海古籍出版社，2018年，第61页。

[3]《集成》10995；《集成》10995。

[4] [汉]许慎：《说文解字》，北京：中华书局，1963年，第131页。

[5]《灵寿城》，第88—91页。关于中山国度量衡的研究，详见徐文英：《战国中山国度量衡及相关问题》，《博物院》2019年第3期。此外，考虑到这些陶量出土于城址内，其时代下限不明，除为中山器外，亦不能排除时代更晚的可能性。

[6] 睡虎地秦墓竹简整理小组：《睡虎地秦墓竹简》，北京：文物出版社，1990年，第43页。

[7] 齐量三器即左关𫔎、陈纯釜和子禾子釜，是战国早期（前404—前385）齐国的青铜量器，器身上的铭文表明这些量器是由中央政府制作，用以征收税赋的标准量器。

表2-1　嚳墓所见物勒工名表[1]

报告 编号	《集成》 编号	名称	铭文
DK：15	09683	铜扁壶	七[2]岁[3]，冶匀（钧）嗇夫啟重，工弧（《集成》作尼）。冢（重）四百六刀冢（重）。左緮者。
DK：32	10257	铜匜	八岁，冶匀（钧）嗇夫啟（《集成》作殷）重，工戠（《集成》作賫）。冢（重）七十刀冢（重）。右緮者。
DK：21	10328	铜鸟柱盆	八岁，冶匀（钧）嗇夫孙苤（《集成》又作芜），工酉（《集成》作福）。
DK：34	10402	十五连盏铜灯	十岁，左使车（库）嗇夫事斁，工弧（《集成》作尼），冢（重）一石三百五十五刀之冢（重）。右緮者。
DK：26	10358	铜圆盒	左緮者。十岁，左使车（库）嗇夫事斁，工戠（《集成》作賫），冢（重）百一十刀之冢（重）。
DK：46	10333	铜盘	十岁，右使车（库）嗇夫郭（《集成》作齐）瘞，工处，冢（重）。
XK：16	09674	铜圆壶	十岁，右使嗇夫吴丘（《集成》作羌），工胄（《集成》作賙），冢（重）一石百四十二刀之冢（重）。
DK：27	10397	有柄铜箕	左緮者。十岁，右使车（库）工疥。
XK：17	09684	铜圆壶	十一岁，右使车（库）嗇夫郭（《集成》作齐）瘞，工角，冢（重）一石八十二刀之冢（重）。
DK：17	09448	铜盉	十一岁，右使车（库）嗇夫郭（《集成》作齐）瘞，工牵（触），冢（重）三百八刀。右緮者。
DK：16	09450	铜盉	十二岁，右使车（库）嗇夫郭瘞，工廈，冢（重）三百四十五刀冢（重）。左緮者。
DK：25	10359	铜圆盒	十二岁，右使车（库）嗇夫郭瘞，工处，冢（重）百二十八刀冢（重）。左緮者。
DK：14	09685	铜扁壶	十二岁，左使车（库）嗇夫孙固，工郘，冢（重）五百六十九刀。左緮者。

---

[1] 本书中所用物勒工名铭文释文以《嚳墓》为基础，参见中国社会科学院考古研究所编：《殷周金文集成（修订增补本）》，北京：中华书局，2007年。

[2] 《集成》释为"十"，误。《集成》09683。

[3] 中山国出土器物铭文中，此字写作"茶"，报告从朱德熙说，释为"祀"（《嚳墓》，第402页）；李学勤释为"岁"（《秦国文物的新认识》，《文物》1980年第9期）。二说均为年之意，本书从李。

报告编号	《集成》编号	名称	铭文
DK：6	09686	铜圆壶	十三岁，左使车（库）啬夫孙固，工竱（《集成》又作坿），豕（重）一石三百三十九刀之豕（重）。
DK：7	09693	铜圆壶	十三岁，左使车（库）啬夫孙固，工竱（《集成》又作坿），豕（重）一石三百刀之豕（重）。
DK：8	09692	铜提链圆壶	三岁[1]，左使车（库）啬夫孙固，工上，豕（重）四百七十四刀之豕（重）。
XK：20	09675	小铜圆壶	竱（董珊作府[2]），十三岁，左使车（库）啬夫孙固，所制省器，作制者（《集成》作所勒看器作勒者；董珊作所勒故器亡勒者[3]）。
XK：33、34	09933、09934	铜勺	十三岁，右使车（库）工疥。
BDD：40	11863	夔龙纹镶金银泡饰	十三岁，厶（私）库啬夫煮正，工孟鲜。
BDD：42	11864	包金镶银铜泡饰	十三岁，厶（私）库啬夫煮正，工题（《集成》作夏）艮。
BDD：43	11865	包金镶银铜泡饰	十三岁，厶（私）库啬夫煮正，工陲面。
DK：33	10477	铜错金银龙凤方案	十四岁，右使车（库）啬夫郭（《集成》作齐）瘇，工疥。
DK：35	10445	铜错银双翼神兽	十四岁，右使车（库）啬夫郭瘇，工疥，豕（重）。
DK：36	10446	铜错银双翼神兽	十四岁，右使车（库）啬夫郭瘇，工疥。
XK：58	10447	铜错银双翼神兽	十四岁，左使车（库）啬夫孙固，工昱，豕（重）。
XK：59	10444	铜错银双翼神兽	十四岁，左使车（库）啬夫孙固，工蔡。
DK：45[4]	10472	小帐铜活动接管	十四岁，左使车（库）造。
DK：40	11822	铜锤	十四岁，左使车（库），工（《集成》作四）。
CHMK2:6—1—10；CHMK2:8—1—10	12054~12063	圆帐铜接扣母扣	十四岁，左使车（库）造，啬夫孙固，工竱。其后有编号1~10。

---

[1] 此壶铭文铸模字体、格式、啬夫任职情况，均与DK：6、DK：7两件十三年器完全相同，应为同年制器，"十"字可能在铸造过程中脱漏。

[2] 董珊：《战国题名与工官制度》，北京大学博士学位论文，2002年，第151页。

[3] 同上书，第150页。

[4] 报告误作DK：41，见《xx墓》（上册），第413页。

报告编号	《集成》编号	名称	铭文
DK：10、11	09665、09666	铜镶嵌红铜松石方壶	十四岁，兮（《集成》又作片）器嗇夫毫更（《集成》作亮疸），所制省器作制者（《集成》作所勒看器作勒者；董珊作所勒故器亡勒者[1]。
CHMK2:64—1—4		铜铙	十四岁，兮器嗇夫□□，所制省器作制者（董珊作所勒故器亡勒者[2]。
DK：22、23、24	10441~10443	屏风插座	十四岁，牀（床）廲嗇夫徐㪚，制省器（《集成》作勒看器；董珊作勒故器[3]。
DK：39—1—3	10473~10475	铜帐橛	十四岁，牀（床）廲嗇夫徐㪚制（《集成》作勒）之。
CHMK2:43—1—2；CHMK2:72—1—2；CHMK2:59—1—4、CHMK2:99—1—4	12042、12043（㯂）、12044、12045（衡）、12046~12053（接管）	铜车㯂、衡木转动铜接管、盖杠套接铜管	十四岁，厶（私）库嗇夫煮正，工逼。
XK：3；XK：11；XK：18；XK：31；CHMK2:4	02091（鼎）、04665（豆）、09562（壶）、09926（勺）、10451（山字形器）	铜升鼎、铜平盘豆、铜圆壶、铜勺、铜山字形器	左使车（库）工墨。
XK：5；XK：13；XK：19；XK：27	02092（鼎）、04664（豆）、09561（壶）、00537（鬲）	铜升鼎、铜方座豆、铜圆壶、铜鬲	左使车（库）工弧。

---

[1] 董珊：《战国题名与工官制度》，第 151 页。
[2] 同上。
[3] 同上。

报告编号	《集成》编号	名称	铭文
XK：7； XK：10； XK：20； XK：30、32； DK：20； CHMK2:5	02093（XK：7）、02094（XK：10）、04477（簋）、09924、09925（勺）、10349（筒形器）、10450（山字形器）	铜升鼎、铜细孔流鼎、铜簋、铜勺、铜筒形器、铜山字形器	左使车（库）工蔡。
DK：1、2、3； XK：25； XK：36、37； XK：38	02088、02089、02090（鼎）、04478（簋）、00971（匕）、11814（刀）	铜陪鼎、铜簋、铜匕、铜刀	左使车（库）工𧊙。
XK：29	00513	铜鬲	左使车（库）弧。
GSH：4	10413	木棺铜铺首	左使车（库）工□。
GSH：5—42、67	10410、10412	木椁铜铺首	左工𧊙（《集成》一作、一作贵）。
GSH：5—15、60	10411	木椁铜铺首	左工蔡。
ZXK：1		狗金银项圈	笔画潦草，可能是"私库"二字。

综合灵寿城遗址和两代中山国君墓葬的情况来看，具有物勒工名铭文的器物除随葬国君外，仅在作坊遗址和居址所出的陶量上发现，这反映有物勒工名性质铭文的器物一般具有标准化和官方制造两个特点。在墓葬系统中，被推测属于中山成公墓的 M6 中仅发现少量且格式并未完备的物勒工名铭文，而𰻞墓所出同类铭文器物数量多、铭文信息更完备。如此看来，中山国的物勒工名制度是在𰻞统治时期发展成熟的。值得注意的是，𰻞墓与成公墓的埋葬时间相差约 14 年，所以可大致推测，物勒工名制度在中山国是以较快速度普及的。

二、響墓物勒工名铭文所见中山国制器职司

对響墓物勒工名铭文做一番简单的排比可以发现，铭文遵循固定的格式，内容包括纪年、制器机构、监造人、制器者和器物重量五部分。这些信息并非每一处铭文都完备包含，根据统计情况来看，其中最关键、无法省略的信息是制器机构和制器者。

物勒工名铭文固定的格式，反映了官方对制器机构管控的严格与规范化。而铭文记录的核心内容是制作器物的机构和责任者，则反映这项制度的本质在于约束制器者。我们大致可以得到这样的推论，中山国王室使用的器物是严格而有计划的生产制造的。这也意味着，无论是设计者，还是制作者，都是在严格管理的前提下开展工作，器物的品质直接与制器者个人挂钩，若所制器物未达到要求，制器者将面临惩处。

響墓出土带有物勒工名铭文的器物数量较多，单看一件铭文很难获取更多信息，将这些铭文归拢梳理，有助于全面了解響统治时期王室制器机构的真实情况。而将铭文按时间先后排列，则可观察制器职司的变化和人员流动情况。

1. 制器机构概况

響墓出土有物勒工名铭文的器物中，有明确纪年的 34 件（套）。其中七年器 1 件，八年器 2 件，十年器 5 件，十一年器 2 件，十二年器 3 件，十三年器 8 件，十四年器 13 件。在制器数量上，整体呈增加的趋势。此外，我们可以观察到制器机构也发生着变化，从七年、八年仅见冶匀一个部门，发展到十四年时，已有左使库、右使库、私库、片器[1]和牀麀五个部门（图 2–3）。

響墓出土物中，最早的纪年开始于（響）七年："七岁[2]，冶匀（钧）啬夫启重，工弧。冢（重）四百六刀冢（重）。左繲者。"[3]其中冶指冶铸，匀通钧，为制陶所使用的转轮。"冶匀"合称，指司职制器的部门。[4]"啬夫"为战国秦汉时官名，与冶匀连称"冶匀啬夫"，即冶匀部门的主事者。[5]而具

《響墓》报告释仌器，《集成》释片器，为行文方便，本书从《集成》。

[2] 在物勒工名系统中，"年"写作"岁"，但在三器刻铭中"年"作"年"。

[3] DK：15。

[4] 《響墓》（上册），第 402 页。

[5] 《響墓》释文将制器部门与啬夫名以句读断开，误。

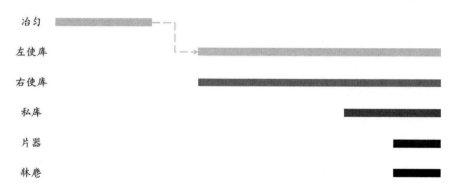

	七年	八年	九年	十年	十一年	十二年	十三年	十四年
冶匀								
左使库								
右使库								
私库								
片器								
牀麀								

图 2-3　罾七年到十四年中山国王室制器机构的发展（莫阳制图）

体的制器者是工。[1]

　　从十年开始，左使库和右使库替代冶匀成为中山国王室制器的主要部门。在十三年，又出现了名为"私库"[2]的部门，与左、右使库并行。罾十四年，铸造机构在数量上发展到了高峰，除了左、右使库和私库外，又新增片器和牀麀二部门。其中私库、片器和牀麀所制作的器物，显然是专供国君享用的奢侈品。出自私库工匠之手的器物包括原属罾棺椁装饰的包金泡饰（图 2-4-1）、金银打造的狗项圈（图 2-4-2）等；牀麀制器中最有代表性的则是一套三件的猛兽屏风插座，错金银虎噬鹿屏座就是其中最精彩的一件（图 2-4-3）；片器所制包括铜铙及一对铜镶嵌红铜松石的方壶（图 2-4-4）。从实例来看，这些器物制作精良，反映了制器者的高超技术，也间接表明上位者对这类生产的支持。

　　从制器品类上来看，左、右使库监造的器物类目丰富，涉及礼器、日用及出行各种器物，应为国家管控的主要制器机构；片器所制器物发现较少，

---

[1]《广雅·释诂》："师、尹.工，官也。"此处使用之工，应接近三晋之"工师"，亦为官职。《周礼》注云："师，犹长也。"

[2] 董珊认为私库为设于王宫内的工官机构，近似于汉之"私府""少府"；左、右使库则可能是宫外的工官机构。《战国题名与工官制度》，第 149 页。

图 2-4 私库、牀麀和片器三部门制器（1. BDD：40 夔龙纹镶金银泡饰，摘自《战国鲜虞陵墓奇珍》；2. ZXK：2、1 金银狗项圈，摘自 *Mysteries of Ancient China*；3. DK：23 错金银虎噬鹿屏座，摘自《战国鲜虞陵墓奇珍》；4. DK：11 铜镶嵌红铜松石方壶，摘自《战国鲜虞陵墓奇珍》）

主要是精美礼乐器；私库和牀麀二部门制作的则是奢华的生活用器。这也反映了器物拥有者舋的态度——王室制器机构的细化和独立可以从更多层面满足统治者的需求。

舋十四年所制器物不论数量、质量或豪华程度都远超以往，联系到平山三器的记载，这是对中山国至关重要的一年。[1] 正是在舋成为中山之主的第十四

---

[1] 舋十四年生产的器物比之前的器物技术和质量都有飞跃性的提高，而考虑到同时稍早中山伐燕得胜的史实，吴霄龙认为，这种技术的变革可能受到燕器的影响，甚至可能是燕国工匠制作的。见 Xiaolong Wu: *Bronze Industry, Stylistic Tradition, and Cultural Identity in Ancient China: Bronze Artifacts of The Zhongshan State, Warring States Period (476-221BCE)*, Ph.D. dissertation, University of Pittsburgh, 2004, pp.54-55. 在 *Material Culture, Power, and Identity in Ancient China* 一书中，他进一步将这一观点细化，认为错嵌工艺和复杂细腻的金属加工，对于中山国而言是一种输入型技术，见该书第 147—148 页。

年，中山国迎来了最辉煌的时刻：作为第一代中山王，𰯼在相邦司马赒的辅佐下，"率师征燕，大启邦宇"[1]，取得了对燕国战争的大胜。也许正是在这样大好形势的鼓动之下，获得新城池和战利品的同时，中山王进一步扩充了王室制器部门的数量，以寻求更多、更奢侈的物质享受。

但十四年却又同样是𰯼纪年的最后一年。虽然我们无法确知这位盛年而亡的国君的具体死因，但征燕得胜和国君亡故两件大事相继发生，也进一步解释了十四年制器的精良和隆重。

2. 制器机构的组织结构

根据𰯼墓铭文统计，制器部门的人员以啬夫和工的二级形式为主，也有少数部门仅有啬夫一级。

啬夫本意是农夫，《说文解字》："田夫谓之啬夫。"[2] 段玉裁注云："古'啬'、'穑'互相假借，如'稼穑'多作'稼啬'。"据学者考证，啬夫作为官名使用的历史可追溯至战国甚至更早。[3]《韩非子·说林下》中有一则故事提及"啬夫"这一官吏："晋中行文子出亡，过于县邑。从者曰：'此啬夫，公之故人。公奚不休舍？且待后车。'"[4] 此处之啬夫指代的是县邑之长。[5] 中行文子即是与中山渊源深远的晋六卿之一荀寅，将此事全然当作春秋末期史实来看，未必可靠，但多少能反映战国时期三晋地区的情况。在三晋兵器、铜器铭文中，亦常见"库啬夫"用法，即将库的管理者称"啬夫"。中山国的情况与此几乎完全相同。

根据𰯼墓物勒工名铭文可知，中山国各制器部门的管理者亦称啬夫。啬夫是制器部门的最高长官，一个部门在同一时期内只有一位啬夫。啬夫之下一般有工4—7人，𰯼十四年新设的片器和牀麎两部门仅有啬夫，其下无工，该部门器物应直接由啬夫负责制造。如铜镶嵌红铜松石方壶（DK：10、11）

---

[1] 𰯼蚉圆壶（DK：6）铭文。
[2]《说文解字》，第111页。
[3] 裘锡圭：《啬夫初探》，《云梦秦简研究》，北京：中华书局，1981年，第244页。
[4][战国]韩非 著、陈奇猷 校注：《韩非子新校注》，上海：上海古籍出版社，2002年，第507页。
[5] 郑实：《啬夫考》，《文物》1978年第2期。

铭文为："十四岁，片器啬夫亳更所制省器作制者。"屏风插座（DK：22、23、24）："十四岁，牀麀啬夫徐哉，制省器。"铜帐橛（DK：39—1—3）："十四岁，牀麀啬夫徐哉制之。"这些例子表明片器和牀麀啬夫直接负责这些器物的制作。

《荀子·王制》："论百工，审时事，辨功苦，尚完利，便备用，使雕琢文采不敢专造于家，工师之事也。"[1]曋墓物勒工名中的最末一级为"工"，"工"后为具体制器者之名。此处之"工"应为官职的一种，或为工师之省称。以制作复杂的四龙四凤铜方案为例，一件器物的铸造需要预先制作上百件模范、分别铸造后再进行组合。因此作为器物的实际制作者，工已远不是一般意义的底层工匠，而是有权力使用和调配资源、直接听命于王室的能工巧匠。

3. 制器机构内人员情况

根据铭文，我们不仅可大致推测曋时期王室制器机构的规模和结构，通过涉及的具体名字，还能了解到机构内人员的变动情况。

冶匀啬夫有先后两任，分别是启重和孙蒞；属于冶匀的工有弧、哉和酉。冶匀之名在曋墓诸器中仅见于七年、八年器，其后不见。十年到十四年，产量最大的部门是左使库和右使库，其中左使库与冶匀关联紧密：原属冶匀的工弧和哉，自十年开始为左使库工。而左使库第二任啬夫孙固与冶匀的第二任啬夫孙蒞同姓，考虑到先秦时期技术在家族内部传承的情况，孙固或为孙蒞的继任者。根据这些信息，大致可推断，左使库和右使库是从冶匀发展而来，并且在制器的种类上完全继承和替代了冶匀。

从十年到十四年，左使库啬夫有先后两任：在十年短暂担任此职务的事斁和从十二年开始任职的孙固。左使库工有弧、哉、鄁、颠、上、昱和蔡。

十年时由吴丘担任右使库啬夫，十一年以后改由郭瘁担此职位。右使库工有处、肯、角、犟、麀和疥。

十三年制器中出现私库，为此前所不见。私库啬夫煮正。工有孟鲜、颢

---

[1] 王先谦：《荀子集解》（上册），北京：中华书局，1988年，第169页。

昃、陲面和逼。

十四年又见片器和牀鹿二部门。这两个部门仅设啬夫，其下无工。片器啬夫为亳更。牀鹿啬夫为徐戠，而此人可能即为先后在冶匀和左使库任职的工戠。

仅通过譽器物勒工名就可看出，服务于中山王室的制器机构在譽统治的中晚期，发生了较大改组和变动（表 2-2）。中山国国君在公元前 323 年称王，约相当于譽即位的第六年，而巧合的是譽墓出土器物中，最早的纪年始于七年。这也许是由于称王后，中山王室对原有器用进行了更新，以匹配国君的新身份。并且在称王的政治举措实现后，少年君主譽对华美礼器、用器的需求日益膨胀，服务于中山王室的制器机构规模迅速扩大。

在如此巨大人力、物力的投入之下，譽墓随葬器物的精美程度，自然也是远超其父成公墓。举例来说，如二墓所出同类器物鸟柱盆和桶形器

表 2-2　物勒工名铭文所见中山王室冶铸机构变化

<table>
<tr><td rowspan="2">七年</td><td rowspan="4">冶匀</td><td>啬夫</td><td>工</td><td colspan="10" rowspan="4"></td></tr>
<tr><td>启重</td><td>弧</td></tr>
<tr><td rowspan="2">八年</td><td>启重</td><td>戠</td></tr>
<tr><td>孙蒁</td><td>酋</td></tr>
<tr><td rowspan="3">十年</td><td rowspan="9">左使库</td><td>啬夫</td><td>工</td><td rowspan="9">右使库</td><td>啬夫</td><td>工</td><td colspan="7" rowspan="5"></td></tr>
<tr><td rowspan="2">事斀</td><td rowspan="2">弧、戠</td><td>吴丘</td><td>胄</td></tr>
<tr><td rowspan="7">郭痤</td><td>处、疥</td></tr>
<tr><td>十一年</td><td colspan="2"></td><td>角、犨</td></tr>
<tr><td>十二年</td><td rowspan="5">孙固</td><td>郙</td><td>鹿、处</td></tr>
<tr><td rowspan="2">十三年</td><td rowspan="2">䪫、上</td><td rowspan="2">疥</td><td rowspan="4">私库</td><td>啬夫</td><td>工</td><td colspan="4" rowspan="2"></td></tr>
<tr><td rowspan="3">煮正</td><td>孟鲜、颙昃、陲面</td></tr>
<tr><td rowspan="2">十四年</td><td rowspan="2">昰、蔡䪫</td><td rowspan="2">疥</td><td rowspan="2">逼</td><td rowspan="2">片器</td><td>啬夫</td><td rowspan="2">牀鹿</td><td>啬夫</td></tr>
<tr><td>亳更</td><td>徐戠</td></tr>
</table>

（图 2-5），尽管在器型和装饰母题上都呈现出一致性，应是具有同样功能的实用器[1]，但嚳墓所出在体量、结构复杂程度和细部表现等方面，都远胜成公墓出土的同类器物。

通过对嚳墓物勒工名铭文的梳理，嚳统治中后期中山国王室制器机构的变动便清晰呈现出来。[2]

首先，机构改革频繁——原本唯一的制器机构冶匀在九年或十年被撤销，其人员大多被新部门左使库继承，另外又成立与左使库规模相当的右使库。二者均由啬夫一级长官管理，由此制器机构扩大为原有规模的两倍。这还只是开始，在王室制器机构以左、右使库的形式并存三年后，嚳十年又出现规模与前两者相当，名为私库的新部门；而在十四年，诞生了片器和牀麀两个部

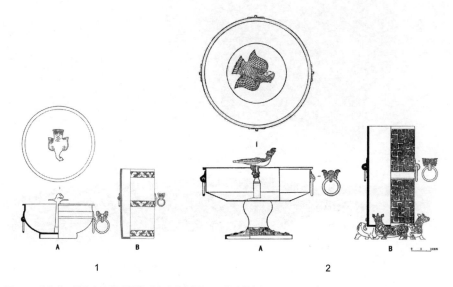

图 2-5　成公墓、嚳墓出土同类器物对比（成比例）（1. 成公墓鸟柱盆 M6:121 和桶形器 M6:122，摘自《灵寿城》；2. 嚳墓鸟柱盆 DK:21 和桶形器 DK:20，摘自《嚳墓》）

---

[1] 关于鸟柱盆的功用，学者普遍认为它是一种照明工具，且与桶形器组合使用。相关研究见孙机：《"明火"与"明烛"》，《从历史中醒来：孙机谈中国古文物》，北京：生活·读书·新知三联书店，2016 年，第 331—345 页；孙华：《中山王嚳墓铜器四题》，《文物春秋》2003 年第 1 期；刘长：《战国时期鸟柱盘与桶形器研究》，《华夏考古》2012 年第 2 期。
[2] 仅以出土器物铭文来推测制器机构的变化存在一定的危险性，但是在信息严重缺乏的情况下，不妨将出土器物视为一次抽样获取的样本，并借由有限的样本进行观察。

门。从罾七年到十四年，这短短的八年时间，制器机构下设的部门由一个扩展为五个；而隶属于制器机构的人员，仅罾墓诸器铭文涉及的人数就翻了六倍之多。[1]

由于墓葬的特殊属性，罾墓出土诸器提供的铭文信息并不能完全用于衡量制器机构的实际规模。除了日常器用外，王室制器机构还负责制作国家礼器。一个特殊的例子是秦国墓葬中发现的中山国礼器。[2]这件编号 M1：7 的铜鼎可能是中山国灭后辗转流传于世的宗庙礼器。该鼎上亦有物勒工名铭文，不仅

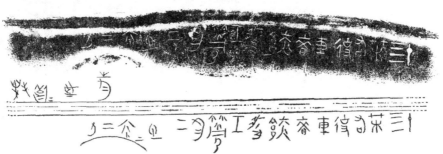

图 2-6　高庄战国秦墓出土中山国铜鼎（M1:7）及铭文（摘自《凤翔县高庄战国秦墓发掘简报》）

---

[1] 有一种可能性不能排除，即机构和人员随时间增多的现象，可能与随葬器物中纪年越晚器物越多相关。但人员在不同部门间流动的情况显然是一种提示，即在这八年间，中山国的制器部门确实存在替换和新设的现象。关于这个问题，将在本章第四节中详细讨论。
[2] 雍城考古工作队：《凤翔县高庄战国秦墓发掘简报》，《文物》1980 年第 9 期。

鼎的造型与響墓所出几无二致，其上物勒工名铭文的位置、格式、内容，均可以与響墓所出鼎铭一一对应（图2-6）。其中"十四岁，右使库啬夫郭痤"，与现有纪年、时任右使库啬夫名均完全对应，以上诸点可明确M1：7为響统治时期中山王室制器机构生产。但这件鼎的制器者名簿[1]，其名不见于響墓诸器。

就鼎M1：7的情况来看，除随葬的高等级器物外，在中山国的宗庙和宫殿中，显然还有更多同级别器物。这些器物均在王室制器部门统一管理下，经由相似模式生产制作而成，因此并无明显区别。这对我们掌握的信息又是一个很好的补充。

第二节　物勒工名与中山国的铜器制造

我们大致梳理了中山国物勒工名制度的发展过程，并以響墓物勒工名铭文为线索，尝试复原響统治期间制器机构的基本架构和运作模式。本节将中山国物勒工名铭文与其他国家的刻铭相比较，以审视中山国物勒工名制度的来源，并探讨这一时期铜器制造业的主要特点。

一、战国物勒工名制度概况

黄盛璋认为，春秋战国之际制度的改革和兵器铭文的改制大约都是由三晋开创和领先的[2]，越来越多的考古发现也证明了这一观点。比之燕、齐等地[3]，法家盛行的三晋和秦国是物勒工名制度产生和发展的主要区域。这一高效的监察方式成熟之后迅速影响周边国家。

爬梳三晋铭文材料，目前已知数量最多的是兵器铭文。"国之大事，在祀与戎"，兵器是相对礼器而言国家青铜制造的另一大命脉。与礼器、度量衡工

---

[1]李学勤将此字释为"箫（簿）"，见《秦国文物的新认识》，《文物》1980年第9期。
[2]黄盛璋：《试论三晋兵器的国别和年代及其相关问题》，《考古学报》1974年第1期。
[3]如燕国兵器刻铭虽然也体现出多级监造的特性，但铭文中常以燕王为核心，省略实际的制造者姓名，这一方式显然削弱了物勒工名制度监督功能的有效性，在实质上并未摆脱物勒主名的窠臼。

具一样，兵器制造也受到国家的严格管控。尤其是兼并战争频发的战国时期，兵器生产的质量和数量直接决定国家的竞争实力。在此背景下，兵器上铸刻的物勒工名铭文，便不仅是古文字学研究的对象，更是研究各国工官制度的重要资料。通过对这些铭文的释读，可以观察和复原各国手工业生产组织的机制和运营模式。

黄盛璋《试论三晋兵器的国别和年代及其相关问题》一文，通过对物勒工名铭文的释读，总结出三晋兵器制造的特点。在此基础上，苏辉又根据近年发现的新材料，对原有认识做出了补充和修正。[1]综合来看，三晋地区的兵器铭文主要有以下特点：

铭文最前为纪年信息。其后多为监造部门负责人、制器部门负责人、实际制器者三级。

监造部门分为中央或地方。其中中央所制器物的督造者为相邦、守相或邦司寇；地方制器的督造者则为该地之令。

制器部门主要为"库"，各库的负责人称工师[2]，直接制造者名前冠"冶"。

三晋文字中"工师"绝大多数作合文，部分铭文末尾缀有"执齐"[3]（赵国）、"造"（韩国）等惯用表述。

除铭文格式外，文字的写法及构形也是判断国别的一项重要标准，三晋兵器铭文，除去人名、地点等各器不一外，格式相近，其中如年、令、工师、库、冶和司寇等字极常见。而冶字的结构最繁杂，因此学者们大多以之作为判断国别的重要参考。[4]战国冶字结构从二、火、刀（刃）、口或它们的变形。[5]響墓物勒工名中，冶匀作为制器部门仅存在于十年以前，冶匀制器计有三件。所用"冶"字均从二、火、刃（表2-3，见DK：32之图）。冶字的这

[1] 苏辉：《秦三晋纪年兵器研究》，上海：上海古籍出版社，2013年，第31页。
[2] 大部分情况下工师名前冠有"右库""左库"或"武库"等机构名称。在地方令和工师之间，也有部分加入"司寇"一级官员的现象，形成令、司寇、工师和冶四个层级。
[3]"执齐"二字，即"执剂"。《考工记》有"金有六齐"之说，即铸造铜器时各金属成分的配比关系。苏辉认为"执齐"二字是判断赵国兵器的充分非必要条件，见《秦三晋纪年兵器研究》，第32页。
[4] 苏辉：《秦三晋纪年兵器研究》，第33—34页。
[5] 苏辉：《秦三晋纪年兵器研究》，第34页。苏辉亦对韩赵魏三国所用"冶"字有详尽分类和统计，见《三晋兵器"冶"字表》，《秦三晋纪年兵器研究》，第35—36页。

表2-3 罍器物勒工名所见"冶"字

编号	器名	铭文	"冶"字构形
《集成》11561	閟令赵狽矛	十一年，閟令赵狽，下库工师臤石，冶人参所铸鈛者。	
DK：15	铜扁壶	七岁，冶匀（钧）啬夫啟重，工弧。冢（重）四百六刀冢（重）。左者。	
DK：32	铜匜	八岁，冶匀（钧）啬夫啟重，工戠。冢（重）七十刀冢（重）。右繖者。	
DK：21	铜鸟柱盆	八岁，冶匀（钧）啬夫孙蕊，工酋。	

一构形在三晋兵器铭文中都有发现，并不为某国独享，但在具体写法上，与赵国閟令赵狽矛刻铭完全一致。

另一个需要关注的是三晋兵器刻铭所独有的邦司寇造器现象。《礼记·王制》"司寇正刑明辟，以听狱讼"，郑玄注："司寇，秋官卿，掌刑者。辟，罪也。"[1]司寇主管刑狱，"邦司寇"是国家管理刑狱的官吏，从兵器刻辞可知，在三晋诸国中，司寇职司亦包括督造兵器。因此有学者认为，区别于一般制器机构，司寇督造器，参与制造的工匠可能由刑徒担任。[2]如赵国铜矛有："十二年。邦司寇野莆。上库工帀司马瘝。冶贤。"[3]韩国兵器刻辞在令之后、工师名之前，也常冠司寇官名，如司寇长朱[4]、司寇彭璋[5]等。此外，"司寇"的写法，韩国较常见为合文，魏、赵则不作合文。

中山灵寿城9号遗址所出板瓦（E9TG3③：30），瓦面上有一长方形戳印，框内文字即释为"司寇豐"，其中司寇二字亦不做合文（图2-7）。这一印文

---

[1]《礼记正义》，《十三经注疏》，第1343页。
[2]高明：《中国古文字学通论》，第546页；董珊：《战国题铭与工官制度》，第38页。
[3]《集成》11549。
[4]《集成》11384、11485。
[5]《集成》11388、11389。

图2-7　板瓦（E9TG3③：30）上的戳印文字"司寇豊"（摘自《灵寿城》）

表明中山制瓦工匠由司寇管理，反映出中山国在官制设置和职能上与三晋国家的紧密关联。[1]

通过物勒工名铭文可以直观认识到，中山与三晋官手工系统铭文面貌最为接近，但在层级上，较三晋兵器铭文为少——三晋兵器铭文最常见为三级结构，而中山国物勒工名则为两级。这种差异的主要原因应不在国土大小或官制繁简，而是在于监造器物与国君的相关程度，层级越少，则越接近政治核心，其等级也越高。譬墓出土的这些带有物勒工名铭文的器物，是中山国礼器和国君生前用器，等级明显高于大规模生产铸造的兵器。铭文中涉及的两个层级为制器机构负责人和具体执行的工匠，不包含行使监造之权的中央或地方行政官员。显然，这些司职制造的专业人士是直接听命于高级贵族甚至王本人的。因此中山国物勒工名铭文和三晋兵器铭文层级差异的主要原因是等级差异，而非制度结构的差异。关于这点，较为少见的三晋容器铭文可为佐证。如赵国十一年库啬夫鼎："十一年，库啬夫肖（赵）不兹，贾氏大令所为。空（容）二斗。"[2]二级结构与中山国完全一致，也可以反证此鼎或为赵国王室制器机构所制。

综上，通过对铭文格式、内容、文字构形等方面的综合比较，可以发现中山国物勒工名制度应直接来源于三晋。需要强调的是，文字相似反映的是文化上的关联，而铭文格式和内容的相似，则反映国家职司结构上的近似。如果将物勒工名制度理解为一种先进的生产组织方式，那么通过比较物勒工名铭文，

---

[1]　需要注意的是，该瓦从遗址中出土，与墓葬相比，其制作年代下限不明，即不能排除灵寿城在中山亡国后仍被使用的可能性。
[2]《集成》2608。

可以看到中山国制器机构的设置和运行方式与燕、齐等国有明显差异，而与三晋系统更为接近。至少在罃统治时期，中山与三晋诸国在政治、社会文化上表现出一致性。

进一步来说，中山国与三晋诸国的一致性是一种从结构贯穿到细节的高度相似——这显然不是简单的文化传播可以解释的。如果不是具有共同的文化来源（如韩、赵、魏三国之关系），那么就是中山国对作为模仿对象的国家，具有全面且深层次的理解。笔者推测这种高度的相似性，应是由自上而下的强势力量，在较短的时间内，迅速而全面推行某一成熟制度的结果，直接反映中山对三晋文化的推崇及仿效。

就与当时诸国的关系而言，中山国和齐的关系较近，是政治和军事上的盟友；从地域而言，则与燕较接近。但从目前可见的材料来看，中山国与盟友齐国，以及曾经被其打败的燕国，文化上的联系似乎都不明显。相反，与长久以来的敌国——三晋更为近似。

这是个非常有趣的现象。不论是春秋末期的晋国，或是战国以来的赵、魏，对中山（鲜虞）而言都是战争中的敌对方，连年的交战让中山一直处于存亡边缘，甚至一度被魏所灭。但或许正因如此，中山与三晋国家对彼此有着超越一般的了解。我们有理由相信，中山在从鲜虞部族转型成为国家的过程中，一直不断从比自己更强大的敌国那里汲取战争、政治甚至是生产的经验，以此来赢得自身的生存空间。正是这样的原因，导致中山国的面貌越来越接近三晋。在这里，我们可以看到战争在文化传输和交流中的特殊作用。事实上，不仅中山国如此。即便是秦与山东六国，或者黄河流域诸国与戎狄族的历史中，类似的现象也并不鲜见。中国以外世界上其他地区的历史中，战争同样也是促成文化交流最激进、最迅速、最有效的推动力，在加深地区、国家分裂的同时，也整合和传播优势文化。

于是，一个值得深思的结果出现了。当处于被动的政权或国家致力于从敌人那里学习更为强有力的运作、管理模式，以求拓展自身生存和发展空间的同时，自身的文化已经开始逐渐被他国所同化。也许他们可以由此摆脱被动与失败的命运，甚至成为最后的胜利者，但他们却在求生与求胜的同时沦失了自我。审视中山国"祀"与"戎"之器的生产与制作过程，我们可以清晰感受到中山在生存与文化抉择中所面临的困境。

当然，在讨论中山国与他国关系的时候，也应当认识到，不论是一个国家或是某种文化，从来不是一成不变的、具体概念的集合体，而是处在不断变化和发展过程中的。因此，我们只能讨论某一时期的中山国在当时具体情形下呈现出的形态或做出的选择，而不能断言中山国本质是什么。

正如上文所说，战争是文化交流的一种极端方式，身处战国时代，国与国的敌对和战争是常态，和平则相对短暂。在这样的大背景之下，诸国间在文化、思想、技术和制度诸方面交流频繁，而竞争也在所难免。某种程度上来说，这种多方参与的角逐，引导诸国走向一种由高强度的竞争带来的飞速发展模式，在争相学习和改良最优方案的过程中，也势必走向同质化。而产生于战国时期的物勒工名制度，显然是观察这一时期社会变迁的清晰线索。

二、高效率：铜器制造模式的转变

物勒工名作为一种制度，其本质是监控和约束制器者，奖惩分明的手段使制作者与其制作的器物紧密绑定起来，有效提升了管理效率，是一种生产资料拥有者（一般也即器物拥有者）获益的制度。比起监督机制，器物的生产环节显然与器物本身关联更为紧密。以铜器的生产制作为例，战国时期的生产过程具体如何，我们需要大致了解此时铜器制造业的发展状况和生产环节。

根据现有材料，物勒工名制度成熟和普及发生在公元前四世纪下半叶，大致相当于䜣活动的年代。早在这之前，从春秋末期开始，青铜器的制造已不同于商和西周的模式，发生了结构上的变化。东周时期的铜器铸造在技术和生产上反映出新的特点，即大量的标准化生产和少量的定制化制作共存。生产制造领域中制作技术和相应的管理组织模式均有所发展，又在春秋战国之际引发了一系列社会变革。䜣墓铜器以其规格之高，出土器类之丰富，为我们深入探讨这一问题提供了极好的例证。

许雅惠将曾墓出土青铜器划分为传统器类和新兴器类，又以"商品化"特点概括传统礼器在战国时期面对的新问题。[1]尽管战国时期青铜器生产中出现了与前代不同的显见变化（如专业分工的出现），使制造成本大幅下降，实现铜器制造的规模化生产，与此同时，也导致单件器物所包含的价值下降。这一系列现象的确近似我们熟悉的"商品化"进程，但仍需认识到，回归当时的时代背景，这些现象背后的决定因素绝非简单的商业化行为，更应考虑深层次的政治和社会因素。国家间连年的征伐势必导致诸国军备竞争，官方强有力的支持必然推动生产技术的飞速进步，这在铜器制造上有着最直接的反映。

自春秋中期以后，青铜器制造技术有一些重要的发展，特别是模、范的翻制。[2]学者们早已经注意到，西安张家坡窖藏铜簋每四件一组，同组器物的尺寸、器形、纹饰和铭文完全相同。[3]河南新野发现的两件曾国铜簋也是"同范铸成"。[4]山西侯马铸铜遗址出土的大量模、范、芯表明，工匠们为了满足大规模生产的需求，在制造陶模范的阶段，就会对模具进行大量翻制。可以看到，这一系列技术的发展，使青铜器的复制成为可能。另一方面，铜器生产的规模化，不仅受到技术的制约，同样也与生产组织模式关系紧密。当然这不仅是组织方式是否高效的问题，更关涉生产规模大小。《荀子·王制》：

> 论百工，审时事，辨功苦，尚完利，便备用，使雕琢文采不敢专造于家，工师之事也。[5]

杨倞注："专造，私造也。"《荀子》这段话正好说明，大量的工师只服务于君主，私家是不得染指的。考虑到历史背景，夏商周时期大规模的手工业生

[1] 许雅惠：《曾墓所见战国中期铜器的转变》，台湾大学艺术史研究所硕士学位论文，1999年，第39页。
[2] 关于商周时代铜器铸造技术发展演变的情况，见华觉明：《中国古代金属技术——铜和铁铸就的文明》，郑州：大象出版社，1999年，第81—163页。
[3] 见郭沫若：《长安县张家坡铜器群铭文汇释》，《考古学报》1962年第1期。
[4] 郑杰祥：《河南新野发现的曾国铜器》，《文物》1973年第5期。
[5] 王先谦：《荀子集解》（上册），第169页。

产背后，主要依靠国家或地方政权提供强有力的支持。与此相应的，手工业生产所得亦在国家管控下，而非大量用于商业流通。

20世纪60年代，法国学者提出了"操作链"的研究思路，用以复原石器工业的生产链条，近年来有学者将这一方法引入到铜器铸造的研究之中，以此分析铜器制造涉及的诸环节。[1]

位于今河北省平山县三汲村的灵寿城是中山复国后的都城。灵寿城遗址内有多处遗址被认为与手工业生产有关，其中最大的两处位于东城中部，编号分别为四号遗址（E4）和五号遗址（E5）。发掘者认为四号是一处制陶作坊遗址，现存面积约四万平方米（南北各200米）；五号是铸铜作坊遗址，南北960米、东西580米，遗址内主要出土物包括陶器（容器和建筑瓦件），青铜武器、工具和带钩等，尚未发现制作铜礼器的作坊。四号制陶作坊遗址内发现大量陶窑，这些陶窑成片排列，且出土陶器残片中有属于制陶工匠之名的戳印，报告撰写者据此推断这些陶窑应属官办。[2]值得注意的是，从两处官手工作坊采集的残片来看，作坊已呈现出较明确的分工。[3]

尽管根据踏查、地表钻探和采集品的情况，考古工作者可以大致推测灵寿城内作坊区分布范围，以及作坊区内分工情况，但由于缺少全面的考古发掘，对作坊区具体布局的认识仍较模糊。目前发现的春秋晚期到战国初期最具代表性的铸铜遗址是位于山西的侯马铸铜遗址，与灵寿城手工作坊遗址相比，二者时代接近，且都属三晋文化辐射范围，亦同为官方手工业制造中心。因此通过审视该遗址，或许能把握春秋战国之际三晋青铜铸造业的一些共同特点。

侯马是春秋晚期晋都新田所在地，遗址位于汾、浍两河之间，占地面积近40平方千米。[4]铸铜遗址主要分布在牛村古城以南、白店古城以东的范围

---

[1] 常怀颖：《侯马、新郑铸铜遗址春秋礼乐器范的选料、制备与技术传统浅说——先秦铸铜遗址操作链研究之一》，《青年考古学家》（第19期），2007年；《侯马铸铜遗址研究三题》，《古代文明》（第9卷），2013年。
[2]《灵寿城》，第28页。
[3] 同上书，第24页。
[4] 山西省考古研究所：《侯马铸铜遗址》，北京：文物出版社，1993年。

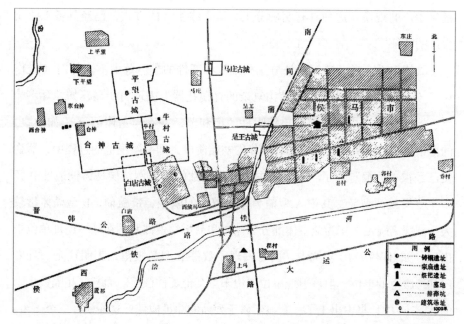

图 2-8　侯马晋国遗址分布图（摘自《侯马铸铜遗址》）

内[1]，是春秋晚期到战国初期晋国重要的手工业区（图2-8）。从20世纪60年代开始，随着该地区的考古工作陆续展开，发现铸铜陶范5万多块，熔炉和鼓风管2万多块。[2]据此可以大体了解当时从选料、制范到合范、浇铸等铸造铜器各环节的工艺和技术水平，这为我们了解春秋晚期到战国时期三晋地区的铸铜业发展情况提供了直接依据。

根据考古发掘所揭示的侯马遗址各区布局及陶范出土的情况，大致可知青铜器铸造在春秋战国之际已采用分工作业模式，一件完整青铜器的生产过程被拆分为数个紧密相关的环节，而每个环节中仍存在细致分工。简而言之，侯马遗址所呈现的铜器铸造，已不再是单件单器的制作，而是可以达到

[1] 关于侯马铸铜遗址历年材料的发表情况，见山西省考古研究所：《侯马铸铜遗址》，北京：文物出版社，1993年；山西省考古研究所：《侯马白店铸铜遗址》，北京：科学出版社，2012年；山西省文物管理委员会侯马工作站：《侯马牛村古城南东周遗址发现大批陶范》，《文物》1960年第8、9期合刊；山西省文物管理委员会《山西侯马东周遗址发现大批陶范补充材料》，《文物》1961年第1期；山西省考古研究所：《侯马陶范艺术》，普林斯顿大学出版社，1992年。
[2]《侯马铸铜遗址》，第441页。据苟欢统计，截至2017年，侯马地区发现的铸铜陶范已达6万件以上，见苟欢：《侯马铸铜遗址出土陶模范的纹饰研究》，中央美术学院硕士学位论文，2017年。

批量生产的规模。这种具有明确分工、流水线生产的方式，已经具备工业化生产的特征。

具体来看，侯马铸铜遗址分工极细，各部件的模、范由不同部门（或作坊）分别大批量制作。这在结构复杂的青铜礼器上表现更明显，如鼎耳、鼎足、器盖、盖钮、铺首和卧兽等附件的模和范，并不与主体部分（如鼎腹）的范出土于同一灰坑。[1]说明在制作的初始阶段，即制陶模范的过程中，器物便已经被"拆解"开了。以礼器中最有代表性的鼎为例，侯马铸铜遗址 II 区中主要发现两型鼎，其中 A 型鼎为体量较小的联裆、带盖鼎，B 型鼎体量较大、圆腹高蹄足。作为鼎主体部分的鼎腹和鼎足的模件并不在同一遗址单位中出现，如 IIT49H110 灰坑中，同时发现了数件 B 型鼎腹范，表明这是一处专门加工腹范的单位，但该遗址单位周边未见其他配件模范。而与之相隔数十米的 IIT83F9 中，集中出土了一套显然属于列鼎的鼎足模件，这些模件三个一组、大小依次递增，共 5 套 15 件。

共同组成鼎主体的鼎腹和鼎足的模、范发现于不同的作业区，说明二者的模范分别制作和储存。制作陶模、范和铸造铜器的并不是同一批工匠，但是在某种标准化管理下，他们的工作密切衔接、彼此配合，形成了精细分工和高效的生产流程。[2]

附件存在更多"通用"现象。鼎的腹部和足部可以根据结构复原，A 型鼎需与其配套的 A 型鼎足组合而成，B 型鼎亦然。然而鼎盖和鼎耳却由于可以与其他器物通用，甚至单从附件来看，无法判断其所属的器型。从侯马到长治，三晋制器的经典样式被大量发现，完全相同的器物并不鲜见，更常见的是在不同器物上使用相同附件的情况。如分藏于弗利尔和明尼阿波利斯美术馆的智君子之弄鑑，从器型、纹饰到铭文，都是一对彻底的"双胞胎"（图 2-9）。而我

---

[1] 各部模、范出土情况，详见《侯马铸铜遗址》附表三"II 号遗址灰坑、窖穴、水井登记表"，第 460—469 页。常怀颖曾详细分析侯马铸铜遗址的布局情况，通过对比遗址内各区域使用水井的情况，他指出 II 区在功能上侧重于制范及储存，而非主要的铸造区。见《侯马铸铜遗址研究三题》，《古代文明》（第 9 卷），2013 年。
[2] 铜器生产流程相当复杂，所涉远非制范和浇铸两道程序，关于先秦时期的铸铜业研究，常怀颖有详细的讨论，见《略谈铸铜作坊的空间布局问题》，《南方文物》2017 年第 3 期。

图 2-9 美国弗利尔博物馆藏鑑与明尼阿波利斯美术馆藏智君子之弄鑑（附铭文）
（1. 摘自弗利尔美术馆官方网站，2. 摘自 *An Exhibition of Ancient Chinese Ritual Bronzes*，3. 摘自 *A Catalogue of the Chinese Bronzes in the Alfred F. Pillsbury Collection*）

们在侯马白店遗址出土的陶模范中，可以看到与其风格极为相似的部件（图2-10）。

　　如果同样的附件、纹饰可以使用在不同的器物上，那么不难推测在制器时必然在尺寸上实行标准化的处理。睡虎地秦简《工律》规定："为器同物者，其小大、短长、广亦必等。"[1]这一则规定反映出手工业制造中标准化的行业要

―――――――――

[1]《睡虎地秦墓竹简》，第 43 页。

1   2

图 2-10　侯马白店遗址鑑耳模与智君子之弄鑑耳（1. 摘自《侯马白店铸铜遗址》，2. 摘自 *A Catalogue of the Chinese Bronzes in the Alfred F.Pillsbury Collection*）

求。雷德侯指出铜器制造的发展过程是一个通过模件化推行而不断提升效率的过程。[1] 韩炳华进一步认为东周青铜器的标准化，目的在于通过铸造中规范、统一、简化的方式，使产品质量稳定，产量丰富。[2] 毫无疑问，在春秋战国之际，青铜器制造业在技术和生产组织模式上已经发展出一套成熟的模式，可以推动和完成大规模的铜器生产。其显著的特点首先是明确的分工，由合理的流程化生产线串联起整个生产环节；其次为了保证不同生产环节之间的衔接，对每一个环节的产品，都有一套完备的标准化要求，规定和约束产品的尺寸、形态。生产方式的改变，固然提高了生产效率，但也带来了新的、深层的结构性变化，势必会改变了器物与器物制造者之间的关系。

---

[1] [德] 雷德侯 著、张总等 译：《万物》，北京：生活·读书·新知三联书店，2005 年，第 37—73 页。
[2] 韩炳华：《东周青铜器标准化现象研究——以晋与三晋铜器为例》，山西大学博士学位论文，2009 年，第 2 页。

第三节　量产与定制：工匠阶层的分化

春秋战国之际的铜器铸造通过推行标准化作业实现了规模化生产，那么在这样的生产组织模式之下，工匠是如何工作的？

我们大致可以推测，当要制造一件青铜器整器时，工匠面对的工作不再是从无到有的漫长制作过程，而是从已经标准化制作完成的陶范中，挑选出预想成品所需的各部件，并通过组合这些"预制件"，最终完成青铜器成品的铸造。完成铸造环节的工匠，当然是这件青铜器的制作者，但又不是唯一的制作者。铸造铜器的过程由多个环节组成，与之对应的制作者也是复数的。在标准化作业的大规模生产中，每一位参与其中的工匠所能决定和控制的部分都十分有限，个人的意志被大大弱化了，他们变成生产环节中可被替代的部分。

同样也应注意到，这些实际参与制造的工匠，他们只是"作者"这一复合身份中的一部分。在制作流程之外，还存在另一层面的作者——作品的设计者。流水线上的工匠将设计者的构想付诸实施，并依据实际进行调校。虽然这一时期模件化的生产，已经有能力批量产出完全相同的器物，但并不意味着所有制品都是大批量生产的。我们无法有效统计某种器类的产量，不过根据对出土器物的观察，在批量生产的同时，总有一部分制品属于定制品。这部分定制品不仅要严格遵照设计者的构思，以确保最终的水平与质量，还需要满足定制者（使用者）的苛刻要求。这意味着，当面对一件批量式生产的产品时，我们看到的是设计者和制作者双方"合作"的结果，即便这种合作可能由于制作环节过多，具有较多的不确定性；而当我们观看一件定制的作品时，实际上是透过制作程序去领略设计者的匠心。

一、定制：普遍性之外的特殊性

根据《考工记》的记载，春秋战国时期手工业的分工相当细密：单攻木之工就有七种，攻皮之工有五种，刮摩之工有五种，搏埴之工有两种。细密的分工正是手工业发达的体现。也正是由于手工业的发达，才得以出现大量后世叹为观止的佳作。

流水线作业以及由此而来的模件化和标准化生产，其主要目的在于节省人工和提高制器效率。但这样工序下生产出来的青铜器，在个性化、精致化等方面，必然有所损失。另外比之商和西周时的青铜器，每件青铜器上凝聚的人力大大削减，逐步失去原本青铜器所具有的稀缺属性。技术和生产组织方式的革新，带来战国铸造业的巨大发展，但与此同时，制作青铜器的成本降低，又带来了新的社会问题。

商代、西周时期，青铜器的铸造垄断在统治者手中，每件铜器上都凝聚着众多人力、物力，象征着无上的权力。到了春秋战国时期，随着技术革新，青铜器制造成本下降，甚至青铜这一材质已不再为高等贵族所独享。青铜器除礼仪和军事需求外，普遍渗入贵族阶层的日常生活。简单来说，到了战国时期，随着青铜器制造成本下降，有能力拥有青铜器的人变多了。但是从社会结构来看，战国与商或西周相比，各阶层差异仍然悬殊。不仅如此，随着生产力的发展，各国统治者占有的资源比起之前只多不少。甚至由于礼制的松动，上层贵族对物质享受的追求愈发直白。无数的实例可以佐证，春秋战国以来，代表享乐的物质文化和装饰极端泛滥。统治者们早已无法忍受日渐趋同的量产产品，转而竞相追逐标新立异的器用和繁复绚烂的视觉效果，与这一情形相对应，能工巧匠作为贵族们趋之若鹜的群体登上时代的舞台。

在上层贵族的需求下铸造术同样呈现出令人惊异的发展。那些独特的、非规模化生产的器物，往往是为少数人专门定制，与量产品迥然有别。定制往往意味着在单件制品上耗费更多的人力和物力。《吴越春秋·阖闾内传》记载干将铸剑的传说：

> 干将作剑，采五山之铁精，六合之金英。候天伺地，阴阳同光，百神临观，天气下降，而金铁之精不销沦流，于是干将不知其由。莫耶曰："子以善为剑闻于王，王使子作剑，三月不成，其有意乎？"干将曰："吾不知其理也。"莫耶曰："夫神物之化，须人而成。今夫子

作剑，得无得其人而后成乎？"干将曰："昔吾师作冶，金铁之类不销，夫妻俱入冶炉中，然后成物。至今后世，即山作冶，麻经菱服，然后敢铸金于山。今吾作剑不变化者，其若斯耶？"莫耶曰："师知烁身以成物，吾何难哉！"于是干将妻乃断发剪爪，投于炉中，使童女童男三百人鼓橐装炭，金铁乃濡。遂以成剑，阳曰干将，阴曰莫耶，阳作龟文，阴作漫理。[1]

干将铸剑的传说存在夸大的成分，但也反映出为君主制作一件前所未见的珍品时，技艺卓绝的工匠、靡费的资源和浩大的人工，缺一不可。这些特殊的器物本身就因稀见而具有更高的价值，如果再加上工匠在单件物品上倾注的精力、投入的时间和物力，以及最后呈现出的独特视觉效果，确实与批量生产的制品有明显区别。以𩵋墓出土器物为例，有的器物或成组成对，或共用配件，呈现出量产的特点，而有的则明显是出于定制的需求——如前文所举四龙四凤铜方案和𩵋方壶。下面将以𩵋方壶为例，解析定制器的设计和制作。

上一章已提到𩵋方壶是中山伐燕得胜后制作的礼器，用以祭祀先君、宣扬国威，并推测其设计重点在于环绕器身的长篇铭文。那么除了铭文外，还能从𩵋方壶之中提取哪些信息呢？

首先，𩵋方壶是𩵋墓出土 17 件壶中最大的一件（见表 1-4）。其次，𩵋方壶的特殊还表现在它的"唯一性"——壶往往以双数组合配套使用，但𩵋墓中并不见与𩵋方壶相似的成组器，因此它也是 17 件壶中唯一一件单独成组、不与其他壶成对匹配的。此外，𩵋方壶造型独特，不单是𩵋墓中仅见的，也是目前发现的唯一一例。

将𩵋方壶和片器啬夫亳更所制的一对铜镶嵌红铜松石方壶比较（图 2-11-1），二者尺寸不同，𩵋方壶明显在体量上更大。此外，尽管这两件（组）方壶

---

[1] [汉] 赵晔 撰、[元] 徐天祜 音注、苗麓 点校：《吴越春秋》，南京：江苏古籍出版社，1999 年，第 32 页。

都是由中山王室制器部门所作，且器型近似，却并不共享任何主体或配件的模、范，均表现出定制化的倾向：罍方壶主要呈现出设计上的独特性，铜镶嵌红铜松石方壶则在使用技术和取用材质上表现出高等级的特点。

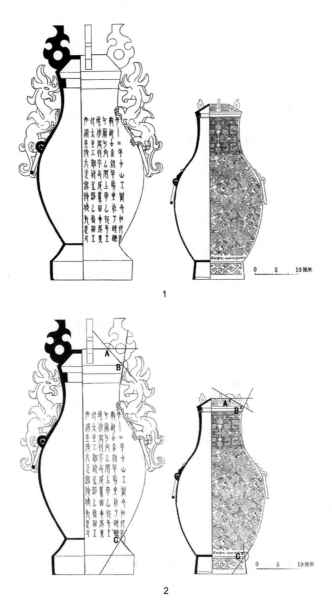

图 2-11　方壶与铜错红铜松石方壶大小、形制比较（1. 摘自《罍墓》，2. 莫阳据《罍墓》底图改制）

作为一件很可能出于国君要求的定制品，齊方壶在设计理念上呈现一种一致性。具体而言，方壶从形式结构到细节处理，都强调一种明确的方折感，除了四面衔接处的直角转折外，立面的处理也表现得棱角分明。尤其是器盖、口沿和器足的三次转折，带来规整、持重的视觉感受。具体来说，这三处转折形成的夹角均在110°—130°之间（图2-11-2），使整个器物的轮廓线走向统一，且全器的折角都处理得十分简洁、利落，没有加入多余的弧度，以防止削弱折角带来的凌厉感。

同样的设计理念也体现在齊方壶的配件上。通常来说作为配件的钮、铺首往往是批量制作的预制件，甚至同样规格的配件会使用在不同类型的器物上。但齊方壶的配件并不是类似的"预制件"，制作者为了匹配方壶的整体设计，特别定制了专属配件。方壶器盖上的四个钮，造型夸张，是云形钮的繁复变形，且尺寸大大超出一般器盖所使用的钮。如果与铜镶嵌红铜松石方壶比较，那么二壶的器盖高度比为1.4:1，而钮高比为3.5:1。除了尺寸、造型均夸张处理的钮，壶肩部四棱还特别安置了龙形装饰，更突显出方壶造型的特殊。盖钮与龙形装饰，厚度大致相当，都在2厘米左右，这一设计加强了器物各部分的统一性。此外，这两处装饰均刻意保持上下厚度一致，且不使用抹边手法，留下转折处明显的棱角（图2-12-1、图2-12-2），这与器身的方折设计相呼应。甚至壶身两侧的铺首，都不使用既有样式，而是配合方壶的整体造型单独设计，在简化的桌首四周，额外加刻了一圈倒"凸"字形云纹饰边，强调出一以贯之的"方"的视觉因素（图2-12-3、图2-12-4）。

除了铺首周边的云纹线刻装饰外，齊方壶的器表再无其他纹饰，为长篇铭文留出了大面积的空白，而铭文本身则成为最为抢眼的"装饰"。前文已经论及，三器器表的铭文，从字号、字体到行间距，都经过精确计算。其中舒蚕壶的铭文前22行和后37行出自两人手笔，后者笔迹与齊鼎和齊方壶一致，极有可能是器物的定制者舒蚕出于对前者书风的不满，有意换回了为齊器刻制铭文的刻文者。这一细节反映出刻文者的书法同样具有不可重复性，这显然也构成了作品的独特性。

图 2-12　罍方壶及细部（1、2 和 4. 摘自《文物考古之美》，3. 摘自《罍墓》）

　　定制品与量产品之间的区别显而易见。由于是定制，产品数量必然稀少，甚至是唯一的，且不会用于商业流通。定制品虽然在技术上与量产品一样，主要采用模范制作，但这些模范并不与其他器物通用，甚至可能是不允许复制的，以此来保证定制品的唯一与独特。鉴于定制者身份的特殊，无论设计者还是制作者都必须小心翼翼地应对定制工作。他们的作品在器型或功能上需要符合相应礼仪制度或社会习俗，更重要的是，还需极力迎合定制者的品位，或彰显其身份。在高级别定制品的背后，除却设计者、制作者，无形的礼仪制度和高高在上的定制者都共同参与了作品的制作。

定制品与量产品的截然区别，似乎是对铜器规模化生产改革的一种反动。不过，从另一个角度来理解，这种两相背离的分化也是必然趋势。在战国时期，绝大部分社会资源实际掌握在极少数人手里。这些站在权力顶端的人中，有一部分对形塑物质或改变自身所处环境有着强烈渴望，他们拒绝量产品的去个性化，定制是诠释他们地位、身份和品位的最佳方式。甚至很多时候，这些非凡的作品本身就转变为权力的象征物。可以说统治者获取定制品的需求是早于作品存在的，是推动技术改革的原动力，亦召唤工匠中的佼佼者脱颖而出，倾其才智。

二、定制与工匠的分化

在规模化的手工业生产中，大部分的工匠分散于不同生产环节之中，他们是生产链中可以被替代的个体，当脱离高效的生产组织模式后，他们很难独当一面。[1] 但是显然，这些手工业生产组织并非一盘散沙，而是有其自身的结构。工匠与工匠之间除分工不同外，也存在层级上的差别，一部分高级工匠实际是生产活动的组织者和管理者。比起直接用双手完成器物的基层工匠，这些高级工匠可能在决定一件器物的呈现上起着更关键的作用。他们是工匠阶层内部分化的产物[2]，是受命于统治者管理百工的工师，也是诸子故事中游走在各国宫廷间的奇人异士。《韩非子·喻老》中有这样一则故事：

---

[1] 关于春秋战国时期手工业从业者的研究，具体见傅筑夫：《春秋战国时期的官私手工业》，《南开学报》1980年第4期；蔡礼彬：《从出土材料看战国时期平民手工业者》，《求是学刊》2003年第5期。
[2] 关于工匠内部存有的等级差异问题，此前已有学者关注，如孙周勇在分析齐家作坊工匠墓葬时，注意到属于工匠的墓葬存有等级差异，其中身份高者墓葬甚至随葬有成套礼器，见孙周勇：《西周手工业者"百工"身份的考古学观察——以周原遗址齐家制玦作坊墓葬资料为核心》，《华夏考古》2010年第3期。

宋人有为其君以象为楮叶者，三年而成。丰杀茎柯，毫芒繁泽，乱之楮叶之中而不可别也。此人遂以功食禄于宋邦。[1]

宋人花了三年时间为宋国国君把象牙雕刻成楮树叶的样子，并因此封官，享受俸禄。类似的故事并不少见。

又《韩非子·外储说左上》：

客有为周君画荚者，三年而成。君观之，与髹荚者同状。周君大怒。画荚者曰："筑十版之墙，凿八尺之牖，而以日始出时加之其上而观。"周君为之，望见其状尽成龙蛇禽兽车马，万物之状备具。周君大悦。此荚之功非不微难也，然其用与素髹荚同。[2]

《韩非子·外储说左上》还有另外一则故事：

燕王好微巧。卫人曰："请以棘刺之端为母猴。"燕王说之，养之以五乘之奉。王曰："吾试观客为棘刺之母猴。"客曰："人主欲观之，必半岁不入宫，不饮酒食肉。雨霁日出视之晏阴之间，而棘刺之母猴乃可见也。"燕王因养卫人不能观其母猴。郑有台下之冶者谓燕王曰："臣为削者也。诸微物必以削削之，而所削必大于削。今棘刺之端不容削锋，难以治棘刺之端。王试观客之削，能与不能可知也。"王曰："善。"谓卫人曰："客为棘削之？"曰："以削。"王曰："吾欲观见之。"客曰："臣请之舍取之。"因逃。[3]

故事中卫人声称能以棘刺之端雕刻成猴子，即得到燕王优待，给予"五乘

---

[1]《韩非子新校注》，第 451 页。
[2] 同上书，第 677 页。
[3] 同上书，第 672—673 页。

之奉"，这一方面说明君主的偏好使得工巧得以进入宫廷，直接受命于王；一方面又表明工巧的流动并不受国家限制。《韩非子》中记载的这三则故事虽然可能全出于编造，未必确有其事，但故事依托的历史背景应是真实的。不难想象，战国时代有这样一群能工巧匠，他们游走于各国之间，挟高超技艺以换取君主宠幸。固然是上位者的私欲造就了这些工巧，但是他们也切实以技艺突破自身阶层的限制、国家的藩篱，不断向技术的顶峰发起挑战。

第四节　工官：制作者与设计者

在战国时期，高级工匠以技术傍身，直接受命于王，服务于各国王室。𰯼墓中，物勒工名铭文就切实展现出这样一批服务于中山国国君的高级工匠。尽管他们的姓名不曾出现在传世文献中，但今天仍能追寻铭文和作品的线索，勾勒这些能工巧匠数千年前的境遇。甚至可以从中剥离出一些个体，他们的名字随作品进入中山王𰯼的生活，又随着𰯼的死亡被带入墓室，直到数千年后再度现世。

一、工𰯼的制器

根据统计[1]，在𰯼墓出土器物中，留下作品最多的是左使库工𰯼，他至少从𰯼十二年便开始服务于中山国的制器机构[2]，𰯼墓中出自他手的器物有十三件（套）（表2-4）。工𰯼的名字史籍无载，事实上，对于地处华夏边缘的中山国来说，连第一位国王𰯼的名字都未见诸记载，更毋论服务于𰯼的工匠，自然也是无处寻找他的生平事迹。但是制器者的身份，让工𰯼拥有了另一种被认识的可能——不论是工匠还是艺术家，人们自然可以通过作品来碰触他的技艺和思想。

---

[1] 详见本书附录三"𰯼器物勒工名所见工匠及制器"。

[2] 𰯼所制器物中，纪年最早的是 DK:6 铜圆壶，为𰯼十二年所制；但在标明为𰯼所制的器物中尚有 9 件无明确纪年，不排除有制作时间更早者。

表 2-4　譻器铭文所见工 𩵹 及其制品

姓名	职司	制品		
		编号	名称	铭文
𩵹 （《集成》 又作坿）	左使库工	DK：6	铜圆壶	十三岁，左使库啬夫孙固，工𩵹，重一石三百三十九刀之重。
		DK：7	铜圆壶	十三岁，左使库啬夫孙固，工𩵹，重一石三百刀之重。
		CHMK2:6—1—10；CHMK2:8—1—10	圆帐铜接扣母扣	十四岁，左使库造，啬夫孙固，工𩵹。其后有编号 1~10。
		DK：1	铜陪鼎	左使库工𩵹。
		DK：2	铜陪鼎	左使库工𩵹。
		DK：3	铜陪鼎	左使库工𩵹。
		XK：25	铜簠	左使库工𩵹。
		XK：36	铜匕	左使库工𩵹。
		XK：37	铜匕	左使库工𩵹。
		XK：38	铜刀	左使库工𩵹。
		GSH：5—67	木椁铜铺首	左工𩵹。
		GSH：5—42	木椁铜铺首	左工𩵹（《集成》作贵）。

　　工𩵹所制器物中，包括陪鼎、圆壶和簠等礼器，也包括二号车马坑所出的圆帐铜构件，还包括一些小型工具和原属于譻棺椁的铺首。从𩵹的例子，我们大致可以推断，隶属于王室制器机构的"工"，并非分散于不同生产环节中的普通工匠，而是统摄各制作环节、保障器物最终呈现形态，并直接对器物质量负责的高级工匠。[1]这些器物中，既有单范单器的铜刀和铺首，也有需要多部件多次浇筑的礼器，其中结构最复杂、对设计和制作都有较高要求的是一组圆帐构件。

---

[1] 单就铜器而言，每一件器物的制作需要的实际参与者绝非一人，因此"工"应是各库之下更小生产单位的管理者。董珊曾论证燕下都陶文中的"陶工"并非工匠个体，而应是工吏，见《战国题铭与工官制度》，第 128 页。陆德富对战国兵器铭文中"冶尹"（三晋）和"工大人"（秦）进行研究，认为他们是官方制器机构下设作坊的负责人，见《战国时代官私手工业的经营形态》，第 165—173 页。

编号 CHMK2:6-1-10 和 CHMK2:8-1-10 的是属于同一圆帐的两组铜构件。其中有铭文的 CHMK2:6 共 10 件，是一组 10 套共 20 件子母扣帐杆接扣中的母扣，与之一一相配的子扣 CHMK2:7-1-10 上虽无铭文，但有对应的数字刻痕，表明其与母扣同时制作（图 2-13-1）。每套子母扣都稍有弧度，10 套接扣与木质帐杆插接起来可以形成一个环状圈，直径为 5.56 米，约合 25 尺[1]，是为圆帐的底圈。CHMK2:8 共 10 件，亦为 10 套 20 件子母扣帐杆接扣中的母扣，铭文、形制和插接方式与 CHMK2:6 完全相同，长度相近，尺寸略小。根据结构和木质帐杆灰迹判断，应属于同件圆帐的上圈。

与两套帐杆接扣同时出土的还有一组 30 套共 60 件的椽杆帽（其中包括编号 CHMK2:10-1-30 的椽杆帽 30 件和编号 CHMK2:10-31-60 的挂钩 30 件），与椽杆共同构成帐顶。整件圆帐各部件配合紧密，尤其是子母扣的拼插和固定，以及弧度的计算，都显示出工匠的技艺。椽杆帽尺寸较小并无铭文，但根据制作和使用情况判断，应亦为颉所制。那么这个面积约 24 平方米的圆帐[2]，可能就是颉所做的最大一件作品（图 2-13-2）。

颉的作品小到饮食所用餐具，大到王出行使用的军帐[3]，显然隶属于王室制器机构的"工"，并非规模化生产中的单一环节，或只专注于制作某一种类器物，而是拥有全面技能的"多面手"。

颉的情况并非个例，从嚳墓物勒工名铭文的统计情况来看，服务于中山王室的工普遍拥有高超且全面的技艺，他们所制之器大多不局限于某一特定器类，而是包括从单范到复合范的不同器物。[4]当然，另一个明显的规律是，工所制器物的复杂程度往往随着从业时间的增长递增。这提示我们，服务于中山国的工，在被选拔进入王室制器机构后，首先负责简单器物的制作，其后才会渐次获得更具难度的工作。即便是制作出四龙四凤铜方案的工疥，也是从铸造

---

[1]《嚳墓》（上册），第 282 页。
[2] 圆帐面积 $= \pi R^2$，$R^2 \approx 7.7$ 米，圆帐面积 ≈ 24.18 平方米
[3] 圆帐与兵车同出，推测应是王嚳的军帐，见《嚳墓》（上册），第 288 页。
[4] 详见本书附录四。

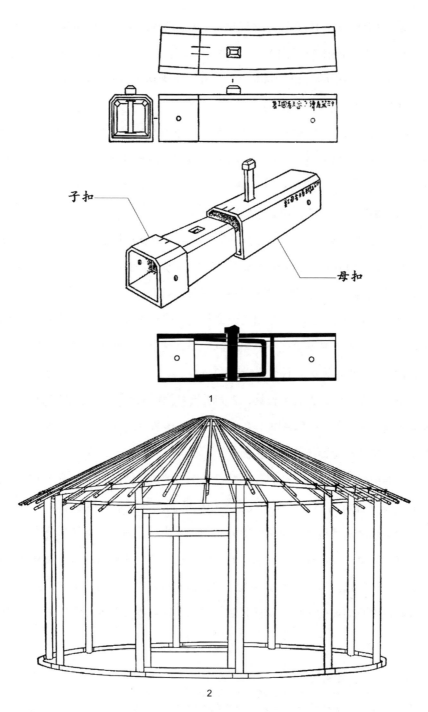

图 2-13　圆帐构件及复原图（1. CHMK2:6-2，摘自《礜墓》；2. 圆形帐复原构想，莫阳据《礜墓》底图改制）

子扣

母扣

1

2

铜箕这类简单器物开始，循序渐进，一步步被委以重任的。[1]这些细节展示出的是一种机构内部的运行机制——有能力的工匠可以通过自身才干获得更重要的工作。那么反过来，这样的机制对工匠个体又意味着什么？

《管子·小匡》云：

> 今夫工，群萃而州处，相良材，审其四时，辨其功苦，权节其用，论比计制，断器尚完利。相语以事，相示以功，相陈以巧，相高以知事。旦昔从事于此，以教其子弟。少而习焉，其心安焉，不见异物而迁焉。是故其父兄之教，不肃而成。其子弟之学，不劳而能。夫是，故工之子常为工。[2]

《荀子·儒效》中也有"工匠之子，莫不继事"[3]的说法。

左使库第二任啬夫孙固与冶匀的第二任啬夫孙苤同姓，考虑到先秦时期技术在家族内部传承的情况，孙固或为孙苤同族的继任者。或许可以据此推测，各库啬夫的任命有家族世袭的方式，而通过分析物勒工名铭文，实际情况告诉我们，至少在䜮时，世袭并非库啬夫诞生的唯一途径。

二、工哉的晋升之路

根据䜮墓物勒工名铭文信息的统计，在中山王室制器部门服务时间最长的工是先后供职于冶匀和左使库的工哉，研究者推测工哉与䜮十四年任牀麀啬夫的徐哉为同一人。[4]从䜮八年到十四年，从冶匀工到牀麀啬夫，哉的例子也表明，作为服务于王室制器部门的高级工匠，"工"具有凭借技能晋升的空间。哉的例子一方面表明各库啬夫类管理者的一种来源，另一方面也为我们重新审

---

[1]详见本书附录三工疥。

[2]黎翔凤 撰、梁运华 整理：《管子校注》，北京：中华书局，2004年，第401—402页。

[3]《荀子集解》，第144页。

[4]《䜮墓》(上册)，第422页。

视中山国之"工",提供了线索。

在中山国物勒工名铭文中,"工"应不是单指工匠或手工业从业者,而是中山制器机构中的工官或工师一类的特定官职。在灵寿城,尤其是E4、E5手工作坊遗址发现的工匠戳印中,多只有单字名,未见冠"工"字的情况。而从署墓物勒工名铭文推测,"工"作为一种官职或身份,政治地位并不高,仅能留名,而无姓氏;与这一情况形成对比的是,各机构啬夫均具姓氏和名(表2-1)。这不是中山国的特例,而具有一定的普遍性,如目前发现的三晋兵器铭文中,位于最后一级的冶尹或冶都只具单名,尚未明确发现冠姓氏的例子。[5] 戠作为冶匀工和左使库工时,仅记"工戠",在署十四年调任牀麆啬夫后,其名记为"牀麆啬夫徐戠"。似乎随着地位的提升,戠的身影也变得更加清晰。

戠所制器物

根据铭文可知,戠制作的器物至少包括八年铜匜一件(图2-14-1)、十年铜圆盒一件(图2-14-2)、十四年制铜帐橛一套四件(图2-14-3)以及错金银异兽屏风插座一套三件(图2-15)。

其中八年和十年所做的铜匜和圆盒,造型简单,在技术方面也不存在难度。十四年所制橛子器型简单,但其所属的方形小帐整体却呈现出极复杂和精巧的结构,比之嘖所作军帐实有过之。署墓出土的帐共三件,分别是出土于东库的方形小帐,出土于二号车马坑的圆帐和杂殉坑的中心柱圆帐(表2-6;图2-16)。虽然在今人眼中,这三组文物都属于帐,但是它们的配件、尺寸、设计原理和出土位置均不相同,因此在使用场合和功能上也应有所区别。其中出土于东库的方形小帐构件种类最多,从设计原理来看亦最复杂,但便于拆解收纳,使用起来最快捷方便。且该帐出土于墓的东库,从位置上来看,比其他两套帐更接近墓主。显然,这件方形小帐是署墓同类器物中最精致和重要的一件。

---

[5] 陆德富:《三晋兵器铭文中的"冶事"与"冶人"》,《战国时代官私手工业的经营形态》,第272页。

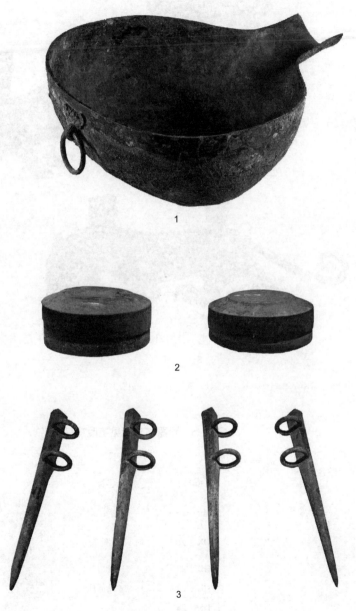

图2-14 工戜制器（1.匜 DK：32，摘自《战国雄风》；2.圆盒 DK：26，莫阳拍摄；
3.铜橛子 DK：39-1-4，莫阳拍摄）

图 2-15　DK：22.23.24　错金银屏座一套三件（莫阳拍摄）

表2-5　礜器铭文所见工戠及其制品

姓名	职司	制品		
		编号	名称	铭文
戠	冶勺工	DK：32	铜匜	八岁，冶勺啬夫啟重，工戠。重七十刀重。右繠者。
	左使库工	DK：26	铜圆盒	左繠者。十岁，左使库啬夫事戠，工戠，重百一十刀之重。
徐戠	牀麿啬夫	DK：22	屏风插座	十四岁，牀麿啬夫徐戠，制省器。
		DK：23		
		DK：24		
		DK：39—1—3	铜帐橛	十四岁，牀麿啬夫徐戠制之。

表 2-6　罍墓出土的帐类文物

名称	组件	面积（单位: 平方米）	出土位置
方形小帐	帐顶十字形活动插管 1 件（DK：45-1）	约 7.29	主墓东库
	活动接管 4 件（DK：45-2-5）		
	橛子 4 件（DK：39-1-4）		
	锤子 1 件（DK：40）		
	挑叉 1 件（DK：42）		
圆帐	环形帐架下圈帐杆接扣 10 组（CHMK2:6-1-10；CHMK2:7-1-10）	约 24.108	外藏坑（二号车马坑）
	环形帐架上圈帐杆接扣 10 组（CHMK 2:8-1-10 CHMK2:9-1-10）		
	环形帐架顶部椽杆帽并挂钩 30 组（CHMK2:10-1-30；CHMK2:10-31-60）		
中心柱圆帐	圆形帐中心柱帽 1 件（ZXK：3）	未知（根据使用绳长和开合角度可调节）	外藏坑（杂殉坑）

1

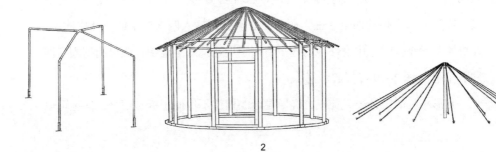

2

图 2-16　1. 圆形帐中心柱帽 ZXK：3（摘自《战国鲜虞陵墓奇珍》），2. 罍墓出土帐类文物（莫阳据《罍墓》底图改制）

整套帐具除四件橛子上有"十四岁，牀麀啬夫徐戠勒之"的铭文外，活动接管 DK：45-2 上有"十四岁，左使库造"，锤子 DK：40 有"十四岁，左使库工"铭文。由于后两处铭文是罍墓所出物勒工名中仅见的只记库名而不记工名的例子，这套方形小帐应是徐戠供职于左使库时开始制作，并在调任牀麀啬夫后最终完成的作品。[1]

方形小帐主体部分包括帐顶十字形活动插管一件（DK：45-1）、活动接管四件（DK：45-2-5）以及与接管配套的橛子四件（DK：39-1-4）；除了构成小帐主体的各部件外，还有配套使用的安装工具锤子（DK：40）和挑叉（DK：42）。

方帐的核心构件是位于帐顶的十字活动插管，它是可以活动的四通管，为配合帐顶的结构而略有弧度（图2-17-1），十字形末端的圆管均可以向下90°折叠（图2-17-2）。四件 U 形活动接管形制相同（图2-18），由两个弯头管对接而成（图2-18-1），从剖面图可见，一边弯头接口处为伸出的蘑菇榫，插入相对弯头接口内的卡口中（图2-18-2），这样一来两个弯头管能相对转动而不致分离。更巧妙的是，两个弯头管内侧各有一突出的凸钉，当弯头转动到特定角度时，便可卡住固定（图2-18-3）。十字接管和四个 U 形接管出土时与帐杆朽灰相连，随葬时是折叠放置于东库的（图2-19-2 收拢示意）。帐杆共八根，原为外表涂黑漆的圆木，管外部分均长 1.69 米。[2] 其中四根帐杆一端与帐顶十字插管插接，另一端分别与四件 U 形接管的一侧弯头管插接，共同构成方形小帐的顶部。余下的四根帐杆与 U 形接管剩余的一侧弯头管插接，成为方形小帐的四个立柱，而立柱底端分别插入四根橛子的双环中固定。在拼插方形小帐时，用附件中的锤子将橛子尖端扎入土地中，便可起到固定四柱的作用（图2-19-2 撑起示意）。

方形小帐的设计令人惊叹，轻便灵活的构件不但便于拆装组合，甚至可以

---

[1] 物勒工名类铭文有时会预先使用模铸铸出制器年、库名和啬夫之名，在器物铸造完成后再用刻划的方式加补工名和器物重量。推测徐戠可能在完成这件作品之前已升任牀麀啬夫，所以并未在预先铸好的库名后补刻工名。
[2]《罍墓》(上册)，第276页。

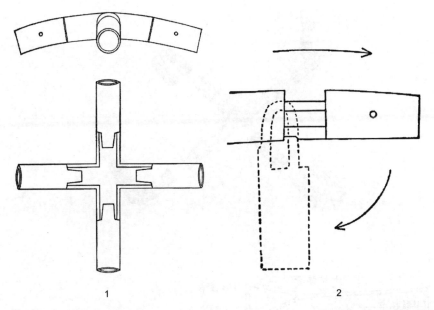

图 2–17　1. 帐顶十字形活动接管 DK：45–1（侧视 / 仰视），2. DK：45–1 接管折叠示意（均摘自《瞥墓》）

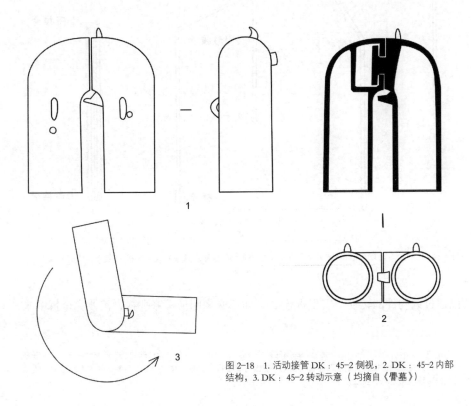

图 2–18　1. 活动接管 DK：45–2 侧视，2. DK：45–2 内部结构，3. DK：45–2 转动示意（均摘自《瞥墓》）

1

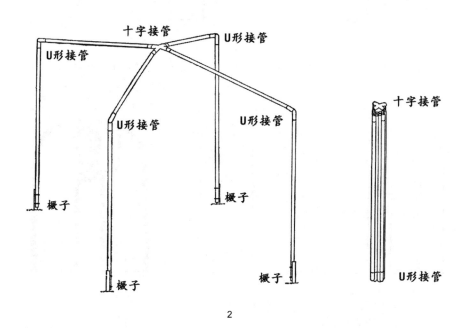

2

图 2-19　1. 活动接管 DK：45-1-5（莫阳拍摄），2. 方形小帐复原示意（撑起 / 收拢）（摘自《䨲墓》）

仅通过铜构件的转动，实现折叠[1]，而不必像圆形军帐那样，需要完全拆解来

---

[1] 帐顶十字形活动接管结构为四通管，四出的管头各有长方形卯，各与一管形端的长方形榫套接，榫端为长条形孔，衔卯端之轴，推管可纳于四通管内固定，拉出可绕轴折合。苏荣誉：《磨戟：苏荣誉自选集》，上海：上海人民出版社，2012 年，第 257 页。

图 2-20　错金银虎噬鹿屏座 DK：23（莫阳拍摄）

存放。[1] 此外，从铸造技术的角度来看，这些构件套接和活动的方式相当精巧，使人难以想象这是通过铸造完成的。[2]

　　而在东库，出土时紧邻方形小帐放置的一组屏风，其零件复杂程度和拆装使用的便利，与小帐如出一辙。屏风最精彩的构件——三件兽形屏座亦出自徐戠之手（图 2-15），其余部件由于尺寸较小，均无铭文，考虑到整件屏风设计和制作的完整性，这件屏风也应为牀麃啬夫徐戠的作品。

　　屏风木质部分大多已经腐朽不存，根据出土位置和各构件的形态，大致能对屏风进行完整复原。屏风最精美的部分是一套三件的屏座，其中错金银虎噬鹿屏座 DK：23 居于中间，表现一只矫健猛虎捕食幼鹿的形态。整件作品充满着紧张感，老虎的造型尤其生动，它虎口大张，牙齿刺入鹿身，一只前爪紧扯猎物的后肢，另一前爪则蓄力扒住地面。它为了控制住猎物用尽全身气力，这一点通过极力俯低的身体就能感受到。虎的腰肢也由于用力的原因向一侧扭

[1] 帐顶十字形活动接管的外套筒两侧有钉孔，用来固定木棍，因此推测木棍与帐顶十字形活动接管是固定在一起的，收纳时主体部分可以折叠存放，不需要拆解。
[2] 帐顶十字形活动接管的铸造工艺比较复杂，先分别铸四管，再铸四通管分别与四管套接。苏荣誉：《磨戟：苏荣誉自选集》，第 257 页。

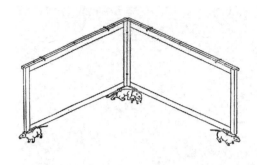

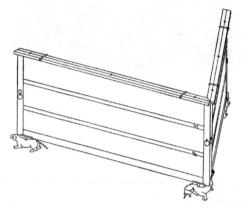

图 2-21　屏风复原示意（正视 / 侧视）（摘自《𰯼墓》）

动。半入虎口的幼鹿前蹄痛苦蜷曲，颈部伸长、反向弯折——尽管文物是静默的，但通过如此生动的姿态，观者似乎能听到幼鹿最后的哀鸣。整件作品的张力都隐藏在兽身微妙的转折中，又因为动态的真实而极具表现力（图 2-20）。这可以说是战国时期最生动的形象之一，制作者对于瞬时场景中动态的把握和还原让人惊叹。虎颈部和背部各立一长方形銎，銎内木榫尚存。两銎成 84° 交角[1]，即两屏扇开合角度。整件作品的结构和造型浑然一体，展现出艺术和实用的完美结合。

　　错金银犀屏座 DK：22 和错金银牛屏座 DK：24 居于屏风两侧，表现为静止站立的犀和牛，二兽背部各立一羊首銎，与居中的虎噬鹿屏座的装饰风格一致（图 2-15）。

　　除了 3 件屏座外，屏风上的铜构件也得到完整保留，包括合页 8 件，活轴挂钩 4 件，卯眼套件 4 件，铺首和吊环各 2 件，方形饰片和活轴拉手各 1 件。（图 2-21）。其中合页和活轴挂钩设计精准，使整件屏风便于拆卸和移动（图 2-22）。[2]

––––––––––––––––––

[1]《𰯼墓》（上册），第 261 页。
[2] 这些合页都由固定端和转动端两部分构成，没有枢轴，因此需要两端配合严密，通常间隙小于 0.5 毫米，这具有极大的技术难度。苏荣誉推测这种合页的制作是分别制作固定端和转动端，精密磨削结合部位，并通过过紧配合原理，加热固定端使之膨胀，再将转动端插入，冷却后便不能开脱。这种结合方式在先秦青铜器中尚属首见。苏荣誉：《战国中山王𰯼墓器群铸造工艺研究》，见《磨戟：苏荣誉自选集》，第 261 页。

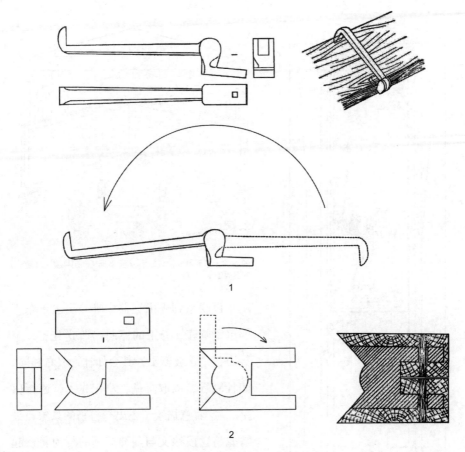

图 2-22　1. 活轴挂钩 DK51-4 活动、功能示意，2. 合页 DK49-1 活动、功能示意（摘自《䂮墓》）

　　根据出土位置来看，狌麃啬夫徐戠于䂮十四年所制的这两件得意之作，摆放的距离相当接近，均位于东库的北侧，与四龙四凤铜方案、十五连盏铜灯及一对双翼神兽为一个组合（图 2-23 虚线所示）。报告中以《荀子·正论》天子"居则设张容，负依而坐"，《周礼·春官》"司几筵"郑玄注"依，其制如屏风然，于依前为王设席"为依据，认为东库所出的这一套方帐和屏风是中山王坐帐和相应陈设。[1] 而有趣的是，这一系列陈设中，除一对双翼神兽外，均为制作复杂精美，且便于随时拆卸的器物。这或许表明，如图 2-24 所示的场景是可以随着王䂮的行迹，随时铺陈的。

────────────

[1]《䂮墓》（上册），第 276 页。

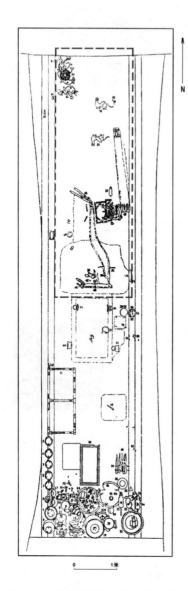

图 2-23　东库遗物分布图（摘自《𫮃墓》）

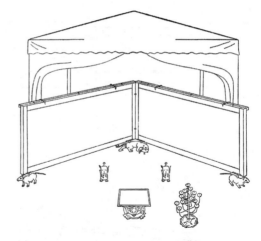

图 2-24　东库器物陈设示意（莫阳据《战国鲜虞陵墓奇珍》底图改制）

再联系到平山三器中唯一出土于东库的奼蚉圆壶，新王的悼词："唯送先王，苗蒐田猎，于彼新土，其会如林，驭右和同，四牡骍骍，以取鲜槀，享祀先王，德行盛皇。"这着意描绘了王出行打猎的景象，吴霄龙将这段铭文与随葬车马的行为联系起来考虑[1]，有一定的合理性，但在那之前，圆壶的铭文似乎与东库北部这组出行器用的关联更加直接。将先王生前所用"行器"[2]随葬，以供其在另一世界享用，正说明了这组器物的重要性。如此一来，牀麀

[1] Xiaolong Wu, *Bronze Industry, Stylistic Tradition, and Cultural Identity in Ancient China: Bronze Artifacts of the Zhongshan State, Warring States Period (476-221BCE)*, Ph.D. dissertation, University of Pittsburgh, 2004, p.17.

[2] 包山二号墓所出遣册中对西室的描述为"相（箱）尾之器所以行"。与之对应的是西室所出物如折叠床、草席等，是为墓主出行所准备的起居用品，即行器。而这种情况与𫮃墓东库北部所出器物组合非常类似，推测这组器物也是行器。湖北省荆沙铁路考古队：《包山楚墓》，北京：文物出版社，1991 年，第 69 页。

啬夫徐戗所制的小帐和屏风在整个东库中便具有格外重要的功能和象征意义。

牀庶啬夫徐戗擅长制作奢华且使用便捷的生活用器，尤其是两套与中山王直接相关的坐帐陈设，其造型之精美、构件运转之灵活，几乎代表了中山国王室工匠的最高水准。通过对徐戗从工到牀庶啬夫这个过程中所制作器物的观察，我们已大致了解这位工匠高超的技术，另外从徐戗身份的变化也可稍微获知到王室制器机构的运作。

徐戗从工到牀庶啬夫，虽得到了身份地位的提升，但需注意成立于罍十四年的牀庶，仅有啬夫一职，其下无工。作为牀庶啬夫，徐戗直接负责该部门器物的制作。如屏风座（DK：22、DK：23、DK：24）"十四岁，牀庶啬夫徐戗，制省器"，铜帐橛（DK：39-1-3）"十四岁，牀庶啬夫徐戗制之"，均出自徐戗之手。这表明啬夫除了日常行使监管的职责外，在特定情况下亦需要亲自制器。左使库啬夫孙固、片器啬夫亳均参与制器，这类由啬夫参与制作的器物通常自铭为"省器"[1]（表2-7）。《尔雅·释诂》："省，察也。"[2]《礼记·中庸》："日省月试，既禀称事，所以劝百工也。"疏云："既禀，谓饮食粮禀也，言在上每日省视百工功程，每月试其所作之事。"[3]因此铭文中之"省器"应指供上考效之器。[4]

表2-7　各库啬夫制器

编号	名称	铭文
XK：20	小铜圆壶	十三岁，左使库啬夫孙固，所制省器，作制者。
DK：10、11	铜镶嵌红铜松石方壶	十四岁，片器啬夫亳更，所制省器作制者。
CHMK2:64—1—4	铜铙	十四岁，片器啬夫□□，所制省器作制者。
DK：22、23、24	屏风插座	十四岁，牀庶啬夫徐戗，制省器。

[1] 董珊认为"省"字当释作"故"，并将整句作"题刻无铭文的旧器"解释（董珊释文见前表2-1），见《战国题铭与工官制度》，第151页。这个解读有一定合理性，但如此一来勒名者和器物的关系并非制作者和所作器物的关系，从物勒工名制度的实际功能出发，此解存在逻辑缺环。此外，若无铭器物出于某种规定需补刻人名，也无法解释罍墓中实际存在大量无铭文器物。出于上述考虑，此处取用报告中的释文及释义。
[2]《论语》云："五日三省吾身。"见《尔雅注疏》，《十三经注疏》，第2577页。
[3]《礼记正义》，《十三经注疏》，第1630页。
[4]《罍墓》（上册），第411页。

三、孙固的故事

从戠到徐戠，铭文中多出的一字之姓，包含了这位中山工巧从冶匀工到左使库工，再到牀鹿啬夫的人生经历。七年时间里，从工晋升为啬夫，这背后又有着怎样的故事？我们只能通过出自他手的器物来想象。

还有另一个特殊案例，或许可以与戠的故事对照来看。1986 年山西高平市发现一件战国铜戟，内一侧有铭文 17 字[1]，"十六年，宁寿令余庆，上库工师弁（卞）造，工固执齐"。经考证学者认为此戟制作于赵惠文王十六年（前283），铭文中出现的宁寿，即为中山故都灵寿。[2]李零进一步认为，这件戟的制作年代与中山为赵国所灭相差仅十一年，工固与中山国左使库啬夫孙固同名，可能属于赵国留用的中山国工匠。[3]

中山国左使库啬夫孙固是赵国灵寿城的工固么？根据罍墓出土铭文的情况来看，截止到罍十四年，孙固仍任左使库啬夫一职，这一年大约是公元前314年，距赵惠文王十六年，即公元前 283 年，时隔三十年。那么，活跃于中山王罍十四年的左使库啬夫孙固是否就是赵惠文王十六年的上库工固？三十年的时间并未相差一个世代，但也无法排除恰巧同名的可能性。有一个细节是，十六年宁寿令戟的铭文中，固名前冠"工"，这与赵国兵器刻铭中最末一级管理者称"冶"或"冶尹"的方式并不相同，亦是目前所见赵国兵器中仅见的一例，而将最末一级管理者称"工"，确是中山国的做法无疑。

如果中山国的左使库啬夫孙固就是灵寿的上库工固，那么我们可大致推想孙固的人生经历。孙固出身于工匠世家，是王罍统治时期左使库第二任啬夫。他至迟自罍十二年开始，在王室制器机构任职。左使库是中山王室制器机构中历史最久、规模最大的部门，作为左使库啬夫，孙固至少监理七位工，而每工之下又各领制器作坊。孙固作为左使库啬夫，不仅有监管之职，也参与制器。

---

[1] 工师作合文。
[2] 高一峰、张广善：《高平县出土"宁寿令戟"考》，《文物季刊》1992 年第 4 期。
[3] 李零：《太行东西与燕山南北——说京津冀地区及周边的古代戎狄》，《青铜器与金文》（第 2 辑），上海：上海古籍出版社，2018 年。

出土于響墓西库的小铜圆壶（XK：20），即为其所制。在響亡故十数年后，国都灵寿城被攻破，中山为赵所灭，王被迁往肤施。孙固并没有因为故国的覆灭而被杀，甚至由于技艺傍身，他仍继续留在灵寿城内从事青铜器的制作。但是他的生活显然也随着中山国的灭亡而有所改变，从直接听命于中山王室的左使库啬夫，变为赵国属地灵寿的上库工，接受宁寿令和上库工师的管理。随着地位的下降，他的姓氏被隐去了，只有"工"这一称谓还保留一丝故国中山的痕迹。这些散落在历史长河中的细碎沙砾，也许仅是巧合，又或许能为认识中山国工巧的命运增添新的维度。

四、设计者和制作者的分离

上文已经提到，在響墓东库出土了一组华美的陈设器具，很可能是王響的席，或至少是布置王席位的器物组合（图 2-24）。组合之中的一对铜错银双翼神兽尤其引人关注，因其独特的有翼神兽造型，常被援引作为中西文化交流的例证。这对神兽出土的位置紧邻四龙四凤铜方案，推测其可能为席镇，或是彰显中山王威仪的装饰。巧合的是，根据两件神兽腹部的物勒工名铭文，它们的制作者是工疥——四龙四凤铜方案亦出自他手（表 2-8）。

表 2-8　響器所见工疥及其制品

姓名	职司	制品		
		编号	名称	铭文
疥	左使库工	DK：27	有柄铜箕	左繲者。十岁，右使库工疥。
		XK：33	铜勺	十三岁，右使库工疥。
		XK：34	铜勺	十三岁，右使库工疥。
		DK：33	铜错金银龙凤方案	十四岁，右使库啬夫郭痤，工疥。
		DK：35	铜错银双翼神兽	十四岁，右使库啬夫郭痤，工疥，重。
		DK：36		十四岁，右使库啬夫郭痤，工疥。

图2-25　𤧤墓出土铜错银双翼神兽 DK：35. XK：58；DK：36. XK：59（莫阳拍摄）

更有趣的发现是，𤧤墓西库亦出土一对铜错银双翼神兽，四只神兽尺寸、重量、样式，甚至错银装饰几乎完全相同（图2-25）。根据铭文，四兽均为𤧤十四年制作，却分别出自隶属于两个不同部门的三位工之手。其中出土于东库的一对两件双翼神兽 DK：35、36，为右使库工疥所作；而几乎完全一样的出土于西库的 XK：58 和 XK：59 则分别由左使库工壆和蔡完成（图2-26；表2-9）。

表2-9　铜错银双翼神兽铭文

编号	名称	铭文
DK：35	铜错银双翼神兽	十四岁，右使库啬夫郭痤，工疥，重。
DK：36	铜错银双翼神兽	十四岁，右使库啬夫郭痤，工疥。
XK：58	铜错银双翼神兽	十四岁，左使库啬夫孙固，工壆，重。
XK：59	铜错银双翼神兽	十四岁，左使库啬夫孙固，工蔡。

DK：35

DK：36

XK：58

XK：59

图2-26　DK：35. DK：36；XK：58、DK：59 铭文（摘自《殷周金文集成》）

表 2-10　铜错银双翼神兽尺寸

编号	名称	头向	通长（厘米）	通高（厘米）	重量（公斤）
DK∶35	铜错银双翼神兽	右向	40.1	23.9	10.7
DK∶36	铜错银双翼神兽	右向	40.1	24.4	11
XK∶58	铜错银双翼神兽	左向	40	24	11.45
XK∶59	铜错银双翼神兽	左向	40	24	11.6

　　这两对四只神兽在尺寸和重量上几无差别（表2-10）。从整体动态来看，也极相似——双翼神兽的身体几乎是完全相同的，唯一的不同在于东库所出神兽的头部转向右侧，而西库出土的神兽头部则转向相反方向（图2-27）。从细节判断，神兽的面部、双翼和尾巴的造型均完全相同，装饰的错银纹饰也完全一致。几乎可以断言，这四件神兽应使用同一套模范制成，或至少是共享同一设计底本。大量实例表明，左、右使库制器并无功能上的区别，在类型上亦有重叠。从这四件铜错银双翼神兽的例子来看，两库实际还共享多方面的技术和资源。除了协作关系外，两库之间是否还存在某种层面上的竞争关系，我们暂不得而知，但这些特殊现象的确将问题引向更深层面。[1]

图2-27　铜错银双翼神兽 DK∶35. XK∶58（莫阳拍摄）

[1] 从作品设计和制作的角度来看，四件相同神兽的存在也表明物勒工名制度作为一种管理手段，所约束的对象只是器物的具体制作者。事实上，除制器者以外，还存在设计者，然而由于材料的局限，也仅能止步于制器者这一层面，难以再深入了。

当面对四件全然相同的双翼神兽，不难猜想它们应使用或参照同一底本制作而成，可惜未能发现模范或粉本这类"直接证据"。不过在𰯲墓中确实发现了一件作品的设计图。这件"图样"上的铭文表明，𰯲和相邦司马𰯲审核并敲定了这一规划方案。根据这份图样，中山国要耗费极长时间和巨大的人力、物力完成一件中山国历史上未曾有过的巨大作品，那就是第一代中山国王𰯲的陵园。这份设计图，就是出土于𰯲墓椁室中的兆域图铜版。

第三章

罍墓：作品的角度

当谈到一件有形的作品时，浮现在人们脑海中的通常是雕塑、绘画、书法、工艺品以及建筑等，却几乎没有人会把城市或者陵墓视为作品来解读。虽然学者也常把墓葬的某些组成部分作为艺术分析的对象，但将陵墓整体当作独立作品的情况仍较为罕见。

已有学者提出，比之从建筑学的角度定义墓葬，将其视为一个艺术创造的场所和多种艺术形式的总汇更为恰当。[1] 如果墓葬是多种艺术形式的集合，那么这个集合本身是以何种逻辑构成的呢？更进一步而言，是否可以将墓葬本身视为一件完整作品来阅读？答案是肯定的，但首先需要接受这样一个前提，那就是这件作品的作者不是唯一的。当然，在春秋战国时期，即便是制作单件器物可能也涉及多工种参与——作者往往是复数的，而面对墓葬这样耗时长久的巨大工程，则又需要考虑更多环节。

高等级的墓葬从不是批量生产的，它们的设计和修建总是基于漫长的决策

---

[1] 巫鸿 著、施杰 译：《黄泉下的美术：宏观中国古代墓葬》，北京：生活·读书·新知三联书店，2010 年，第 4 页。关于如何整体理解墓葬，巫鸿提供了相当具有建设性的研究思路。详见《黄泉下的美术：宏观中国古代墓葬·导言》，第 1—11 页。

过程和各种社会单位间的协商。[1] 如果考察营建过程，以及建成之后的使用，可以发现多种不同的角色参与其中。不同参与者之间的互动，直到墓葬的最后完成，就是一件作品构思、设计、推敲、定稿到付诸实施的过程。而墓葬建成之后的使用，则是相关角色面对作品、体验作品输出效果的过程。另外墓葬除深埋地底的墓室外，还包含一系列地表之上的陵园景观，因而在建造完成后也面对来自他人和后人的审视，这显然又涉及作品被认识和接受的过程。

需要注意的是不同墓葬所能动用的资源和参与角色必然有差异。换言之，墓葬消耗的成本有高低之分，因此呈现的效果也就有所不同。当然，成本的投入绝不仅由拥有资源的多寡决定，制度、习俗、观念、文化等因素也从不同层面影响作品的最终形态。因此，当我们将墓葬视为作品时，所面对的不仅是物质形式的墓葬，还要观察影响其生成的诸多因素，这自然包括不同的参与者（群体）。

帝王的陵墓虽然不能脱离埋葬死者的基本功能，但作为墓葬中等级最高的存在，它们毫无疑问也是国家最高礼仪的物质载体，既用于彰显死者的荣耀，亦供生者祭祀与观瞻。营建帝王陵墓要动用最大量的人力与物力，以保证呈现最高水平的工艺。参与具体工程的包括帝王（本人或嗣君）、重臣、匠师等。如果我们将帝王视为赞助人，那么他们个人的好恶实际上极大左右了陵墓的设计与建造。大臣们提供礼仪诠释与陵墓规划，匠师则承担具体的营造；前者近似于建筑设计师的角色，后者相当于工程师。总体的规划理念来自于设计者，具体细节则可能为匠师们留出了发挥才能和想象的空间。不同角色之间的互动与配合推动陵墓最终完成。

陵墓营造中哪一部分更多是帝王的意志，哪一部分是大臣的谋划，哪一部分是匠师的创意，这很难在文献中获得足够详细的信息。当然，即便有足够细致的文献记载，也很难断言某一部分全然出于某甲、某乙的意见，而没有受到其他角色的启发与影响。即便如此，当我们把陵墓当成作品阅读时，抽绎和剥离不同角色意志对作品呈现的影响仍将是一种有趣的尝试。

---

[1] 巫鸿 著、施杰 译:《黄泉下的美术: 宏观中国古代墓葬》, 第 4 页。

第一节　兆域图：中山王的理想

在遭盗墓者洗劫的中山王𰯼墓椁室中，发现了一块铜版。这块铜版曾遭到大火焚烧，又被坍塌的卵石压砸，出土时已严重变形、碎裂。与同出的其他精美器物相比，它毫不起眼。

在经过修复后，人们发现铜版的一面显露出规整的图形和文字（图 3–1）。其上所绘、所写构成了一份详细的平面图，该图以金、银错嵌而成，铭文称："为逃（兆）乏（窆）阔狭小大之别。"结合图文内容和𰯼墓的实际营建情况，学者普遍认为铜版上绘制的就是𰯼墓陵园的规划设计图。考古报告据《周礼·春官·冢人》"（冢人）掌公墓之地，辨其兆域而为之图"，将该铜版命名为"中山王𰯼墓兆域图铜版"。[1] 从目前的材料来看，中山王𰯼墓兆域图铜版是已知最早的平面规划设计图实物。

图 3–1　𰯼墓椁室出土铜版 GSH：29（摘自《𰯼墓》）

---

[1]《𰯼墓》（上册），第 110 页。

一、为兆窆阔狭之别

兆域图大致分为三个层层嵌套的区域（图 3-2）。最外一层为错银镶嵌的矩形方框，上边正中开一口，缺口两侧线条末端明显加粗，缺口处有一"冂"（门）[1] 字。在矩形方框四边还规律分布着七处注文，内容均为"中宫垣"[2] 三字，叠压在四边线条之上。最外层的矩形错银方框，应表示陵园的中宫垣，且中宫垣在上方正中开一门。

中宫垣内的第二层区域，同样用错银的矩形方框表现。矩形方框的四边与中宫垣平行，在矩形上边框与中宫垣对应的位置也有一标"冂"（门）字的缺口，矩形四边的七处注文与中宫垣注文位置一一对应，为"内宫垣"三字，可知第二层区域表示的是内宫垣墙。与中宫垣不同的是，在表示内宫垣的矩形下边，还开有四个缺口，每个缺口下接大小相同的正方形方框，方框内注文分别为"诏宗宫方百尺"[3]、"正奎宫方百尺"[4]、"执帛宫方百尺"[5]、"大㿝宫方百尺"[6]。中宫垣内为内宫垣，内宫垣上方正对中宫垣门的位置开一门，下方开四门，分别连接陵园内的四处宫室。

第三层错银的线条较"中宫垣"和"内宫垣"更细，大致勾勒出一个呈

---

[1] 冂，《说文》："吊者在门也。从门，文声。"（《说文解字》，第 249 页）冂用于兆域图茔域之门处，除标示入口外，亦含凭吊之意。

[2] 宫，《礼记·祭法》："王宫，祭日也"，注云："宫，坛营域也。"（《礼记正义》，《十三经注疏》，第 1588 页）"宫"有指示圈定范围之意。垣，《说文》云："垣，墙也。从土，亘声。"（《说文解字》，第 287 页）宫垣连称指陵园垣墙。另外兆域图只绘出中宫垣和内宫垣两重垣墙，推测在兆域图范围外应还有一重外宫垣，而这一重宫垣的建制可能与中山王陵区的设置有关，关于这点在第四章会有更详尽的讨论。

[3] 报告认为诏宗宫，诏意为告，《周礼·春官·大史》："执礼以诏王"，郑玄注："诏王，告王以礼事"。宗，《仪礼·士冠礼》："宗人告事毕"，注云："宗人，有司主礼者"，《周礼·春官·宗伯》："乃立春官宗伯，使帅其属而掌礼"，郑玄注云："宗作主礼之官"，诏宗应为主持祭祀的官员，见《礜墓》（上册），第 400 页。董珊进一步认为诏宗读作"小宗"，即为《周礼·春官》之小宗伯，小宗伯在此设立官署的目的应为掌管小规模拜祭活动，见《战国题铭与工官制度》，第 147 页。

[4] 正奎宫，"奎"为二十八宿之一，正义云："天之府库"，又有"王者宗祀不洁，则奎动摇"，报告认为正奎应为主洁祀之官名，见《礜墓》（上册），第 400 页。

[5] "执帛"，帛为玉帛之帛，《周礼·春官·小宗伯》："立大祀，用玉帛牺牲"，可知玉帛为祭祀所需之物。报告认为执帛应为主管祭祀之物的官名，见《礜墓》（上册），第 400 页。董珊则认为执帛与正奎（奠珪）都属于宾礼的表现，区别仅在于觐见者的等级身份，因此以执帛和正奎命名的二宫应用于参与祭祀的不同人员进入行礼，见《战国题铭与工官制度》，第 147 页。

[6] 大㿝宫之"㿝"，又见中山守丘刻石"守丘其曰㿝曼"，释做"将"，官名。董珊认为此大将即大匠，作为官职与后世之将作大匠性质相同，执掌宗庙、宫室、陵园土木之功，而在陵园里设专门宫室，应是出于陵墓营建和维修的需求，见《战国题铭与工官制度》，第 146 页。

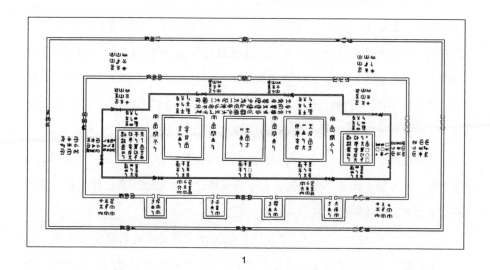

1

2

图 3-2　兆域图线图（原图 / 释文）（1.莫阳据《中山王嚳器文字编》底图绘制，2.摘自《嚳墓》）

"凸"字形的闭合空间。在凸字形边线上有八处注文，内容为"丘跂"[1]二字。
凸字形闭合空间之内，是错金镶嵌的五个正方形方框，中间三个较大，外侧
两个较小。五个正方形方框横向排列，以中间方框为轴对称分布。位于正中的

---

[1] 丘跂，即封土。《周礼·春官·冢人》："以爵等为丘封之度。"郑玄注云："别尊卑也，王公曰丘，诸臣曰封。"
（《周礼注疏》，《十三经注疏》，第 786 页）。跂，从足，欠声。此字以"足"示其下，"丘跂"即丘之下部边线，
见《嚳墓》（上册），第 399 页。笔者认为兆域图中标示"跂"实际应对应夯筑的陵台。

方框内有"王堂方二百尺"字样[1]，王堂左侧方框内为"哀后堂方二百尺"，王堂右侧方框内为"王后堂方二百尺，其葬视哀后"。哀后堂左侧，稍小的正方形内为"夫人堂方百五十尺，革（椁）桓（棺）、中桓（棺）视哀后，其题凑长三尺"；王后堂右侧，稍小的正方形内为"□□堂□□□尺，革（椁）桓（棺）、中桓（棺）视哀后，其题凑长三尺"。

此外在凸字形闭合空间之内、王堂上方的位置，有三行铭文："王命赒：为逃（兆）乏（窆）阔狭小大之别，有事者宣图之。律退致窆者，死无若（赦）。不行王命者，殃连子孙。其一从，其一藏府。"

这段铭文共42字，为解读兆域图铜版提供了最关键的信息。[2]首先，通过"王命赒"三字，可获知关于设计者的信息，即这份陵园规划设计图是中山王𰯼委托相邦司马赒所制。"为兆窆阔狭小大之别，有事者宣图之"意为规划陵墓各区域大小的标准已经确定，可按此（标准）实施，点明铜版的功用。"律退致窆者，死无若（赦）。不行王命者，殃连子孙"，按照律令离开的人若擅进入陵园，死罪无赦。不遵从王命令的人，其罪要连坐子孙，这句则申明陵园禁令。最后一句"其一从，其一藏府"，涉及对铜版的保存，可知相同的铜版有两件，一件随葬𰯼墓，一件藏于府库。

二、作为作品的兆域图

古代户籍和土地之图，大多绘制于木板之上保存。版，从半木；板从木，二者互通。书籍插图称图版，地图称"版图"，其称谓均源于此。[3]而兆域图被铸造于铜版之上，从所选媒材来看，显得别有意义。

兆域图铜版的平面尺寸约为5000平方厘米，厚度仅0.8厘米，[4]保证其铸造得平整已非易事，更何况还需考虑其上地图的精确性。通过浇铸成型，还需

---

[1] 王即𰯼。《说文》云："堂，殿也，从土，尚声。"王堂应是在墓葬封闭后在地表建立的祭祀建筑，见《𰯼墓》（上册），第400页。
[2] 相关研究见《𰯼墓》（上册），第401页。又见刘来成：《战国时期中山王𰯼兆域图铜版试析》，《文物春秋》1992年增刊。
[3] 同上。
[4]《𰯼墓》（上册），第104页。

要考虑收缩率对图形的影响，显然比直接手绘的方式复杂数倍。铜和金银等贵金属的使用，也使兆域图铜版的制作成本大大提高。可以说，兆域图铜版是对作为规划设计图的"兆域图"的一种奢华呈现——以青铜铸造，再以金银错嵌的方式勾勒出图形线条。金石不朽，铜版显然比之木板、布帛便于长久地保存。

铜版的长边恰好为短边的两倍（长95.6厘米、宽48厘米）[1]，这种情况也提示我们，也许是出于对兆域图铜版外观规整的需求，兆域图中两重宫垣的比例被压缩了。[2] 在丘垄范围内的图形均严格按照比例尺绘制，说明在制图上，对比例的控制并非难事，出现这样的"失误"不应是巧合，更可能是出于对图和载体美观的双重考虑。

研究者往往因为铜版上绘制的"兆域图"的价值，而忽视了制作铜版时所采用的具体方式。若将兆域图铜版视为作品（而不仅是工程图）进行细读，不难发现除了"图"的功能外，它的版式设计也极精美。图注文字的方向、图形线条的颜色和粗细，无不遵循一定的设计原则，而呈现出超越地图意义的美观。

兆域图铜版的主体为青铜，在铜版的正面错嵌金银两种材质的贵金属。金和银的使用主次有别，制作者充分利用各材质的颜色差异对图中不同部分加以区别。在兆域图铜版上，线条的粗或细，填充线条使用的金或银，各表明图形的不同功能和主次关系。

兆域图在绘制时除自身具备的方向外，其图注文字的排布也遵从轴对称的原则，除主要宫室（包括两道垣门、五堂和四宫）图注文字为正向外，其他文字皆对称分布，文字方向从四面指向图的中心，即王堂所在的位置，这与陵园整体规划原则相一致。尽管这种版式设计的核心是以视觉手段体现等级秩序，却也呈现出一种由极端秩序感带来的形式美感（图3-3）。

---

[1]《冓墓》（上册），第104页。
[2]详见本章第二节中关于比例尺的论述。

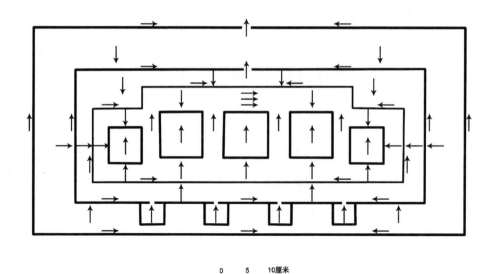

0　　5　　10厘米

图 3-3　兆域图铜版图注文字方向示意（莫阳制图）

三、修正的方案

兆域图铜版作为规划设计的最终方案被放置在𰇕的椁室，对于亡者、他的继承人以及大臣们而言，这块铜版显然具有特殊的意义。尽管放入墓中的物品都可以概称为随葬品，但放置兆域图铜版的意义绝不仅是随葬而已。

以往，人们不论从哪一角度审读兆域图，都只注意到它最终呈现的面貌。然而，铜版上的细节告诉我们，它不仅是最终的定案，还包含多方讨论并敲定的过程。最终定案固然重要，但方案的讨论和修订过程能提供更丰富的信息。

通过对兆域图铜版实物的观察，笔者发现了一些报告线图中并未表现出的细节（图 3-4）。根据残留的痕迹判断，兆域图铜版在最初铸造时，丘垗的形状与两重垣墙一样是长方形。但在铸造完成后，错嵌金银填充线条前，制作者将代表丘垗的长方形边框的左上和右上两角边线留了出来，又在其下折角的位置重开两道细槽，填入银线，将丘垗的形状由长方形变为了"凸"字形（图 3-5）。因此在铜版上，留有两段方折的浅槽未被填以金银线。

在进一步讨论之前，有必要质问：这一痕迹的出现是由于制作工艺的需

图 3-4 兆域图铜版的更改痕迹（莫阳拍摄）

要，还是有意为之呢？答案应该是后者，也就是说，这是因为一次事后修改造成的。从中山王墓出土的其他复杂而精美的错金银器来看，中山国的错金银工艺无疑已经达到相当高的水平。这一点学界是普遍认同的。处理兆域图上的这些直线条，对于当时高水平的工艺而言并非难事。而且，如果细心观察的话，不难发现图3-4所示丘跂"凸"字形框线的修正部分与原先长方形框线存在打破关系，显然是二次修改造成的。

从施工角度来看，丘跂形状的调整确实节省了相当的土方量。[1]然而，问题在于，这样的修正仅仅是出于节省人工的考虑，还是另有缘由？我们还需要对比修改前后的规划在视觉感受上的差异。

根据兆域图的规划，罍墓的陵园大致可分为四个部分：两重宫垣、承担祭祀功能的四座宫室、主体建筑下的高台（即丘跂）和作为陵园主体的属于中山王罍及其配偶的五座堂。如果按照最初的方案，中部五堂建在长方形的台基上。尽管五堂的体量大小有别，但这样的设计，还是容易给人以等量齐观之

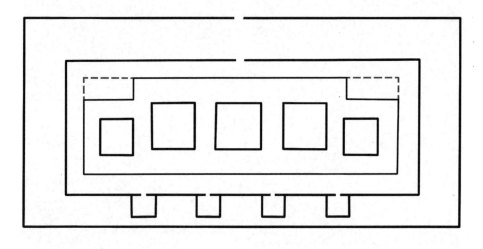

0   5   10厘米

图3-5 铸造痕迹示意图（莫阳制图）

[1] 根据兆域图的尺寸和比例计算，丘跂形状修改后，凸字形两角可节省约2000平方米面积的土量。

感。修正之后的规划图中，台基平面呈"凸"字形，凸显了居中部分的主体地位，而这恰恰是王堂和两座后堂所在的位置。

既然兆域图是中山王命令相邦司马赒所做的规划设计，那么司马赒就是方案的提供者，䰠则是方案的审定者。我们可以设想，陵园的设计一定经过多次讨论和修改，并且只有商讨完成的"兆域图"才会被铸刻在铜版之上。而兆域图铜版上的修正痕迹说明，司马赒提供的方案即使在敲定并付铸版之后，还是未能达到䰠理想中的效果，因此才有铸版之后的二次修正。修正之后的方案，最终满足了䰠对其王陵的想象，这一过程无疑表明䰠对陵园规划的高度重视。

按照铭文"其一从，其一藏府"的表述，兆域图一共制作了两份，一份用于从葬，一份保存在府库。存于府库的兆域图至少有两个功能：其一，䰠的后继者可以依此图检验王陵的建造是否符合既定的规划，这是检验的功能；其二，嗣君也可以将此作为参照，设计自己的王陵，这是借鉴的功能。那么兆域图就需要同时面对三个对象，死去的中山王䰠、中山嗣君，以及王陵的营建者。三方以不同的身份参与了王陵的设计和营造，也以不同的角度审视和使用兆域图。

第二节　兆域图的图绘与尺度

一、兆域图中的关键因素

学界对兆域图已有较清晰的认识，其中最重要的是建筑史领域中傅熹年和杨鸿勋进行的研究和复原工作。[1] 这些工作基本解决了兆域图的技术问题，将之转译为符合今天建筑规范的设计，但是在建筑复原细节等方面，学界仍然存在不同意见。

裴秀曾批评他所见到的古代地图"各不设分率，又不考正准望，亦不备载

---

[1] 傅熹年：《战国中山王䰠墓出土的〈兆域图〉及其陵园规制的研究》，《考古学报》1980 年第 1 期；杨鸿勋：《战国中山王陵及兆域图研究》，《考古学报》1980 年第 1 期。

名山大川，虽有粗形，皆不精审，不可依据"[1]，并总结和归纳出一套针对地图绘制的规范，即"制图六体"[2]。当然，不论是以今天的或是魏晋时期的制图标准来衡量兆域图的准确性，都有失公允，但这未尝不是理解作为地图的兆域图的一种必要途径。

1、尺度[3]与复原

兆域图作为矕墓陵园的设计规划图，除去图形、与图形对应的建筑名称外，还记录了图形的实际尺寸和相对距离的数据。这对复原矕墓陵园是极为难得的材料。

方位

方位古称"准望"，是地图的基本要素之一。兆域图上没有标明方向，且图中注文朝向不一。但通过王堂等主体文字的方向，大致可判断兆域图绘制的主方向，即两重宫垣正门所在的方位为上。结合墓葬的实际来看，矕墓是一座南北向的中字型大墓，主墓道南向。另外，在矕墓陵台最南缘外的正中位置，考古工作者发现一处瓦片堆积，推测可能属于一处门阙遗迹。[4]若将这一发现对应到兆域图中，大致与中宫垣门的位置相当。综上可知，兆域图正向为南向，那么兆域图的方位即为上南下北，左东右西。矕墓东库出土一件墨书木条（DK:84），木条一面墨书"宝重椁石"，两侧各书一"左"字（图 3-6）。[5]这类墨书木条矕墓共出两件，另一件为 XK：518。其中 DK：84 下部还残存一节丝线，推测这些木条应是绑在随葬器物上的标签。那么 DK：84 上所记的"左"，应是指示其放置位置。若如兆域图所标示的，矕墓以南为正向，那么东库确为椁室之左，是为印证。另外时代稍晚的马王堆三号墓出土的《驻军图》标示方向亦为上南下北，这或许是当时制图的惯例。

---

[1][唐]房玄龄等撰：《晋书》，北京：中华书局，1974 年，第 1039 页。

[2]裴秀《禹贡地域图序》有言："制图之体有六焉。一曰分率，所以辨广轮之度也。二曰准望，所以正彼此之体也。三曰道里，所以定所由之数也。四曰高下，五曰方邪，六曰迂直，此三者各因地而制宜，所以校夷险之异也。"原书在隋代已散佚，其序录于《晋书·裴秀传》，见《晋书》，第 1039—1040 页。

[3]在建筑研究中，尺度主要指建筑物整体或局部构件与人或人熟悉的物体之间的比例关系，以及这种关系给人的感受。

[4]《矕墓》（上册），第 22 页。

[5]同上书，第 259 页。

单位

兆域图中的图注标明了图形间的距离和建筑的尺寸，在全部38处距离的标注中，以"尺"为单位计量的是24处，以"步"为单位计量的是14处。有学者认为这是由陵园规划的要求不同所决定的，丘垄以内的主体建筑要求尺寸精准，用"尺"标注；而其他部分在精度上就粗略，使用"步"计量。[1]

比例尺

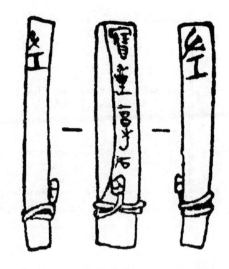

图3-6 墨书木条DK：84（摘自《䶮墓》）

裴秀所言"分率"即为今天所说的比例尺。《隋书·宇文恺传》载宇文恺提到自己绘制的《明堂图》时，称"裴秀《舆地》以二寸为千里，臣之此图，用一分为尺"[2]，可知至少在隋代即有比例尺。而根据兆域图的实际尺寸和图注尺寸，也可以推知兆域图制图遵循一定比例。

尺 兆域图标注尺寸与实际尺寸基本合乎比例。如铭文标注方二百尺的王堂、王后堂和哀后堂，实测为8.6–8.8厘米；铭文标注为一百五十尺的两座夫人堂，实测为6.5–6.65厘米；而王堂与两王后堂间距标注一百尺，实测为4.4厘米。铭文标注尺寸与实测尺寸比例精准，且可换算出兆域图的比例尺为一百尺等于4.4厘米，即一尺等于0.044厘米。已知战国时期尺的长度约合22–23厘米，则可知兆域图的比例尺约为1:500。[3]

步 兆域图中，丘垄至内宫垣、内宫垣至外宫垣的距离以步为单位。这些以步为单位计量的部分均为露天平地，与《考工记》"野度以步"的记载相合。

---

[1] 孙仲明：《战国中山王墓〈兆域图〉的初步探讨》，《地理研究》1982年第1期。

[2] 《隋书》，第1589页。

[3] 详细换算见《䶮墓》（上册），第108页。

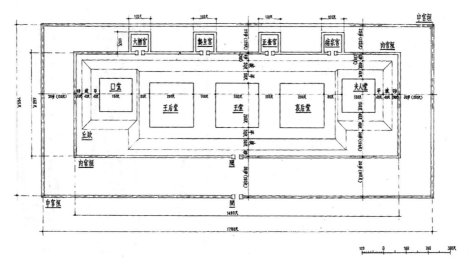

图 3-7 兆域图成比例复原（据傅熹年图改制，原图摘自《傅熹年建筑史论文集》）

傅熹年首次计算出兆域图中两种计量单位的比例关系，即一步等于五尺[1]。

尺度与图像的矛盾

兆域图中以尺为单位的图形与间距都是严格遵照比例绘制的，而以步为单位的间距则不然。这样看来，兆域图中，尺的标注精确，而以步标注的部分则作示意。也就是说，图中按比例尺准确描绘的部分是宫室、丘欧及丘欧上的五堂，而代表内宫垣和外宫垣两条边线的比例与其标注尺寸不符。

一方面，在工程图中，单位的使用有较严格的规定，两种尺度单位的不同可能与具体施工的相应环节有关。另一方面，则可能是局限于兆域图铜版的大小，为了凸显主体部分的重要性，对两重宫垣分别进行了压缩，以减小整张图中空白的面积。不管是出于何种原因，我们仍需要对兆域图铜版进行等比例的复原和翻译（图 3-7）。[2]

---

[1] 兆域图中内宫垣的宽度有两种计算方式，分别为以王堂为轴线计算和以夫人堂为轴线计算。内宫垣宽度=王堂轴线 =6 步 +50 尺 +50 尺 +200 尺 +50 尺 +50 尺 +6 步 =12 步 +400 尺；又内宫垣宽度 = 夫人堂轴线 =6 步 +40 尺 +40 尺 +150 尺 +40 尺 +40 尺 +24 步 =30 步 +310 尺；所以 12 步 +400 尺 =30 步 +310 尺，即 1 步 =5 尺。傅熹年：《战国中山王𰾛墓出土的〈兆域图〉及其陵园规制的研究》，《考古学报》1980 年第 1 期，第 97—98 页。
[2] 杨鸿勋的复原图在尺和步的比例上出现了问题，他直接取用文献中"周尺六尺四寸为步"的记载，核算中以 6.4 尺为 1 步，因此两重宫垣的范围比实际兆域图标注的大。本书所用兆域图现代比例的复原图是在傅熹年复原的基础上修改而成的。

2、尊卑：尺度反映的观念

除对准确比例的复原外，还应注意到兆域图各部分尺寸实际上反映了一定的观念。

辉县固围村战国墓群的布局与兆域图的规划十分接近（图3-8）。这座墓群由三座横向并列的大墓组成，根据地表的遗迹情况判断，封土上原有建筑。固围村墓与兆域图平面布局相近，墓上建筑为奇数，这样在陵园的平面上自然呈现为以居中单体为中心的布局方式。另外在体量上，三座墓也有明显区别，居中的 M1 封土尺寸明显大于分立其两侧的 M2 和 M3，同样凸显居中者的重要性。

兆域图所绘属于罃和其配偶们的五堂中，位于"凸"字形丘趺突出部分的三堂，均"方二百尺"，较两侧"方一百五十尺"的夫人堂规模更大，表明墓主地位更高。三堂中，又以居中的王堂处于轴线中心。王堂与对称分布于两侧的哀后堂、王后堂在体量上并无差别，都是方二百尺，实测罃墓（M1）与西侧二号墓（M2）[1]的回廊面积相同，这可与兆域图规划相互印证，但二号墓建筑回廊的地面低于一号墓，约与一号墓建筑外侧的散水等高，垂直高差达到 1.3 米[2]，建筑的高差信息是兆域图中并未反映，也难以在平面上

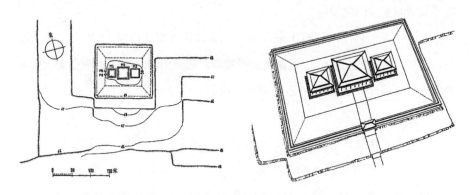

图 3-8　固围村战国墓群平面图／想象复原（摘自《傅熹年建筑史论文集》）

---

[1] 位于罃墓西侧的二号墓，根据位置推测属于哀后，目前封土完整，墓室未经发掘。
[2] 从中山国王陵区发掘前的外景照片中可以看出两墓上夯土台基的形状和大小都很近似，承发掘工作负责人刘来成见告，二号墓迴廊面积与一号墓相同，但其回廊地面标高稍低，相当于一号墓散水标高。见傅熹年：《战国中山王罃墓出土的〈兆域图〉及其陵园规制的研究》，《考古学报》1980年第1期，第113页。

表现的。

　　整体来看兆域图对響墓陵园进行的规划，在平面上呈现出规整的轴对称布局，越靠近中心对称轴的部分越重要。轴线穿过王堂正中，王堂两侧对称排列的是与王堂尺寸相当的王后堂和哀后堂[1]，作为王的妻子，王后有资格享有与其夫同等的墓葬规格，但在等级观念严苛的时代，男尊女卑的思想仍占据主导，因此此墓葬的实际建造中，哀后堂在水平高度上低于王堂，从而凸显出国王的绝对权威，这也符合兆域图整体的设计理念。在哀后堂东侧和王后堂的西侧，两夫人堂对称分布，其尺寸小于中三堂，且位置较中三堂靠后（北）。

　　总的来说，兆域图对陵园进行的规划以中轴线为核心，五座建筑布局规整，体现出强烈的秩序感。这样的布局方式凸显了几何中心位置的王堂，是对等级秩序的视觉呈现。

二、"图绘天下"

　　《周礼·春官·冢人》有"（冢人）掌公墓之地，辨其兆域而为之图"，郑玄注："图，谓画其地形及丘垄所处，而藏之先王造茔者。"[2]兆域图的性质显然是战国时期地图之属。

　　文献中关于地图的记载出现极早，有学者认为在《诗经》《尚书》等文献中，已有对地图的记述。[3]到春秋战国时期，记录山川地貌的地图在文献中频繁出现，承担着极重要的功能。《周礼》有云：

　　　　大司徒之职，掌建邦之土地之图，与其人民之数，以佐王安扰
　　　邦国。以天下土地之图，周知九州之地域广轮之数，辨其山、林、
　　　川、泽、丘、陵、坟、衍、原、隰之名物。而辨其邦国都鄙之数，
　　　制其畿疆而沟封之，设其社稷之壝而树之田主，各以其野之所宜木，

---

[1] 根据哀后之名和陵园营建的实际情况推测，哀后应为先于響亡的中山王后。
[2]《周礼注疏》，《十三经注疏》，第786页。
[3] 孙仲明：《战国中山王墓〈兆域图〉的初步探讨》，《地理研究》1982年第1期。

遂以名其社与其野。[1]

大司徒作为地官之首，除掌管户籍外，还保管"土地之图"。地图是国土的象征，掌握地图的行为则表明对土地的占有。尽管《周礼》作为文献有其理想化的一面，但对照《史记·萧相国世家》的记载，刘邦初入咸阳，"诸将皆争走金帛财物之府分之，何独先入收秦丞相御史律令图书藏之"[2]，刘邦在其后与楚的争霸中"具知天下阸塞，户口多少"都是得益于萧何在咸阳所得的秦图书。可见由官员掌管国家图籍的方式是确实存在的，这些地图内描绘的信息精准反映国情，因此地图的保管和流失更是关系重大。

《战国策·秦策》有"据九鼎，按图籍，挟天子以令天下"的说法；《燕策》和《史记》对荆轲刺秦之事的记述中，荆轲得以面见秦王的理由之一即假意进献燕督亢地图，对此"秦王闻之，大喜，乃朝服，设九宾，见燕使者咸阳宫"[3]。秦王如此排场，并非为了区区一张地图，而是即将占有督亢地图所代表的土地——不费吹灰之力而得到燕国要地，不是值得大喜的事情吗？

谭其骧认为先秦时期地图绘制水平高与法家的流行有关，法家在军事上要求取得统一战争的胜利，在政治上要求加强封建大一统，所以必然重视地图。[4] 在与法家有关的论著中，不乏对地图功能的强调。这与上章所言中山及三晋诸国的治国方略有着千丝万缕的联系。《管子·地图篇》强调地图在军事行动中的重要性：

> 凡主兵者，必先审知地图。轘辕之险，滥车之水，名山、通谷、经川、陵陆、丘阜之所在，苴草、林木、蒲苇之所茂，道里之远近，城郭之大小，名邑、废邑，困殖之地，必尽知之。地形之出入相错者，尽藏之。然后可以行军袭邑，举错知先后，不失地利，此地图

---

[1]《周礼注疏》，《十三经注疏》，第 702 页。
[2]《史记》，第 2014 页。
[3]《战国策》，第 1138 页；又见《史记·刺客列传》，第 2534 页。
[4] 谭其骧：《二千一百多年前的一幅地图》，《文物》1975 年第 2 期。

之常也。[1]

掌控地图有掌管一个区域之意，这大约源于征伐战争频发的春秋战国时期。地形、地势是战争中重要的制胜因素，因此记录这些信息的地图对军事行动而言十分重要。与兵力和武备这类硬实力相比，山川河流的面貌、关隘道路的走势同样关键，是各国倾力收集的军事情报。正是在这种需求的推动下，战国时期地图的绘制也达到相当高的水平。出于对准确性的要求，逐步发展出一套科学的制图准则。作为具有高度实用性的"图"，图形的准确和信息的详尽是地图的重要特点。

由于图的制作和复制较书籍传抄更为困难，因此尽管"图书"并称，但"图"的复制远少于典籍的传抄。幸而近年来的考古发现在一定程度上弥补了这种遗憾，如天水放马滩秦墓出土地图和时代稍晚的马王堆三号汉墓出土地图等[2]，都是极珍贵的古地图实物。我们也因此知道战国到汉初时期确实存在如文献描述那样精准的地图，而并非像裴秀所言汉代地图"各不设分率，又不考正准望，亦不备载名山大川，虽有粗形，皆不精审，不可依据"[3]。

兆域图基本具备后世总结的"制图六体"，遵从特定比例精确制图，亦有自成体系的详细图注，反映了战国时精准的地图绘制技术。但兆域图与放马滩秦墓或马王堆三号墓所出地图又有着显著区别。首先，兆域图并非是针对山川、河流或村镇等客观事物的描绘，功能也与政治、军事需求相去甚远；其次，它所表现的对象是一处尚未建起的陵园景观，在功能上更强调预先的规划与设计。

早期文献和出土地图实物，反映了战国时期人们对景观的观察和提炼已经逐步脱离了感性阶段，走向理性认识。人们开始有能力掌控对大尺度景观的图形表现，可以将三维景观缩微到二维的平面之上。兆域图的例子进一步表明，

---

[1]《管子校注》，第529—530页。
[2] 何双全：《天水放马滩秦墓出土地图初探》，《文物》1989年第2期；湖南省博物馆、湖南省文物考古研究所：《长沙马王堆二、三号汉墓》，北京：文物出版社，2004年，第91—103页。
[3]《晋书》，第1039页。

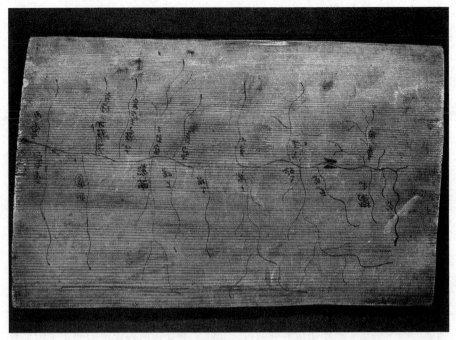

图 3-9 放马滩秦墓木板地图 M1:21 正面（摘自《天水放马滩秦墓出土地图初探》）

迟至战国时期，人们已经有能力将对三维空间的设想呈现于二维平面，再经由人力实践将其从方寸平面"搬"到现实世界中，创造新的人造景观。

抽象思维能力的提升，使人们对山川地理的审视转向一个新的阶段。这可被视为发生在视觉和思维层面的双重转向。与今天的地图一样，兆域图等古地图所呈现的观察视角是垂直俯瞰的，在两千多年前的战国时期，这一视角显然不是自然之眼可捕获的，而是经过理性思维进行抽象总结后的结果，即理性思维的视觉化呈现。更难能可贵的是，兆域图的实例表明，这种理性思维不仅能被用于总结客观存在的山川地貌，也可以用于表达和呈现对人工创造的细致规划。

第三节　现实：地上陵园

如果从功能角度看，兆域图中最重要的部分是位于正中的五堂。图中五堂内各有注文，王堂内标注"王堂方二百尺"字样，其左侧为"哀后堂方二百尺"，右侧为"王后堂方二百尺，其葬视哀后"；哀后堂左侧，稍小的正方形内为"夫人堂方百五十尺，革（椁）桓（棺）、中桓（棺）视哀后，其题凑长三尺"；王后堂右侧，稍小的正方形内为"□堂□□□尺，革（椁）桓（棺）、中桓（棺）视哀后，其题凑长三尺"。细辨注文的言下之意，可知王和哀后葬制在制图时规范已定，这无须再加说明；与此相对的是，图中注文特别标明王后葬制与哀后同，两位夫人则参考哀后之制，有所简省，这应表明兆域图制作之时，王后和两位夫人尚在世，且墓葬尚未动工。

兆域图规划的陵园大致分为四个部分，它们分别是两重宫垣、承担祭祀功能的四座宫室、主体建筑下的高台（丘跃）和作为陵园主体的属于中山王𫊣及其配偶的五堂。对比位于平山县的𫊣墓陵园遗迹，仅存东西并列的两座封土和部分封土台基，其中 M1 已确定为𫊣墓，其东侧的 M2 依照图示应为哀后墓。兆域图中的王后堂、二夫人堂、四座宫室和两重宫垣，皆不见地表遗迹。哀后墓左侧，本应为夫人堂的位置空置，但其北侧却有三座小型陪葬墓，据墓向判断应是属于夫人墓的陪葬墓，可知夫人在世时，已有先故去的陪葬者按照规划葬入陵园。

兆域图对陵园的规划完满有序，但在实际营建中显然未能尽数完成，甚至在建造过程中就已经出现了偏离。这种情况是可以预见的，如此规模的陵园从规划到营建的时间跨度往往极大，且需待身份尊贵的王室成员亡故之后（单就这点而言可能就需数年甚至数十年之久），才可能最终完成。更不必说旷日持久的工程，还需有稳固的政权和统治者的持续支持。

通过对兆域图和𫊣墓陵园遗迹的分析，我们可以了解到这样一件巨大作品从规划到营建过程中所面对的种种问题。𫊣墓是目前所知战国时期唯一一个陵园规划与陵园遗迹都存留至今的例子。将规划图与遗迹对读，不但有助于进一步观察譽墓和中山国陵墓的营建过程，更为我们深入了解战国墓葬提供了珍贵材料。

一、譽墓陵园遗迹

1. 陵园概况

譽墓陵园选址在灵寿城西郊、西灵山脚下的一处高地上。譽墓（M1）和哀后墓（M2）的两座大型封土东西并列。譽墓是已知三座中山国君墓（余下两座为灵寿城内的 M6、M7）中规模最大的一座。墓上有随地势筑起的大型陵台（兆域图称丘垄），两座封土均筑在陵台之上。考古发掘表明，封土之上原有建筑，应为兆域图中标示的王堂。

2. 墓葬结构

譽墓陵园所在位置整体地势北高南低，墓葬处在高地最北端。譽墓与哀后墓的陵台从外观看连成一片。可以说譽墓的封土形式较为特殊，整体由两部分构成，一为高出地平且数墓共用的陵台（丘垄），一为陵台之上各墓独有的底边为正方形的阶梯状封土。

陵台（丘垄）

譽墓位于西灵山山脚高地，封土之下的地势天然呈现北高南低走势，在建造陵园的过程中，南边较低的区域被人工夯筑垫高，使南北基本齐平。[1]借助自然地势，加以人工改造，以营造最佳的视觉效果，这在中山国的建城工程中并非孤例，也是战国时期普遍使用的手段。

陵台整体夯土而成，顺地势且南向北层层抬升，呈阶梯状。由 M1 封土南侧到陵台南面边缘，总长为 96.6 米，南北高差约 7 米，大致分为五级（见表3-1）[2]，由南向北夯筑五级阶梯状平台，视觉上层层增高，使封土及其上建筑显得格外有气势。根据兆域图的设计，丘垄为凸字形整体平台，坡、平各 50尺，而实际的遗迹则为阶梯状，这可能是因地制宜的修正，又或者在陵园工程结束前还需最终修整方能成形。陵台最南部一级底边中部，发现有瓦片堆积，

---

[1]《譽墓》（上册），第 11 页。
[2] 陵台上的五级平台经过数千年自然和人为的破坏，已凹凸不平，因此数据与实际建造时，在平台层数、各级高度等情况可能存在差异。本书使用的数据来自 1974 年的地表遗迹探查，见《譽墓》（上册），第 11—13 页。

表 3-1　陵台台阶情况　　　　　　　　　　　　　　　　单位: 米

	相对高度	进深
第一级	0.5	7.7
第二级	0.8	24.7
第三级	1	6.2
第四级	2.2	41.3
第五级	1.1	16.7

推测为一处门阙遗址。[1]这与兆域图规划中陵园南向设计相符合，且位置大致与图示中宫垣南向正门重合。

由于计划葬入陵园的墓主不会同时死亡，陵台也不是一次性修筑完成的，在𡾰墓陵园现存的地面遗迹中，只有对应𡾰墓和哀后墓的陵台实际建成。在陵台之上，两座墓的封土周边还残存一些建筑遗迹，在发掘𡾰墓墓室前，该墓封土上的遗迹现象得到清理。发掘时，正方形封土的东西南三面尚留存少量建筑遗迹，这些遗迹的原有地面，与陵台下的地面高差有 6 米左右。东西两处建筑遗迹相距 44.8 米，各距墓室边缘 7.4 米，高于墓口 0.44 米。陵台中间夯筑坚实的部分长宽各 55.8 米[2]，是 M1 阶梯状封土的第一级，同时也是墓上建筑的基础。[3]在第一级平台的瓦砾堆积之下，考古工作者清理出卵石修筑的散水；在第二级平台，则清理出了夯筑地面、后壁、壁柱洞和檐柱础等遗迹现象。[4]

这处建筑遗址中，位于封土西侧的一段保存状况最佳。壁面处理得较为细致，先在封土表面涂草泥，再在表层涂抹一层白粉。草泥厚 0.5 厘米左右，白粉厚 0.1 厘米左右。后壁原有半露的壁柱，木质柱子已经腐朽不存，仅在壁面

[1]《𡾰墓》(上册)，第 22 页。

[2] 同上书，第 13 页。

[3] 𡾰墓陵园内的陵台整体夯筑而成，但不同部分夯层薄厚有别。根据目前的发掘情况来看，M1 封土下长宽 55.8 米范围内的夯层质量最高，每层厚度在 2—9 厘米。其他位置的夯层每层厚约 12—16 厘米。

[4]《𡾰墓》(上册)，第 13 页。

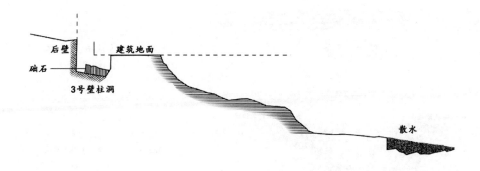

图 3-10　回廊东侧建筑遗迹剖面图（莫阳据《礜墓》底图绘制）

留下方形柱槽。柱槽下有柱洞，洞内垫础石，各壁柱础坑的中点间距 3.6 米。[1]
壁柱洞外侧还发现一排檐柱留下的础坑，檐柱础与壁柱础中心点间距 3 米。这
些现象表明，封土之上残存的遗迹是一处回廊建筑。建筑地面夯筑平整，外缘
至后壁距离 4.3 米。散水在回廊外侧，低于地面 1.35 米，由卵石铺成，宽 1.2
米，现存长度 15.7 米。东侧建筑与西侧大致一致，散水距后壁 4.35 米，低于
建筑地面 1.3 米，宽 1.05–1.1 米（图 3-10）。南壁仅残存壁柱洞 9 个，中点间
距 3.34 米。其中 6 个壁柱洞刚好落在南墓道之上，将墓道划分为 5 间，当中
的一间正对墓道南北轴线，说明王堂建筑开间为奇数。这也表明王堂的设计与
兆域图的整体规划理念相一致。

封土

　　综合考察礜墓和哀后墓（M2）的结构。可知封土主要有两部分：下部为
两座墓葬共用的陵台，呈五层阶梯状；上部为两座墓各自的封土，封土上原建
有礼制建筑。礜墓封土东距哀后墓（M2）封土 11.3 米。就已发掘的礜墓来
看，其墓室一半开凿于地下；一半高于地平，为夯筑而成。其中墓室高于地平
的部分（报告中称为地上墓室），在墓主下葬后被夯土填埋，因此也是封土的
一部分，且外侧与上文所述封土的第一级平台（即墓上建筑地面）齐平（图

---

[1]《礜墓》(上册)，第 15 页。

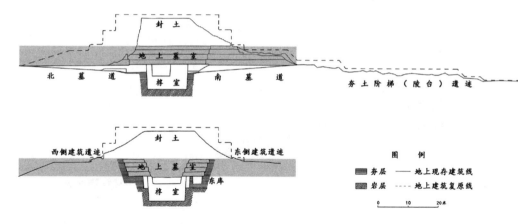

图 3-11　䜣墓墓室、封土横／纵剖面（莫阳据《䜣墓》底图绘制）

3–11 ）。[1]

《礼记·月令》"（孟冬之月）审棺椁之薄厚，营丘垅之大小，高卑厚薄之度，贵贱之等级"[2]。在礼制观念的作用下，封土的大小、高低都与墓主的身份直接关联。封土越高大，墓主的地位也就越高。䜣墓和哀后墓的陵台相连，其上封土分立，应是"异穴合葬墓"的一种特殊形式。根据兆域图提供的信息，共用同一陵台的墓主应为伴侣关系，且以位置、大小和高低之别表明地位的尊卑。

3. 地上建筑

正如上文所述，䜣墓封土东西南三侧仍保存有少量建筑遗迹。根据测量，这三面的夯土地平均处在同一高度，双层柱子构成回廊，以封土立壁为建筑后壁，建筑外沿环绕散水。我们大致可以推测这原是一处单坡瓦顶、四面联通的回廊建筑。根据东西两侧保存有壁柱洞的绝对距离统计，四方形墙壁每边长应为 44.8 米，壁柱平均间距为 3.34–3.6 米，因此每壁各有壁柱 14 个，壁面为 13间。壁柱与檐柱垂直相对，那么每立面檐柱的数量应为壁柱数量加两转角檐柱，即 16 个，回廊为 15 间。

另外，建筑的夯土地面距离封土顶部仍有 10 米高差，因此这圈回廊应是

---

[1]《䜣墓》（上册），第 27 页。
[2]《礼记正义》，《十三经注疏》，第 1381 页。

整个建筑的底层，而王堂的主体空间应位于封土顶部的平台。底部和顶部10米的高差说明，王堂采用多层设计，考虑到一般建筑的层高，在底层回廊和顶部的主体建筑之间应至少还有一层回廊建筑。[1]因此推测王堂原应是外观三层的高台建筑——环绕夯土的回廊和夯土顶部的殿堂建筑，共同构成多层楼阁的视觉效果。

二、兆域图之外：外藏椁与陪葬墓

在響墓陵园的实际发掘中，除了兆域图详尽规划的部分，还发现多处图中未提及的部分，甚至还有一些不符合兆域图规划的存在。

1. 外藏椁与陪葬墓

在響墓南墓道的南侧，考古工作者发掘并清理了四个外藏椁，由东向西分别为一号车马坑（CHMK1）、二号车马坑（CHMK2）、杂殉坑（ZXK）和葬船坑（ZCK）。一、二号车马坑与杂殉坑规模相近，葬船坑则更狭长，坑北部连接109米的长沟。四个外藏椁东西横列，其中一、二号车马坑对称分布于南墓道两侧，杂殉坑、葬船坑则在二号车马坑以西等距离排列，显然这些外藏椁的位置也是经过规划设计的。

此外，在现存的響墓区域内，还包含6座陪葬墓（图3-12）。其中墓东陪葬墓2座（PM1、PM2）。墓西陪葬墓4座（PM3、PM4、PM5、PM6）。其中5座（PM1—5）位于響墓陵台之上，一座（PM6）位于響墓陵台以西。

響墓陪葬墓出土随葬品以磨光压划纹黑陶和玉器为主，根据出土的陶礼器判断，墓主应具有一定地位。这些陪葬墓均用一棺一椁，但在墓葬形制、埋藏方式、随葬品器型和纹饰上各墓存在明显区别[2]，说明这些墓葬并不是在同一时期下葬的，而是随着墓主死亡时间先后埋葬，所以其性质并非殉葬。陪葬墓中的5座位于響墓陵台之上，埋葬时直接在陵台上开圹，因此可知这些陪葬墓的年代均晚于響墓。

---

[1] 傅熹年：《战国中山王響墓出土的〈兆域图〉及其陵园规制的研究》，《考古学报》1980年第1期；《響墓》（上册），第22页。
[2]《響墓》（上册），第498页。

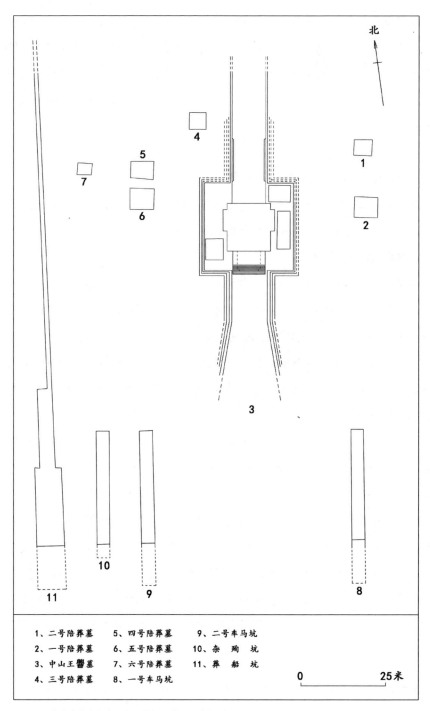

北

1

2

3

4

5

6

7

8

9

10

11

图 3-12　䰰墓外藏椁和陪葬墓分布图（莫阳据《䰰墓》底图绘制）

1、二号陪葬墓	5、四号陪葬墓	9、二号车马坑
2、一号陪葬墓	6、五号陪葬墓	10、杂　殉　坑
3、中山王䰰墓	7、六号陪葬墓	11、葬　船　坑
4、三号陪葬墓	8、一号车马坑	

0　　　　　　　25米

2、兆域图之外

与封土和其上王堂大致符合兆域图规划的情况不同，外藏椁和陪葬墓是𰀄陵园区域内实际存在而兆域图规划中却并未体现的部分。但这些设置也绝非凭空而来、无迹可寻，车马坑在主墓道南侧，陪葬墓在北且环绕封土排列的陵园布局，可追溯至前两代中山国君的墓葬。这些兆域图中未标明的陵园组成部分，可能来自于中山国先君墓葬营建的传统，表现出陵园建设中一种不言自明的惯性。

据文献和平山三器铭文，中山国自桓公时迁都灵寿。桓公的继任者是成公，成公即为𰀄父。𰀄之后的两任国君其一奔齐而亡于齐，其一被赵惠文王迁往肤施，在客观条件下，均不可能再在灵寿城中营建陵墓。因此灵寿城内西北隅的两处高大封土应属于𰀄之前的中山国君，即三器铭文所称"桓祖成考"。两座墓葬都建于台地上，根据发掘和勘探调查，王墓的排列是先王葬于陵区北，子王葬于南偏西位置。因此初步推定位于陵区北部的 M7 为中山桓公墓，南部的 M6 为成公墓（图 3-13）[1]。

桓公墓（M7）位于访驾村南 400 米，现存封土高约 14 米，呈覆斗形，原有夯土长宽均约 65 米，现残存夯土东西长 45 米、南北宽 64 米。封土自上而下分为三级台地，顶部原有享堂建筑，现尚能在周围见到残瓦。成公墓（M6）位于穆家庄村北 600 米的台地上。墓上夯筑封土于 20 世纪 40 年代破坏，现残高约 6 米。

两座中山国君墓的封土四周均发现建筑残件，可知在封土之上原有建筑。因此𰀄墓陵园内修筑纪念建筑的方式，并非𰀄之创举，而来自于对中山先公墓葬形制的继承。除此之外，尽管在规模大小上有所区别，但从陵园地表的设计要素来看，三代中山国君墓葬的规划显然具有一致性（表 3-2）。

外藏椁

M7 封土前有夯筑大平台，近似于𰀄墓之陵台（兆域图称丘跂）结构，下有外藏坑一、车马坑二（图 3-14）。M6 墓南亦有同样的平台，其下是对称南

---

[1]《灵寿城》，第 119 页。

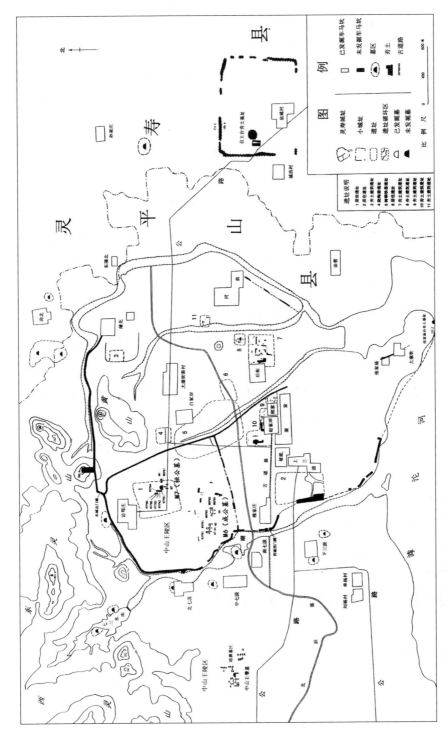

图 3-13 灵寿城 M6、M7 位置图（摘自《灵寿城》）

表 3-2　中山国君墓地表遗迹

单位: 米

	封土				垣墙	门阙	墓向	地表建筑
	夯土范围	陵台	形状	台阶				
M7 （桓公墓）	65×65	√	方形	4级	?	?	南向	封土周边有残瓦。
M6 （成公墓）	90×90	√	方形	残	?	?	南向	封土破坏严重，四周尚能见到建筑构件。
M1 （罍墓）	110×92	√	方形	5级	规划有，实际不存	√	南向	封土上残存有散水和一处回廊建筑。

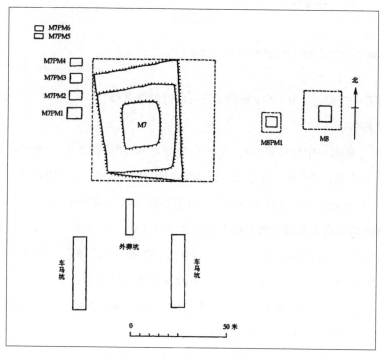

图 3-14　M7 外藏椁及陪葬墓平面位置图（摘自《灵寿城》）

墓道分布的两座车马坑（图 3-15）。罍墓车马坑的埋藏情况与 M6、M7 完全一致，因此我们大致可推断，在墓南向墓道两侧对称列置二车马坑是中山国君的定制。而除车马坑外，罍墓尚有杂殉坑和葬船坑二外藏椁，M7 南墓道正对

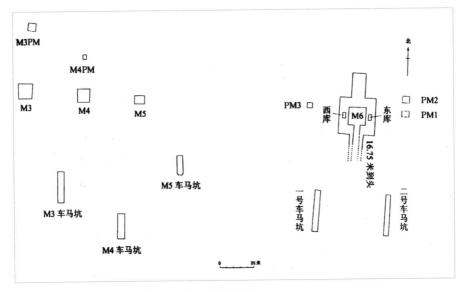

图 3-15　M6 外藏椁及陪葬墓平面位置图（摘自《灵寿城》）

方向亦有一外藏椁，M6 未发现除车马坑以外的外藏椁。

陪葬墓

M7 东侧有一中型墓葬 M8，封土于 20 世纪 60 年代遭破坏，经钻探，墓圹周围的夯土东西 21 米、南北 21 米。M8 西侧另有一陪葬墓（M8PM1）。距离 M7 西侧较近的位置南北排列 4 座大小接近的陪葬墓（M7PM1—4），这 4 座陪葬墓西北侧有南北排列的两座稍小陪葬墓（M7PM5、6）（图 3-14）。

M6 墓东侧有两座陪葬墓（PM1、PM2），西侧一座陪葬墓（PM3）。在 M6 以西 150 米处还有王族墓地一处。墓地内有东西向排列的三座中型墓（M3—M5），三座墓南侧有松散对应的三座车马坑，M3 和 M4 北侧各有一座规模稍小的陪葬墓（M3PM、M4PM）（图 3-15）。

爬梳中山先公墓葬的情况，M6 及陪葬墓均已发掘。比较 M6 和罍墓陵园，不难发现二者间的共性，即陪葬墓的头向全部指向主墓所在位置。如 M6 陪葬墓 PM1、PM2 和 PM3 的头向都是朝着主墓方向，同样现象也见于 M3 和 M4 与其对应陪葬墓 M3PM 和 M4PM 的关系中（图 3-16-1）。这一特点在罍墓陵园中更是发挥到极致。罍墓陪葬墓数量较 M6、M7 更多，在陵

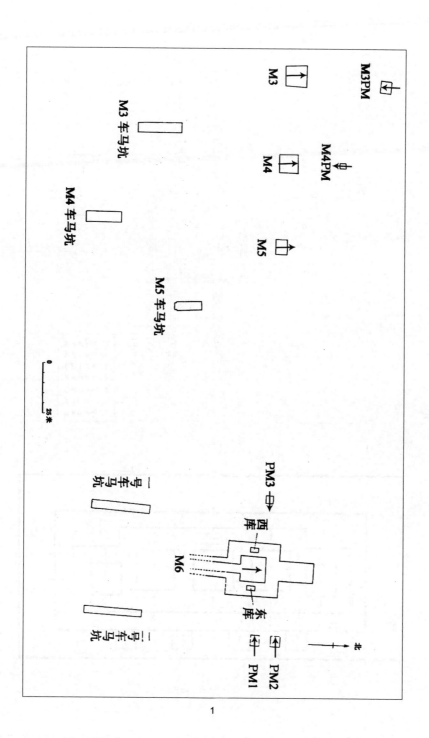

1

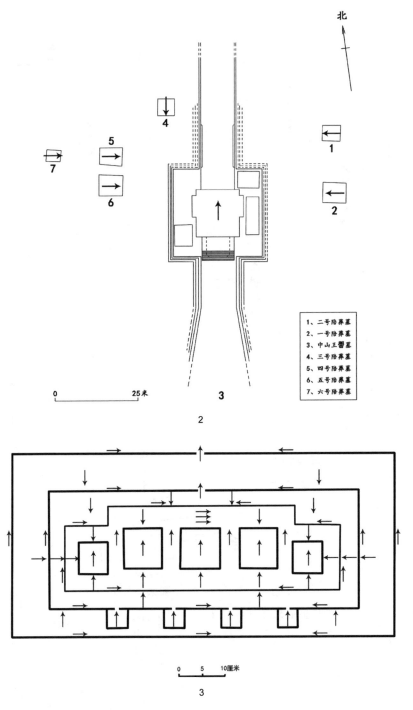

北

1、二号陪葬墓
2、一号陪葬墓
3、中山王䜮墓
4、三号陪葬墓
5、四号陪葬墓
6、五号陪葬墓
7、六号陪葬墓

0   25米

2

0   5   10厘米

3

图 3-16　1. M6 及墓区陪葬墓朝向示意（莫阳据《灵寿城》底图绘制），2.䜮墓陪葬墓朝向示意（莫阳据《䜮墓》底图绘制），3. 兆域图铜版图注文字方向示意（莫阳制图）

园内有6座，陵园5座[1]，这些陪葬墓的墓向完全取决于和𰯲墓的相对位置（图3-16-2）[2]。陪葬墓的墓向指向主墓方向，这应是中山国君墓葬的一种特殊埋葬习俗，至今尚未在其他战国时期的王陵中发现。

此外，也应注意到这种特殊的布局方式与兆域图注文的版式暗合（图3-16-3）。具体而言，兆域图注文版式和中山国陵园布局方式的共同点体现在文字／墓葬的排布方向。在兆域图和陵园的墓葬中，注文和墓葬的方向都呈现出强烈的秩序感，但较为特别的是，这种秩序感并不体现在方向的统一上，甚至恰恰相反，不管是注文的阅读方向还是墓葬中埋葬墓主的头向，都指向不同方向。所谓秩序感实际来源于这些不同指向背后所遵循的一套严密规则，即由边缘指向中央，由地位低的指向地位高的，展示出一种明确的由指向界定的从属关系，其目的在于强调和凸显出核心位置的重要性。当然，这并不是意图证明二者之间存在直接对应关系，一致性可能反映的是某种特定观念或思维方式，这种观察或许有助于加深我们对中山国的认识。

从墓葬实物出发反过来审视兆域图的规划，也不难察觉这种强调等级和尊卑的、对极端秩序感的追求，并非𰯲时代突然出现的，而是有着更早的源流。兆域图对𰯲墓陵园的规划，亦是基于中山国自身传统的发展和强化。

第四节　映像：地下墓室

本章的前几节主要围绕兆域图展开，讨论𰯲墓陵园从规划到实施的过程。考古发掘证实，陵园最终未能按照兆域图的规划完成，对比现实和理想，我们发现除了"减法"还有"加法"。在𰯲墓陵园范围内，存在兆域图规划中未表现出的部分，如外藏椁和陪葬墓，这些应直接来源于中山国陵墓营建的传统。

---

[1] 在𰯲墓封土以东300米，再向南约60—100米的高地上发现5座墓葬，这5座墓葬排列有序，且墓圹为东西向，指向𰯲墓，可以确定为𰯲墓陵区外的陪葬墓。《灵寿城》，第327页。
[2] 𰯲墓6座陪葬墓中尸骨均无存，但从残存痕迹看，头部均朝向主墓方向。《𰯲墓》（上册），第445页。

陵园内高大的封土和王堂直接彰显君主的威仪，那么在地面之下，𰻞的墓室又是怎样的结构？中山国君如何构筑自己永恒的安眠之所？这是本节要讨论的核心问题。

一、𰻞墓墓室

𰻞墓墓室为中字形，有南北两条墓道。墓圹整体呈正方形，剖面为上大下小的倒梯形。墓室分地上和地下两部分。地上部分为夯筑而成，其外延与陵台为一体；地下部分则是由地面开掘的圹坑，正中为椁室，底部凿至生土下的岩石层；椁室两侧有三处开凿较浅的库室，用以存放陪葬品，分别为西库、东库和东北库（图 3–17）。

1. 椁室

椁室位于墓室中部，平面大体呈亚字形，四周积石，顶部原有封顶石，但已塌陷至墓室。

椁室北部有一盗洞（BDD），盗洞内发现了部分原属椁室的遗物，还有盗墓者的工具。根据这些工具的制作年代判断，对椁室的盗掘大约发生在战国晚期。墓内的遗迹现象表明，盗墓者进入椁室时随葬织物甚至还未腐朽[1]，盗墓者离开时对椁室进行了焚烧，椁室上部的填土呈烧红色。四壁倒塌的积石、墓顶塌陷的封顶石与坑底之间的缝隙中残存大量木炭[2]，这一方面说明墓室积石的倒塌发生在盗墓者焚烧椁室之后，另一方面说明原来椁室内除安放棺椁外，可能还存在木质的支撑结构。

2. 库室

战国大墓中已较少见在二层台上放置随葬品的现象，这应属于更古老的丧葬传统。在已发掘的中山国墓葬中，仅𰻞墓与成公墓（M6）两座大墓设有库室，其中𰻞墓有 3 个库室，成公墓有两个。推测在中山国的传统中，库室是专属国君墓的形制。

---

[1]《𰻞墓》(上册)，第 24 页。
[2] 同上书，第 30 页。

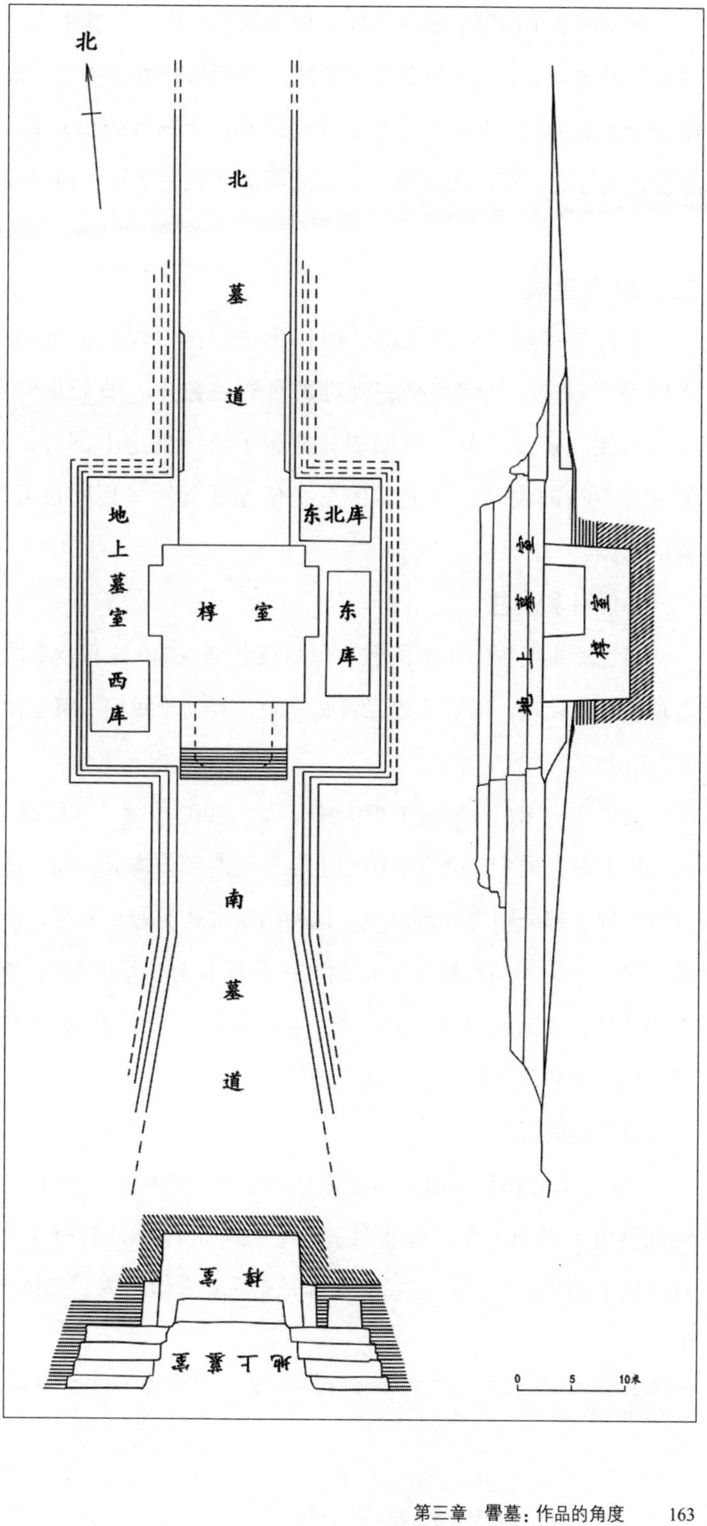

图 3-17 嚳墓墓室平面图、纵剖面图、横剖面图（莫阳据《嚳墓》底图绘制）

譻墓的 3 个库室分别为东库、西库和东北库。[1]其中东库平面大体是南北狭长的长方形；东北库位于东库北侧，二库东壁边缘齐平，东北库平面为东西略长于南北的长方形；西库平面为南北略长于东西的长方形。3 座库室内为木板拼组的椁箱，箱内盖有苇席，在随葬品摆置完毕后，铺排圆木封住箱顶。

二、地下建筑

尽管墓室最终会被掩埋，但作为亡故国君肉身的安息之所，营建者绝不敢轻率对待。从譻墓墓室现存的种种迹象中，我们依然可以分辨出设计者的意图。遗憾的是，兆域图只绘制了陵园的地上部分，我们无从得知地下部分原初的设计，所能做的就是依据譻墓所呈现的最终形态来领会设计者的意图。

1. 假柱和真柱

经过考古发掘的中山国君墓包括成公墓（M6）和譻墓两处。时代上成公墓早，譻墓较晚，通过比较二者间异同，有助于我们了解中山国陵墓的设计理念。

成公墓（M6）墓室平面为中字型，四壁外敞，剖面呈斗形（图 3–18）。从结构上看，成公墓墓室也由地上、地下两部分构成。地下部分是向下开凿的方坑，地上部分则为夯筑而成。这种构筑方式与譻墓近似，但有两个明显的区别。第一，譻墓的墓壁从圹口到墓底逐层收分，呈阶梯状；M6 的墓壁则为平面斜坡状，仅南北墓道壁面分为两层阶梯。第二，M6 墓壁修出排列整齐的假柱，而譻墓的墓壁则无假柱这一结构。

墓室内的假柱

M6 的墓道和墓室四壁均装饰有清晰可见的假柱。其中，东西两壁（包括两端墙角）各有 6 个，南北两壁（包括墓道转角）各有 4 个。这些假柱并非施工留下的痕迹，而是在墓壁夯筑完成后着意做出的。具体做法是：首先在夯

---

[1] 譻墓的遗物主要出自东、西二库，东北库虽形制与东、西二库完全一致，亦未遭人为破坏，但库室内未发现任何遗物痕迹，应在下葬时就是空的。

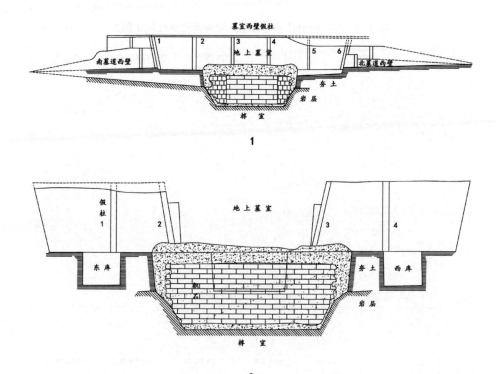

图 3-18　1. M6 墓室纵剖面图（南-北），2. M6 墓室横剖面图（东-西）（摘自《灵寿城》）

土墓壁上掏出柱槽，柱洞平面呈长方形；其后在槽内砌入土坯，坯与坯之间的缝隙用泥浆填充固定；最后将土坯表面用草泥抹平，草泥外刷青灰，以区别于粉刷白灰的墓壁。[1] 这些假柱不仅看起来与柱子一致，甚至在制作方式上也与真柱大体相同，但它们却不具有实际的承重功能。

　　说到假柱和真柱，将 M6 墓室的壁面与罍墓的回廊对比，会发现一系列有趣的现象（表 3-3）。

　　对比 M6 西壁与罍墓王堂遗迹西壁的柱槽，二者尺寸相差无几，仅真柱较假柱入地略深，应是柱底垫有础石的缘故（图 3-19）。这说明无论是木柱[2]还是泥坯假柱，均参照同样的标准制作。另外，罍墓回廊西壁柱洞周围发现有草

[1]《灵寿城》，第 123 页。
[2] XBZHD5 内残存木柱朽灰，可确证柱槽内原有柱子为木质，见《罍墓》（上册），第 17 页。

表 3-3　M6 西壁柱洞与嚳墓王堂遗迹西壁柱洞比照表　　　　单位: 厘米

位置	编号	宽	进深	距地面深度	柱础石
M6 西壁	1	36	32	7	×
	2	40	32	9	×
	3	36	24	18	×
	4	37	23	6	×
	5	35	27	9	×
	6	35	26	9	×
M1 王堂 西壁	XBZHD1	35	28	18	√
	XBZHD2	36	22	18	√
	XBZHD3	46	25	18	√
	XBZHD4	35	22	20	√
	XBZHD5	38	12（残存）	20	√

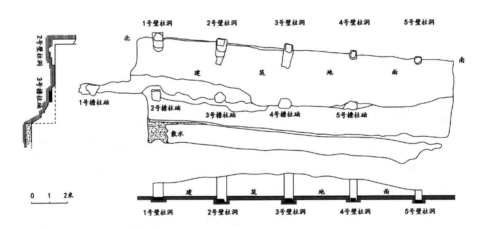

图 3-19　嚳墓王堂遗迹西壁平面 / 纵剖 / 横剖面图（摘自《嚳墓》）

泥土痕迹。[1]可知在木柱嵌入柱槽后，表面亦会刷草泥修饰，这与 M6 墓室内假柱外涂抹草泥的方式一致。

　　尽管不具备承重功能，但 M6 墓室中的假柱在尺寸、制作步骤和外观上，

---

[1] XBZHD4、XBZHD5 洞壁周围附有草泥土，见《嚳墓》（上册），第 17 页。

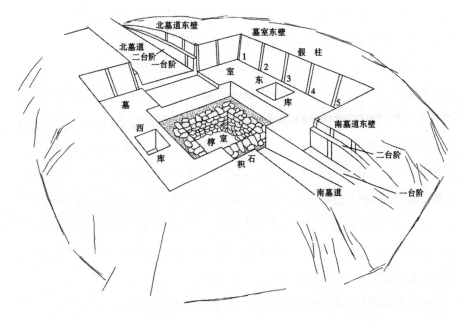

图 3-20　M6 墓室透视示意图（摘自《灵寿城》）

都接近同时期真实建筑空间中的柱子。为什么建筑者要如此费时费力地在注定要被填埋的墓室中修筑这些"无用"的柱子？或许这些假柱在结构功能以外另有意涵。可能对于墓葬的设计者而言，设置这些柱子意在提示进入这一空间的人，他们正身处于某个建筑内部。

尽管椁室遭到破坏，但根据譻墓的整体结构可知，该墓采用头北脚南的葬式。M6 的结构与譻墓大体相同，也应取头北脚南的葬式。那么根据假柱的排列情况，可以推知 M6 墓室设计的建筑空间面阔 5 间、进深 5 间。墓室南面为正，中开一门，直通椁室。北面为背，亦开一门（图 3-20）。如此一来，这些"真实"的假柱将 M6 的墓室转化为一个面阔 5 间、进深 5 间的正方形建筑。

但是譻墓并没有延续成公墓（M6）以假柱装饰墓室的做法。譻墓墓室四壁呈阶梯状，由下至上分为四层。[1] 这样的变化至少有三种可能。第一，四级阶梯状的墓壁形式不利于修筑假柱。第二，由于对建筑空间认识的提升，不再

---

[1]《譻墓》（上册），第 27 页。

需要通过假柱来辅助想象。第三，不论是由于未掌握前任君主墓葬的设计或有意的创新，䲮墓设计者意图营建的墓葬空间与成公墓有所不同。

䲮墓的墓室中虽未特意做出假柱，但墓室四壁也经过细致地修饰。在壁面先涂抹草拌泥，再抹澄浆细泥，最后将表面刷成白色。[1] 这点不但与 M6 地上墓室相一致，也与䲮墓王堂壁面的处理方式相同。[2] 在清理墓道时，考古工作者发现北墓道下有早期路土，上有木炭黑灰迹，发掘者认为这表明修筑椁室和下葬时都曾使用过该墓道。[3] 但这些痕迹被一层 2—6 厘米的黄土掩盖住了。不仅如此，修饰墓道两侧墙壁的流浆痕迹压在这层黄土之上，表明在墓室建造完成后，还经过全面细致的修整和粉刷。[4] 尽管修筑于地下，但是䲮墓墓室采用的装修方式与地上建筑并无二致，甚至种种迹象表明，设计者和施工者其实就是在努力还原一处建筑的内部空间，这一点与 M6 墓室是一致的。

不管是细致修整和粉刷过的壁面，还是精心修砌的假柱，它们真正存在的时间极短——在墓主下葬后，地上墓室的一切都将被填土覆盖、夯实，成为封土的一部分。它们似乎专为某个盛大场面准备，极有可能是国君的葬礼，在完成短暂的展示后，随即被埋入黄土之中。

2. 倒影：墓室与王堂

䲮墓高大的封土上建有纪念性建筑——王堂，这在春秋战国时虽非孤例，但也是较少见的。杨鸿勋认为在墓葬封土上建造纪念性建筑的方式，承袭殷商传统，与墓祭直接相关。[5] 施杰进一步指出，这种地下墓室和地上礼制性建筑的营建方式，在立面空间表现出极强的形式感，地上和地下均采用阶梯的构筑方式，一定程度上象征身体和精神在墓葬空间中的统一。[6] 笔者赞同这种将地

---

[1]《䲮墓》（上册），第 27 页。
[2]（王堂）壁面以草泥打底，表饰白粉。草泥厚 0.5 厘米左右，白粉厚 0.1 厘米左右。《䲮墓》（上册），第 15 页。
[3]《䲮墓》（上册），第 29 页。北墓道发现的早期路土应属于施工作业面无误，但是否用于下葬则存疑。根据 M6 的墓室结构，棺椁应由南墓道运送入椁室，北墓道与椁室并不直接连通。䲮墓的情况则是南北墓道均连通椁室，其中南墓道至椁室有阶梯相连，而北墓道则为缓坡。
[4]《䲮墓》（上册），第 29 页。
[5] 杨鸿勋：《关于秦代以前墓上建筑的问题》，《建筑考古学论文集》，北京：文物出版社，1987 年。
[6] Jie Shi: "The Hidden Level in Space and Time: The Vertical Shaft in the Royal Tombs of The Zhongshan Kingdom in Late Eastern Zhou (475‐221 bc) China", *Material Religion, Material Religion:The Journal of Objects, Art and Belief*, Volume 11, 2015‐Issue, 1 pp.76‐103.

上和地下空间联系起来考虑的方式。从设计者而不是观者的角度来看，墓葬的地上和地下本就是一件完整作品的不同部分，我们更应关注二者之间的内在联系。

通过精心制作的兆域图铜版，不难感受到䰾对自己陵墓的重视。规划中的陵园占地面积极大，这对于千乘之国的中山来说，是一个巨大的工程。尽管兆域图的规划未能最终实现，但既然陵园的布局如此规整，那么墓葬主体没有理由不被精心设计。

通过 M6 和䰾墓墓室的对读，我们大致可以这样理解中山国君墓设计的逻辑：墓室和围绕封土建起的堂在现实和观念中都是一体的，二者共享同一夯土墙[1]，互为表里；前者拥有建筑的内部空间，后者则呈现建筑的外表面。这样看起来，它们就是同一座建筑的内与外——除了不能在时间维度上共存。[2]

不仅如此，在回填墓室、筑起封土并建筑王堂后，整座墓葬的结构仍然清晰而规整。陵台实际上是王堂和墓室共用的结构。以地上部分看，它是封土的台基；以地下部分看，它构成地上墓室的四壁。陵台以上的封土是王堂建筑内的实心夯土，又是王堂顶层建筑的地面（图 3-21）。

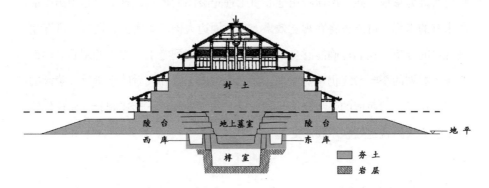

图 3-21　䰾墓立面结构示意（莫阳制图）

---

[1]"其（墓室的地上部分）外沿部分与墓丘平台连为一体"，见《䰾墓》（上册），第 27 页。可知二者是同时营建的整体——这一整块夯土的外侧为阶梯状的陵台和封土第一级平台，即回廊建筑的散水层、建筑地面层及后壁；内侧为地上墓室的内壁。
[2]从建筑遗迹和墓室的上下关系，特别是南面建筑遗迹直接压在墓道上面的情况可知，墓上建筑是在将墓主埋葬、封土封顶之后修建的。《䰾墓》（上册），第 27 页。

将𰾰墓视为整体来看，墓室的四壁取用层层外敞的形式，与之相反的是王堂建筑却呈层层收束状。封土薄而紧密的夯层展示出工程量的巨大。考虑到𰾰墓整体的规模，与体量巨大的封土相比，墓葬实际留出的使用空间仅占极小比重：在封土之上，是两层回廊和顶部的建筑；在封土以下，则是椁室和3座库室。隔着封土，这上下两部分的空间呈现出对称的布局。沿着层层向下的阶梯，椁室深凿入地下；而顺着回廊登上封土之顶，则是高高在上的王堂，二者遥相呼应，宛如倒影。

　　穿过被掩埋的墓室和高耸的封土，𰾰身体所在的椁室实际上正对着后世祭奠他魂灵的王堂。这也是整个墓葬结构中最重要的一组映射关系，垂直对应的空间将中山王实在的肉身与象征性的精神直接联系起来。

小结：未竟的理想

　　精心设计与制作的兆域图铜版表明，作为中山国第一位王，𰾰对自己的永眠之所极为重视，兆域图诠释出他心目中理想陵园的形式，这不仅是中山国前所未有的工程，可能也将在视觉效果上超越周边大国。事实上，通过对现存遗迹现象的分析，我们也确能感受到这一工程从规划到施工过程中的用心。然而兆域图规划的陵园最终仍未能实现，在完成中山王𰾰和哀后的享堂后，陵园的工程停滞了——西境的强敌赵国，在武灵王的军事改革下迅速崛起，而他们第一个要剪灭的就是处在"腹心之地"的中山。[1]

---

[1]《史记·赵世家》载："赵武灵王十九年，王北略中山之地，至于房子，召楼缓谋曰：'今中山在我腹心，北有燕，东有胡，西有林胡、楼烦、秦、韩之边，吾欲胡服。'谓肥义曰：'虽驱世以笑我，胡地中山吾必有之。'公子成不欲，王至其家，自请之曰：'吾国东有河、薄洛之水，与齐、中山同之，无舟楫之用。自常山以至代、上党，东有燕、东胡之境，西有楼烦、秦、韩之边，而无骑射之备。故寡人且聚舟楫之用，求水居之民，以守河、薄洛之水；变服骑射，以备燕、三胡、秦、韩之边。且昔者简主不塞晋阳以及上党，而襄主并戎取代，以攘诸胡，此愚知所明也。先时，中山负齐之强兵，侵暴吾地，系累吾民，引水围鄗，非社稷之神灵，即鄗几不守。先王丑之，而怨未能报也。今骑射之备，近可以便上党之形，而远可以报中山之怨。而叔顺中国之俗以逆简、襄之意，恶变服之名，以忘鄗事之丑，非寡人之所望也。'公子成听命，遂胡服骑射。"可见武灵王"胡服骑射"的改革，有很大原因是要消除中山对赵国造成的威胁。《史记》，第1805—1808页。

自武灵王十九年（前307）起，赵国开始推行胡服骑射的改革，此后仅据《史记·赵世家》记载，赵七年内五度攻打中山，并在惠文王三年（前298）最终吞并中山国[1]，"迁其王于肤施，起灵寿，北地方从，代道大通"[2]。而这距𰻝亡故的公元前314年，不过短短十数年时间。不难想象，强敌压境的情势使𰻝的继任者无力完成先王的遗志，晚于𰻝亡故的妻妾们可能只能挖开陵园高大的陵台草草下葬——尽管墓向表明，这些墓葬仍严格遵照传统进入陵园，但显然已与𰻝生前的规划大相径庭了。本应容纳五堂的凸字形大平台，在实际建设的过程中未能实现便仓促收场——兆域图的规划半途而废。𰻝在中山称王后建立墓葬新秩序的意图，最终因变化的政治军事局势彻底破灭了。

尽管陵园并未像𰻝预想的那样全部完成，但已建起的部分仍然蔚为壮观，甚至可说是以人力所筑造的新的城市景观。因此在最后，我们不妨将视线从面对的作品——𰻝墓，拉远，来观察它所处的位置。这一件庞大的作品，应该被如何"安放"？这关系到墓葬与城市，生者与死者之间的关系。

---

[1]《史记·赵世家》记为惠文王三年，《史记·齐世家》《六国年表》《通鉴》均将赵灭中山之年记为惠文王四年。
[2]《史记》，第1813页。

第四章

罍墓与外部世界

上一章着重讨论了与罍墓本体有关的问题，包括从规划到营建的过程，以及墓葬从平面到立面的形式分析。任何一件作品都不是单独存在的，若要准确把握其内涵和外延，不仅要细致解读内在的形式，还需要将其整体置于时空框架中来理解。

每一件作品都处于外部世界的包裹之中——不论是参与作品生产的人，还是作品本身，都需要面对过去、当下和未来。对于参与作品生产的人而言，"传统"的意义是多元的：既是设计者汲取灵感的源泉，也带来挑战；既要依循传统的限定，又要有所超越。况且设计者不仅要面对"过去"，还要着眼"当下"，后者可能更为重要。在作品产生的时代，拥有者和设计者分别面对怎样的境遇？时代赋予他们机遇的同时，又暗藏危机，而作品呈现的形态将提供最终解答。另外站在历史的角度，具有野心的拥有者和设计者也会自觉考虑作品完成后产生的影响，希冀它成为后世崇拜和模仿的典范。

以上种种都会影响作品的最终面貌。对作品的解读和判断也需要建立在对来源与去向的整体把握之上。而回到对罍墓的理解中，就是要将这座墓葬置于历史的背景下，一方面纵向审视罍墓对本国陵墓传统的改造，一方面也不应忽视墓葬和城市之间的有机联系。

第一节　消失的垣墙

一、兆域图缺失的外宫垣

如上章所述，兆域图中环绕𰻞及其妻妾的陵墓绘有两重垣墙，其中靠近丘
跂的称"内宫垣"，内宫垣外侧的垣墙称"中宫垣"（图 4-1）。按照这种命名
逻辑，兆域图未绘出的区域，还应有一重"外宫垣"。在兆域图的规划中，内
宫垣包围陵台（丘跂）及其上的五堂，是整个陵园的核心；中宫垣则围合内
宫垣及其北侧的四座宫室。那么这两重宫垣以外的外宫垣在规划中承担什么功
能，应具有何种规模？

春秋战国时期，在墓葬周边设立多重屏障的情况并不罕见，尤其王公贵族
的墓葬，多占地广，且布局遵循一定的规划。设立屏障一方面可以划分陵园内
不同功能区，一方面又起到防卫作用。目前所见春秋战国时期大墓的屏障形式
各不相同，除了修筑围墙外，亦常见挖掘壕沟的方式。如位于陕西凤翔的雍城

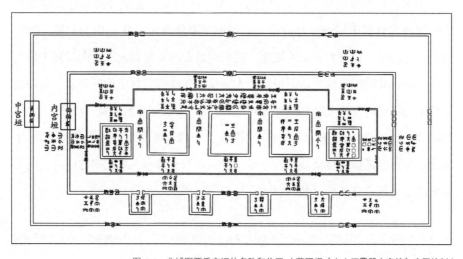

图 4-1　兆域图两重宫垣的名称和位置（莫阳据《中山王𰻞器文字编》底图绘制）

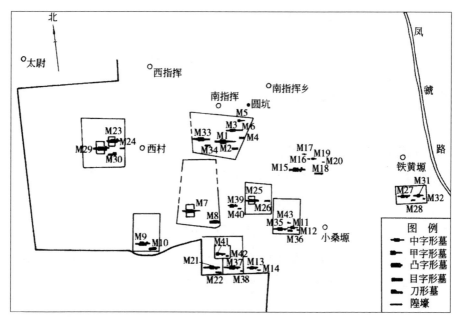

图 4-2　雍城秦陵区分布示意图（摘自《中国考古学·两周卷》）

秦陵区，即设有三重隍壕。雍城是秦国在春秋战国时期使用时间最久的都城，因此雍城秦陵区的面积极大，约达 200 万平方米。其中环绕主墓、陵园和整个陵区，分别开掘内隍、中隍和外隍（图 4-2）。[1]

　　山东临淄的战国田齐陵区则提供了另一种模式。临淄齐故城地势北低南高，墓葬多修筑于城南高地或山上。如四王冢修筑于一座小山的北麓，南倚群山，北面是一片视野开阔的坡地。陵园中最大的 4 座封土东西向排列于陵台之上，陵台北侧较低的坡地上平行于大冢排列 3 座带有封土的陪葬墓，再向北更低平的区域内排列 27 座无封土陪葬墓。一条残长 450 米、宽 30—50 米、深 4.8 米的壕沟，将四王冢及其 30 座陪围合。[2] 壕沟圈划出的范围约有 40 万平方米，是田齐诸陵中规模最大的一处。根据自然地势和人工挖掘的壕沟，四王冢陵区也呈现三重结构（图 4-3）。

[1] 陕西省雍城考古队：《凤翔秦公陵园钻探与试掘简报》，《文物》1983 年第 7 期；《凤翔秦公陵园第二次钻探简报》，《文物》1987 年第 5 期。
[2] 山东省文物考古研究所：《临淄齐墓（第一集）》，北京：文物出版社，2007 年，第 20—23 页。

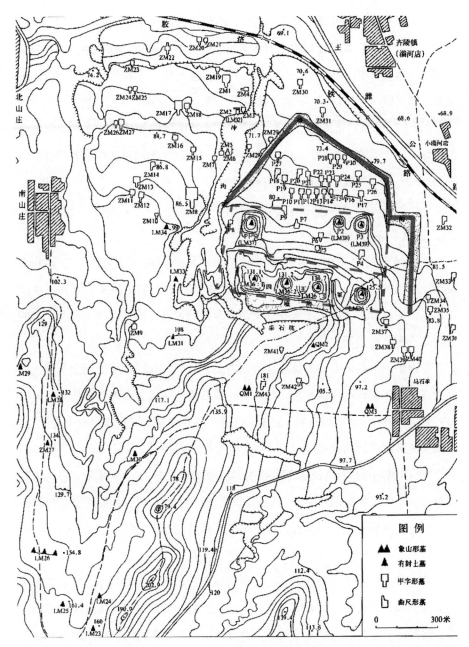

图 4-3　四王冢及陪葬墓分布示意图（摘自《临淄齐墓（第一集）》）

总的来说，雍城秦陵区的"隍壕"，临淄田齐四王冢的"壕沟"和兆域图所描绘的"宫垣"虽然在形式上有所区别，性质上却相似，都是用于划定陵园范围、区隔陵园内不同区域，以便维护和管理。《周礼·春官·冢人》有"正墓位，跱墓域，守墓禁"的记载，郑玄注"禁，所为茔限"[1]，显然，不论"隍壕""壕沟"或是"宫垣"，均属"茔限"。此外还需注意的是，这些层层套合的区域之间应存在"权限"差异，也就是说列入陵区不同位置的墓葬应遵照某种秩序——或是等级，或是亲缘关系。

二、真实存在的垣墙

在兆域图的规划中，𰯳墓至少有两重垣墙，但是在实际调查中却并未发现——也许是迫近的战火终止了这项宏大的工程。但是在灵寿城内，环绕中山先公的墓葬，考古工作者发现了切实存在的垣墙，或许可以为没有完成的工程寻找到一些依据。

战国中山国都灵寿城遗址在今河北省灵寿县西。该城背倚太行山东麓，南面为滹沱河，整体地势西北高、东南低。𰯳以前的两代中山国君墓均位于灵寿城西北部，其中 M7 在北，M6 在其西南侧。两墓所在区域整体由夯土墙围合，占据灵寿城的西北隅（图 4-4）。

M6 和 M7 作为主墓是这个区域内两组墓葬群的核心。尽管在地表尚未发现单独属于两墓的垣墙，但从它们的相对位置和功能来看，两座主墓各自具有独立的陵园建制——分别拥有象征中山国君身份的双车马坑，以及各自的陪葬墓群。

两座陵园被夯土墙整个包围：其中北墙和西墙即为灵寿城城墙；东墙上接北城墙，纵贯灵寿城，将城区分为东、西两个部分；南墙东西向连接西墙和东墙，将两座王陵与城市的其他部分隔绝开，从而在灵寿城内形成一个以两座国君墓为核心的高等级墓葬区，本书将其称为城内陵区。

---

[1]《周礼注疏》，《十三经注疏》，第 786 页。

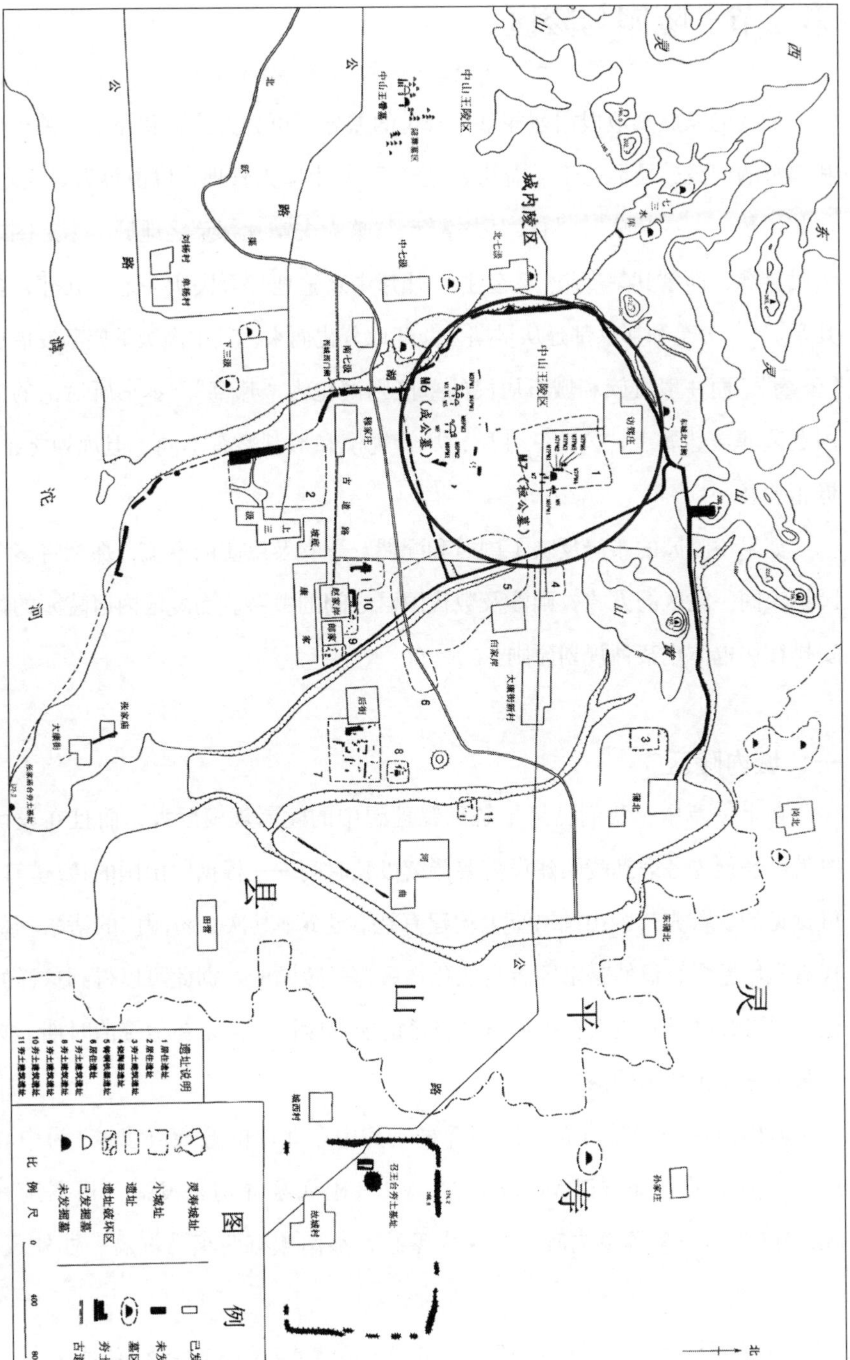

图 4-4　M6、M7 位置示意图（原图摘自《灵寿城》）

第二节　陵园与陵区

周代的家族墓地根据埋葬墓主身份的差异，可分为公墓和邦墓。关于公墓和邦墓的记载，最早见于《周礼》。"公墓" [1] 由冢人管理，"以爵等为封丘之度，与其树数" [2]；"邦墓"，归墓大夫掌管，"墓大夫掌凡邦墓之地域，为之图。令国民族葬，而掌其禁令"。郑玄注："凡邦中之墓地，万民所葬地。族葬，各从其亲。" [3] 公墓和邦墓都是从早期公共墓地分化而来，其中高级贵族墓发展成为"公墓"，而一般贵族和城市居民的墓区则演化为"邦墓"。本书所讨论的中山国君墓葬显然属于"公墓"性质，尽管规模和形制略有不同，但规划之精心，毋庸置疑。

如果说陵园的布局反映了国君和配偶、子女及臣属的亲疏，那么将多个陵园纳入同一陵区的方式，则涉及数代国君之间的关系。而陵区内诸陵园的位置安排往往也体现某种规划原则。

一、城内陵区

在上一章中，我们已经了解到𰸎理想中的陵园规模巨大，而且在设计阶段就已经预先考虑到陵园建设需要持续极长时间——根据中山国的传统，这是可预见的。首先，中山国君墓上均建有礼制建筑；其次，陵园内的诸陪葬墓时代有先后差异，显然是陪葬者自然死亡后葬入陵园的。据此可以得到这样的结论，尽管𰸎并没有机会在生前看到自己的宏伟陵园，但是在他统治时期，必定参与了其父祖陵园的修筑。

城内陵区中规整分布两组墓葬群。其中东北部的墓葬群以 M7 为中心布局，西南部的墓葬群以 M6 为中心。M7 及附属墓葬均未发掘，根据调查情况，M7 为所属墓葬群内唯一一座大型墓，墓南侧有两车马坑及一处外藏坑。

---

[1]《周礼·春官·冢人》"公墓之地"，郑玄注云："公，君也。"《周礼注疏》，《十三经注疏》，第 786 页。
[2] 同上。
[3] 同上。

M7 东侧有一中型墓 M8 与其并列，疑为"后"或"夫人"墓。[1] M8 和 M7 之间有一座小型墓 M8PM1，由于位置更靠近 M8，被认为是属于 M8 的陪葬墓。在 M7 西侧紧贴封土边缘的是南北向排列的 4 座小型陪葬墓 M7PM1、M7PM2、M7PM3、M7PM4。此外，在稍远离封土的西北侧，还有两座小型陪葬墓 M7PM5 和 M7PM6。考古工作者推测 M7 为中山桓公墓[2]，那么这一组墓葬群则属于桓公的陵园。

自 20 世纪 70—90 年代，M6 及周边附属墓葬均已发掘。包括主墓 M6，M6 南侧两座车马坑，M6 东侧两座小型陪葬墓 PM1、PM2，西侧一座小型陪葬墓 PM3。此外，在 M6 西侧 150 米外还有一组王族墓地，3 座中型墓东西向排列，分别编号为 M3、M4 和 M5，每座墓葬东南侧有一车马坑，M3 和 M4 北侧分别有一座小型陪葬墓 M3PM、M4PM。据推测 M6 为中山成公墓，那么这组墓葬均属于成公陵园。但与桓公陵园略有区别的是，这一组墓葬中大型墓 M6、中型墓 M3、M4、M5 均为南北向墓，陪葬墓的墓向则分别指向各自从属的主墓，且 3 座中型墓各有车马坑，等级较一般陪葬墓更高，应是具有陪葬性质却相对独立的贵族墓。

在 M6 陵园已发掘的墓葬中，年代最早的一座并不是主墓，而是 M6 东侧的 PM1。该墓上部被夯土覆盖，这处夯土与 M6 封土相连，可以判断该墓年代早于 M6。[3] 不管是 M6 陪葬墓 PM1 早于主墓葬入陵园的现象，还是实际被发现的作为陵园规划图的兆域图，我们可以确定，灵寿城周边的中山国君陵园都是经过预先规划的。每一位君主在上任之初，需要面对的一件要事，便是接续先君的规划，完成他们的陵园，并开始筹划修建自己的墓葬。

当面对城内陵区时，不能将其与響墓割裂来看——它们不仅在文化传统上前后相承，甚至在某一具体阶段拥有同一位"赞助人"。就如同在響亡故之后，嗣王舒螯会遵从響的意志，继续修建他的陵墓。因此在阅读这些规模巨大的作

---

[1]《灵寿城》，第 119 页。
[2] 同上。
[3] 同上书，第 204 页。

品时，也需注意到工程的赞助人并不是唯一的或者一成不变的。

二、城内陵区与灵寿城

1、陵区的选址

在城内陵区的北部有一处早期居住遗址（E1），南北约 600 米、东西约 470 米，北部文化层厚达 4 米。在这处遗址的北部还有一处墓葬区（图 4-4）。根据地层和出土遗物判断，这处居住遗址的时代可早到春秋时期，在灵寿城建立之前就有人在此居住。[1] M7 陵园就叠压在这一早期遗址之上。学界普遍认为尚未发掘的 M7 属于中山桓公，桓公是𰥉的祖父。根据文献，正是在桓公时，中山国将都城从顾迁到灵寿。

中山桓公是灵寿城最初的修建者，也是他首先选取了灵寿城西北的位置安放自己的墓葬。目前并不清楚中山国故都顾的具体所在，不用说对比两座都城的布局和面貌，我们暂时还无法确知将国君墓安置于城内西北的做法，是来源于旧传统还是新规制。无须质疑的是，墓葬作为与人类生活息息相关的部分，如何选择葬地，如何处理葬地和居址的关系，往往直接体现族群的文化习俗。更何况都城作为一国政治核心，是统治者居住生活的空间，比起一般城市和聚落，更能体现国家意识形态。桓公将国都由顾迁至灵寿，不仅是出于对整个中山国发展形势的把握，也与这一区域整体的环境优势有关。具体到灵寿城的营建，也绝非随意发展，而是有所规划的。

因此将陵区和城市整体的布局规划结合考虑，势必会带来新的研究视角：不再就墓葬发展的单一线索来考虑陵墓的规划，而是将国君墓当作一个便于观察中山国都城营建实践的切入点，并进一步考察都城、陵墓营建背后体现的政治、文化理念。

2、城内陵区与城的关系

都城是国家政治、军事、文化礼仪中心，如同一国历史的缩影。春秋

---

[1]《灵寿城》，第 26 页。

战国时期，诸侯国林立，城的营建进入到一个空前发展的阶段，面貌亦呈现出许多前所未见的新特点。随着考古工作的介入，学界对这一时期重要都城遗址的认识更加深入和全面，尤其对先秦时期的城市演进模式有了几乎全新的认识。

尽管在现有认识中，普遍认为春秋战国时期的都城尚未体现后世都城规划中的一些核心元素，如贯穿城市的轴线道路、居中宫室等，呈现出缺少规划的面貌。但是考虑到考古工作揭示出的城市遗迹，往往是这一城市发展的最晚期阶段，通常是废弃或遭到破坏后的面貌，因此并不能说明这些城在发展的过程中，全然没有规划性，而只是缺少全面的、一以贯之的规划。都城之所以具有更复杂的面貌，是由于在长时间的、持续使用的过程中，不同阶段对城市功能需求的不断变化，或者不同统治者相异的规划思路造成的。

具体到灵寿城的情况，中山迁都灵寿是在中山桓公复国后。根据《史记·赵世家》，最迟至敬侯十年（前377），中山已复国，到赵惠文王"起灵寿"（前296），灵寿作为中山都城约八十年时间。[1] 而根据桓公墓的位置推测，划定城西北作为"公墓"区域，应是桓公时期确定的规划，也即灵寿城修建的同时，或不久后。

陵区西侧和北侧的垣墙借用灵寿城的城墙[2]，东墙为纵贯灵寿城南北的隔墙[3]，南墙厚度最薄，搭接西城墙和南北向隔墙，将城内陵区与其他区域分割开。围合陵区的四段垣墙并非一次性完工，修筑的顺序应是西侧、北侧墙修筑时代最早，东侧墙稍晚，南墙修筑年代最晚。根据考古工作者的判断，灵寿城的外墙是一次性完成的，城内的手工业作坊遗址（E4、E5）也大体与灵寿城属于同一时期，而南北隔墙（即城内陵区东墙）贯穿五号手工业作坊遗址（图4-4）。因此南北隔墙修筑的时间应晚于灵寿城城圈的修

---

[1] 在中山被赵所灭后，都城灵寿并未遭到毁废，而是沿用了一段时间。这点除了前文提及的"十六年宁寿令戟"可为例证外，灵寿城周边发现的战国晚期墓葬亦可为证。

[2] 灵寿城城墙墙基厚度约在34—35米。《灵寿城》，第11—12页。

[3] 灵寿城内区隔东、西城的隔墙全长约5100米，墙基厚度在18—25米。《灵寿城》，第11页。

筑，也晚于城内铸铜遗址的兴建和使用的阶段。[1]考虑到隔墙南段在中山国灭亡前都未修筑完成的情况[2]，城内陵区的东墙和南墙修筑的时间可能迟至𰯼统治时期甚至更晚。

陵区的南垣墙全长 1320 米，墙基宽 19 米。自西往东约 300 米处，发现一处长方形夯土台基。台基已遭破坏，现仅存东西长 77 米、南北宽 31 米的夯土遗迹。[3]台基南侧还发现一段南北向的古道路遗迹，宽 11 米、残长 10 余米。[4]推测此处即为城内陵区的南门阙遗迹。考虑到陵区北侧和东侧垣墙较为完整，西墙即为灵寿城之城墙，在陵区内开朝向城外的门显然是不合理的。因此城内陵区之门应开在南侧，这与 M6、M7 南北向的方向也是符合的。

我们不能确定以垣墙将陵区和城市区隔开的形式，是否属于灵寿城初建时就有的规划。但大致可知在两位中山国君去世和下葬后，对他们陵园的修筑远未停止——国君的妻妾和子嗣不断按照事先规划入葬陵园。而在两座陵园之外，还有更大的陵区围墙持续建造。和陵园相比，陵区的范围更大。在灵寿城西北隅的陵区内，垣墙围起了两座属于中山国君的陵园，这似乎是一个专属于死者的神圣区域。但是作为这个陵区的修建者和维护者之一，𰯼并没有选择将自己的陵园安置其中。他将视线投向城西北的大片旷野，在这里他将实现自己宏大的设想。

三、开辟新陵区

𰯼墓陵园选择了灵寿城外西北的位置，背倚西灵山，地势自然高起。𰯼规划的新陵园距灵寿城西墙约 1.5 千米，与城内陵区隔墙相对（图 4-5 实线所示）。𰯼将自己规模宏大的陵园安置在此，应是经过深思熟虑后的决定。为

---

[1] 根据遗迹现象推定，四、五号手工作坊遗址并非完全共时，而是逐步移动的。这主要由于炼炉和陶窑的使用周期都不长，在旧炉和窑废弃后，会在其外侧空地建新的炉或窑。而据考古发掘时揭露出的废炼炉和废陶窑证实：四号烧窑作坊遗址是由南向北发展的，五号铸铜铁器作坊是由西向东向南发展的。见陈应祺、李恩佳《论中山都城灵寿城的营建——答柳石、王晋》，《河北学刊》1988 年第 2 期。

[2]《灵寿城》，第 11 页。

[3] 同上书，第 119 页。

[4] 同上。

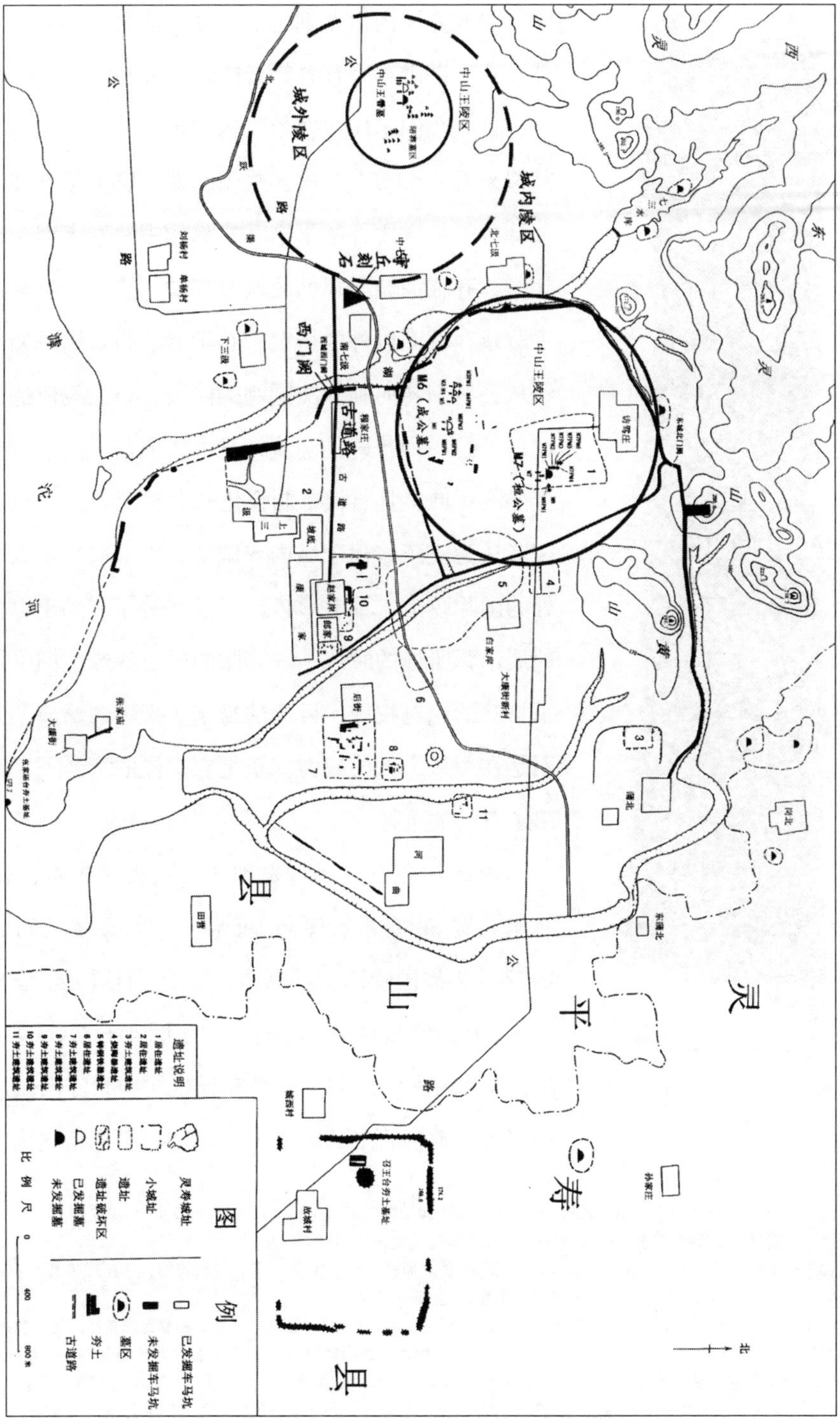

图 4-5　灵寿城与墓葬陵园位置关系

什么要放弃城内祖辈划定的陵区，而将陵园外移到城外，这一举措背后有着什么样的动机？

　　首先我们不应将譽治下的中山国与其所在的时空割裂来看，事实上，进入战国时期，将王陵和高等级墓葬置于都城之外的举措并非孤例——秦雍城、赵邯郸城、齐临淄城和郑韩故城等都城，均存在将大墓和王陵建在城圈以外的情况。有学者认为东周时期正处于从公墓制转向独立陵园制的阶段，将王陵建造于都城以外是一种普遍的潮流，且主要流行于法家文化占主导的区域，是君权专制强化的必然产物。[1]也有研究者认为王陵修建于城内或城外，更多取决于该国所处的国际政治、军事形势。[2]这些分析有助于更全面地展示譽所处的时代——膨胀的野心让君主们争相宣示自己的绝对权威，巨大的封土、豪奢的墓葬，无一不是在彰显个人的权力。正是在这样的背景下，譽做出了自己的选择。

　　1935年在南七汲村发现了一块大河光石，长90厘米、宽50厘米、厚40厘米，上刻文字两行，共19字，为战国晚期三晋书体，文云：监罟尤臣公乘导守丘／丌曰酒曼敢谒后朿贤者[3]（图4-6）。刻文大意是：监罟的家臣公乘得，是守丘机构中看守臼藏之门的阍人，敬告后来的贤者。[4]这块巨石也得名为"守

图4-6　守丘刻石拓片（摘自《譽墓》）

[1] 赵化成：《从商周"集中公墓制"到秦汉"独立陵园制"的演化轨迹》，《文物》2006年第7期。
[2] 王腾飞：《东周燕墓再研究》，吉林大学硕士学位论文，2019年。
[3] 李学勤：《中山石刻文释文》，《灵寿城》，第16页。原释文："监罟有（圃）臣公乘得，守丘丌（其）曰（旧）酒（将）曼，敢谒后朿（僶）贤者。"《譽墓》（上册），第7页。
[4] 对于守丘刻石的文字，报告中的解释为："（为国王）监管监罟者公乘得，看守陵墓之旧将曼，敬告后来的贤者"，见《譽墓》（上册），第10页。后李学勤对此稍有改动，解释为："现任监罟的罪臣公乘得在此看守陵墓，他的旧将曼敬告后来善良德贤的人"，见《灵寿城》，第16页。董珊认为应释读为："监罟之家臣名为得，爵为公乘，是守丘机构中看守臼藏之门的阍人，敬告后来的贤者"，见《战国题铭与工官制度》，第138页。

丘刻石"。守丘刻石的作用，根据释义，应与标示墓地禁区有关，那么这位名为"得"的阍人看守的是何人墓地？[1]

参考灵寿城的调查情况，守丘刻石被发现的位置在灵寿城西门阙外的古道路旁（约相当于图4-5三角位置）。这条东西向的通路穿过西门阙与城内道路相连，宽11米，东向延伸940米，横穿九号、十号遗址（报告推测为"市"[2]），应是灵寿城内东西向的主干道。[3]这块高度近一米的巨大刻石立在城外的主路旁，应是一种明示和警告：这已接近某座墓地的禁区。

董珊推测兆域图内的四座宫室合称为"守丘"，是司职管理墓葬的机构。[4]兆域图上有"律退致窆者，死无若"的表述，显然在陵园附近设有禁区。如《周礼》所言，冢人有"守墓禁"的职责。禁区除了需有专人值守外，一般也会有明确的标示，以防止人误入，守丘刻石的性质就接近于此类标示物。守丘刻石所指示的禁区显然不是城内西北隅的陵区，考虑到西门是去往城外𦥑墓陵园的必经之路，那么它可能为𦥑墓陵园的标示。但若如此，守丘刻石的位置却西距𦥑墓一公里之遥，若对应的是兆域图中所说的禁区，范围又过大了。

但如果将这个巨大的禁区范围与兆域图中缺失的"外宫垣"相联系，那么一切似乎变得容易理解了。对比灵寿城内的情况，外宫垣的性质极可能与城内陵区围合两陵园的垣墙相同，是多个国君陵园组成的"大陵区"的围墙。守丘刻石则可能靠近兆域图未绘制而又存在于规划中的"外宫垣"范围（图4-5虚线所示），这里将是未来中山国国王们的陵寝重地，岂能允许普通人随意进入？

这样看来，𦥑的野心并不止在灵寿城西郊修筑属于自己的一座陵园，而是要建立一个全新的、独立于都城之外的新陵区。考虑到𦥑是中山国历史上第一位称王的君主，他将自己的陵园"迁移出"城内公墓性质的旧陵区，这一举措颇有深意。从中我们可以感受到，中山称王之事深入影响这个国家的方方面

---

[1] 需要说明的是，董珊认为守丘刻石是"得"的墓前立石，见《战国题铭与工官制度》，第139页。笔者基本认同董珊对刻石文字的释读，但对守丘刻石功能的推测稍有疑义。

[2]《灵寿城》，第22页。

[3] 同上书，第15页。

[4] 董珊：《战国题铭与工官制度》，第148页。

面，不断膨胀的野心鼓动着这位年轻君主建立一套超越公墓的、专属于王陵的新秩序。

第三节　野心或妥协：视觉权力的争夺

罾将自己的陵园迁离灵寿城内的旧陵区，在城西郊开辟新的陵区，这一方面表明中山王的野心；另一方面站在都城营建的角度，又反映了一个新的问题——将陵区迁离城市也意味着死者对生者权力的妥协。

一、陵区选址的关键因素

在本节，笔者想再次强调视觉语境的重要性。除了考虑墓葬呈现于兆域图或考古报告中的平面关系以外，也应将它们还原至实际环境中进行观察。灵寿建城于太行山东麓，北倚群山，南面是自西向东流淌的滹沱河，地势北高南低。城的西北方是东西并列的两座小山，称为东灵山和西灵山[1]，城内、城外两处陵区分别选择建在两山的山脚之下。其中城内陵区在东灵山山脚，城外陵区在西灵山山脚（图4-7）。

在中山国君选择葬地时，灵寿城外的东、西灵山似乎是被着重考虑的因素。新旧陵区分别与两座山紧密关联——二者都处在山脊的延长线上，因此在视觉中，两山均作为陵区景观的背景存在。尤其当人们自南向北远眺陵区时，层层抬升的陵前地势、陵台和高大的封土（或封土上的王堂），以及被"借用"进陵园的灵山，这些因素被整合为新的整体，形成一个宏大而具有威压气势的人造景观。

根据兆域图和守丘刻石的内容，我们知道陵区是被严格管理的禁地，一般人恐怕难以接近。因此两处陵区最广为人观看的位置应是在最外层垣

---

[1] 东、西灵山又作东、西陵山。

图 4-7　东西灵山及中山国君墓位置示意图（莫阳制图）

墙（或其他形式的围挡）之外。进一步考虑到城内外两处陵区的正门都开在南侧，那么两处陵园的实际观看角度和最佳观察角度就重合了。这些巍峨的高台建筑本就修筑在城北高地上，又在视觉景观上进一步借助远处灵山的山势。自城内由南向北远观，建筑和群山连绵一片，成为灵寿城中突出地平线的地标（图 4-8）。

　　顺着这一角度延伸思考，似乎"高度"在城市尤其是都城的营建中是一个格外重要的因素。如果对都城的规划和营建做整体的考量，作为突出的城市景观，陵区在都城中占据怎样的位置？如果将高度作为一种视觉权力，那么这种权力在都城内外是被如何分配的？

二、中山之山

　　作为中山国最后的都城，灵寿城背山面水，它的营建充分考虑到防御和交通。当我们将灵寿城与其他战国时期的都城相比较时，或许有一点显得与众不

西灵山

M1 M2

图 4-8 发掘前的𰈜墓陵园与封土（南-北）（摘自《𰈜墓》）

同——修筑城垣时，一座小山被圈入城内（图 4-9）。

发掘者认为将山纳入城内的现象，是灵寿城的规划者有意为之的。[1]一方面，这可能表示对山的崇敬；另一方面，从功能角度来看，这座今天被称作黄山的小山是城内的最高点，既可在战时瞭望，又可起到监督城内活动的作用。

正如前文所述，中山国君在为陵区选址时，便将山脉走势作为关键因素之一；甚至在更早为都城选址时，就已将山的因素纳入考虑之中。这并非是一种臆测，纵观灵寿城和已发掘的中山国君之墓，种种遗物也反映了中山国人对"山"元素的钟爱。随葬中山国君墓的山字形器更是典型代表。在已发掘的两座国君墓中，都发现成套的山字形器，其中成公墓 6 件分别出土于东、西库（东库 4 件、西库 2 件）；𰈜墓 5 件出土于二号车马坑。山字形器整体呈"山"字形，器上部为三支有刃锋体，中部两侧向下内回为镂空雷纹，下部中间是圆筒状銎。两墓出土山字形器形制相似，成公墓器较大，高 143 厘米、宽 80 厘米（图 4-10-1）；𰈜墓器略小，也有 119 厘米高（图 4-10-2）。重量更达到 45—56 公斤。成公墓山字形器出土于左、右库，銎内未发现木灰痕迹，应是拆卸后专用于随葬的；而𰈜墓车马坑内出土的山字形器，銎内残存木灰，且朽灰向外延伸 38—48 厘米不等，其立地高度至少在 1.7 米左右。考虑到山字形器尺寸巨大且沉重，不便移动，使用时应固定于某处，而非用于车饰或棺

---

[1]《灵寿城》，第 17 页。

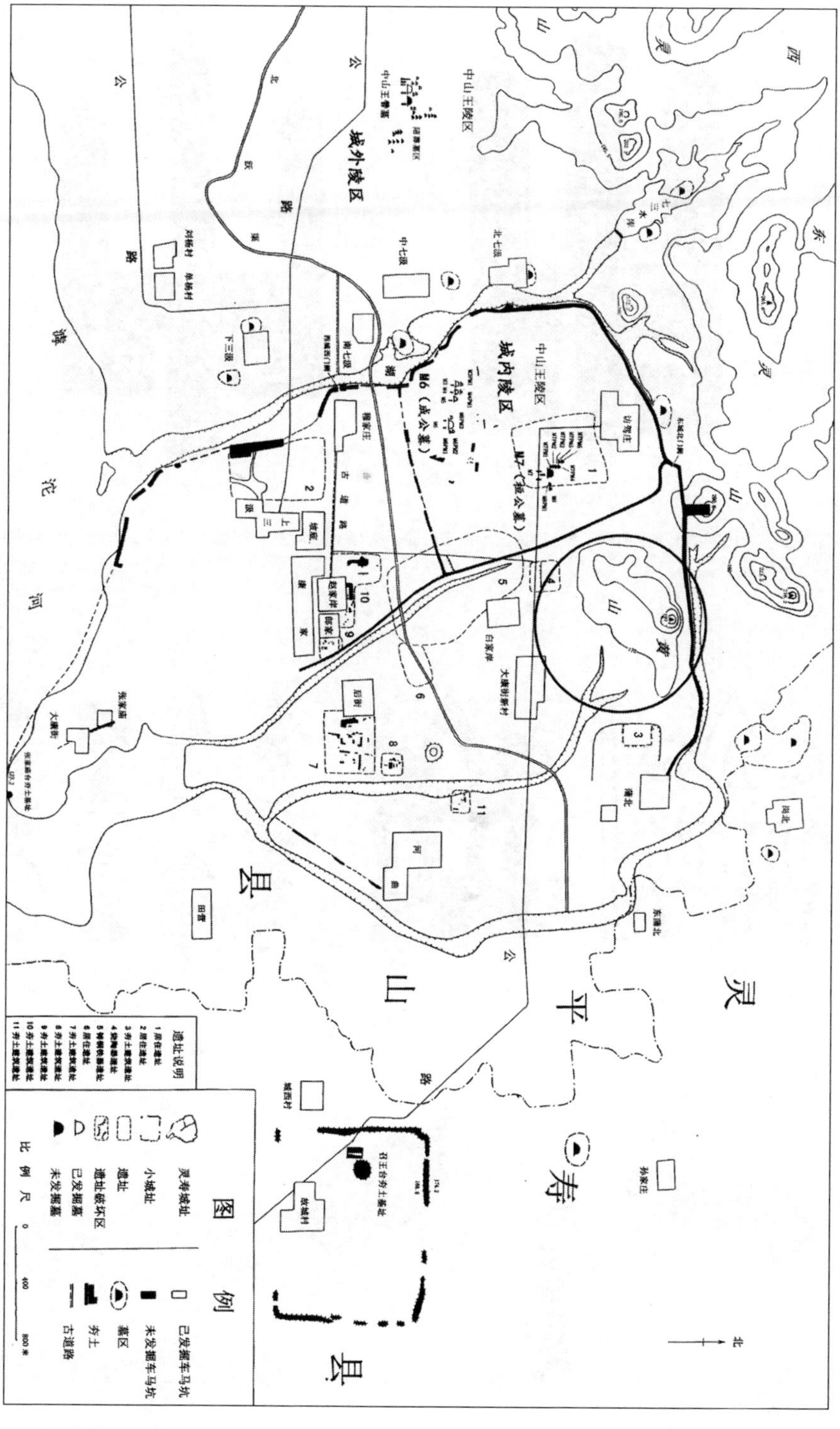

图4-9　灵寿城遗址平面图

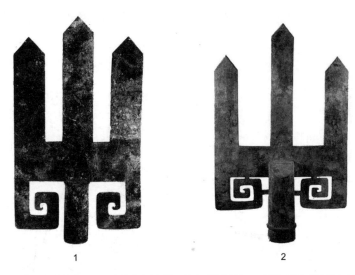

图 4-10　中山国的山字形器（1.M6西库出土山字形器，摘自《灵寿城》；2.胥墓二号车马坑出土山字形器，摘自《胥墓》）

图 4-11　灵寿城内出土山形瓦钉装饰（摘自《灵寿城》）

图 4-12　陶俑拜山组合陶器（莫阳摄影/制图）

饰。报告编写者结合山字形器与圆帐同出的现象，推测它可能是成组排列于国君帐前的装饰物或为帐立柱顶端装饰。[1]根据已知考古发现的情况，山字形器不见于其他鲜虞或中山国墓葬中，仅在国君墓中发现，可能是一种专属于国君的象征物。

除了墓葬以外，在灵寿城内也发现了大量作为建筑附件出现的山形装饰（图4-11）。这些山形建筑装饰不仅发现在高等级的墓葬和宫殿遗址，也发现于居住遗址和手工作坊中，说明在灵寿城内山形应是随处可见的装饰符号，这可能反映了中山国的某种自然信仰。[2]

六号遗址的西南角发现一处已严重毁坏的冶炉，在其作业坑的边缘，发现了一组用净土掩埋的组合陶器，包括两组山形陶器和一陶俑（图4-12）。山形器共六件，三个排成一列，中间一件稍高于左右。两组摆放成"八"字形，在其南20厘米处有一小型陶俑，双手环绕胸前，作跪拜状。发掘者推测掩埋这组陶器的行为可能与冶炉建成后的开炉仪式有关[3]，反映出灵寿城内或说中山国人对山保有一种原始崇拜。

受到材料的限制，笔者不想让解读陷入过度阐释的危险之中，但不论灵寿

---

[1]《𰯀墓》（上册），第102页。在目前学界通行的观点中，出土于两周墓葬的山字形器被认为是礼书中记载的"翣"或至少与"翣"有关，见张天恩：《周代棺饰与铜翣浅识》，《考古学研究（八）》，北京：科学出版社，2011年；胡健、王米佳：《周代丧葬礼器"翣"的再探讨——关于"山"字形薄铜片的考证》（下文简称《"翣"的再探讨》），《中原文化研究》2015年第5期；苏银梅：《器物的意蕴——谈中山国墓葬遗址出土的"山"字形铜翣》，《石家庄学院学报》2019年第2期；等等。且学者多因中山国出土山字形器的外形和考古学命名，将其性质和功能等同于"翣"，见孙华：《中山王𰯀墓铜器四题》，《文物天地》2003年第1期；王龙正、倪爱武、张方涛：《周代丧葬礼器铜翣考》，《考古》2006年第9期；等等。对于这一观点，笔者有不同认识。在三礼记述中，翣主要用于丧葬仪式中，在葬礼中需要举持翣，葬礼完成后将其置于棺椁之外；日常生活中翣主要用于悬挂或手持，可以摇动。根据胡健、王米佳的考证，信阳长台关1号墓遣册中的"翣"对应实物为羽扇，认为在战国时期，西周以来的翣已变为羽扇之属。且通过对比出土薄片状山字形器的形制和细节，得出山字形器实为附着羽毛或织物的"翣"之底座的结论（见《"翣"的再探讨》）。目前发现薄片状山字形器的墓葬时代主要集中于西周到春秋早期，且出土时均位于棺椁周围，确与三礼中记载之翣的功能相对应，极可为翣或翣的组成部件。但中山国君墓内出土的山字形器与上述器物在尺寸、形制上均存在明显差异。尤其是中山国山字形器的尺寸（面积）约相当于薄片状山字形器尺寸（面积）平均值的五倍大小（数据取自《周代丧葬礼器铜翣考》附表），这几乎可以明证二者是完全不同的器物。且从功能上来看，中山国山字形器不计木杆的重量就达到45—56公斤，其上也没有附着羽毛或织物的痕迹，几乎不可能用于手持或晃动；此外不同于薄片状山字形器发现于棺椁周边的情况，目前所见中山国山字形器均出土于库室或车马坑，显然与文献中的"翣"和考古发现所见薄片状山字形器在使用方式上并无对应关系。因此作者认为中山国山字形器的性质和功能不同于目前其他两周墓葬出土的薄片状山字形器，亦应不是文献中记载的"翣"。

[2]陈应祺：《从考古发现谈中山国崇"山"的特点》，《河北学刊》1985年第5期。

[3]《灵寿城》，第102页。

城背倚的东西灵山、被划入城内的小黄山，还是作为装饰或崇拜对象的各类山形器物，"山"的意象确如中山国的徽标一般，以不同形态重复出现在都城灵寿的各区域，这应传达着某种信息。

三、陵与城

作为中山国都，灵寿城的营建显然经过周翔规划。城中最核心的区域是北侧靠近山陵的高地，城之西北是城内陵区，东北部则是三号遗址（E3）。这处遗址已遭到严重破坏，现仅残存南北 200 米、东西 150 米的遗迹，约为原面积的三分之一。通过铲探，在这个范围内发现大型夯土、墙基和柱础等，原地表层上还有大面积瓦砾堆积，属于一处大型夯土建筑基址。[1] 从勘探调查和采集标本的情况来看，考古工作者推定三号遗址应是灵寿城内的宫殿建筑区。[2]

宫殿和陵区作为城内的两个核心区，分别占据灵寿城北部高地的东西两端。从空间布局上看，北部高地背依群山，居高临下俯视全城，兼具军事要地和视觉中心的功能。进一步来看，北部高地又被拆分为三个相对独立的区域，即东侧宫殿区、西侧陵区和位于两者中间的黄山。黄山处在灵寿城北部高地正中的位置，是名副其实的"中山之山"。黄山山峰近 200 米高，是一座自然形成的小山，目前未发现明确属于战国时期的遗迹。我们很难确知黄山在灵寿城内承担的具体功能，但是宫殿区和陵区对称于这座山分布，显示出一种平衡和秩序：一边是现世国君所在的政治中心，一边则是前代国君的永眠之所（图 4–13）。

灵寿城北部高地的特殊景观显然是在都城营建的初期就设计好的，决策者应是灵寿城的建造者桓公。但城市的形态不断变化，从不会停滞在某一时刻。因此，这种布局的平衡只能维持相对短暂的时间——随着国君的更替，陵墓区扩展的速度势必超过宫殿区。这个问题在前两位国君时尚不明显，但到了𫝑时，城北高地上生者和亡者各自占据的范围，已表现出显著的比例失衡。尤其考虑到𫝑时中山称王的举措，以及这位年轻君主对华美器物、豪奢享乐的追

---

[1]《灵寿城》，第 17 页。
[2] 同上书，第 19 页。

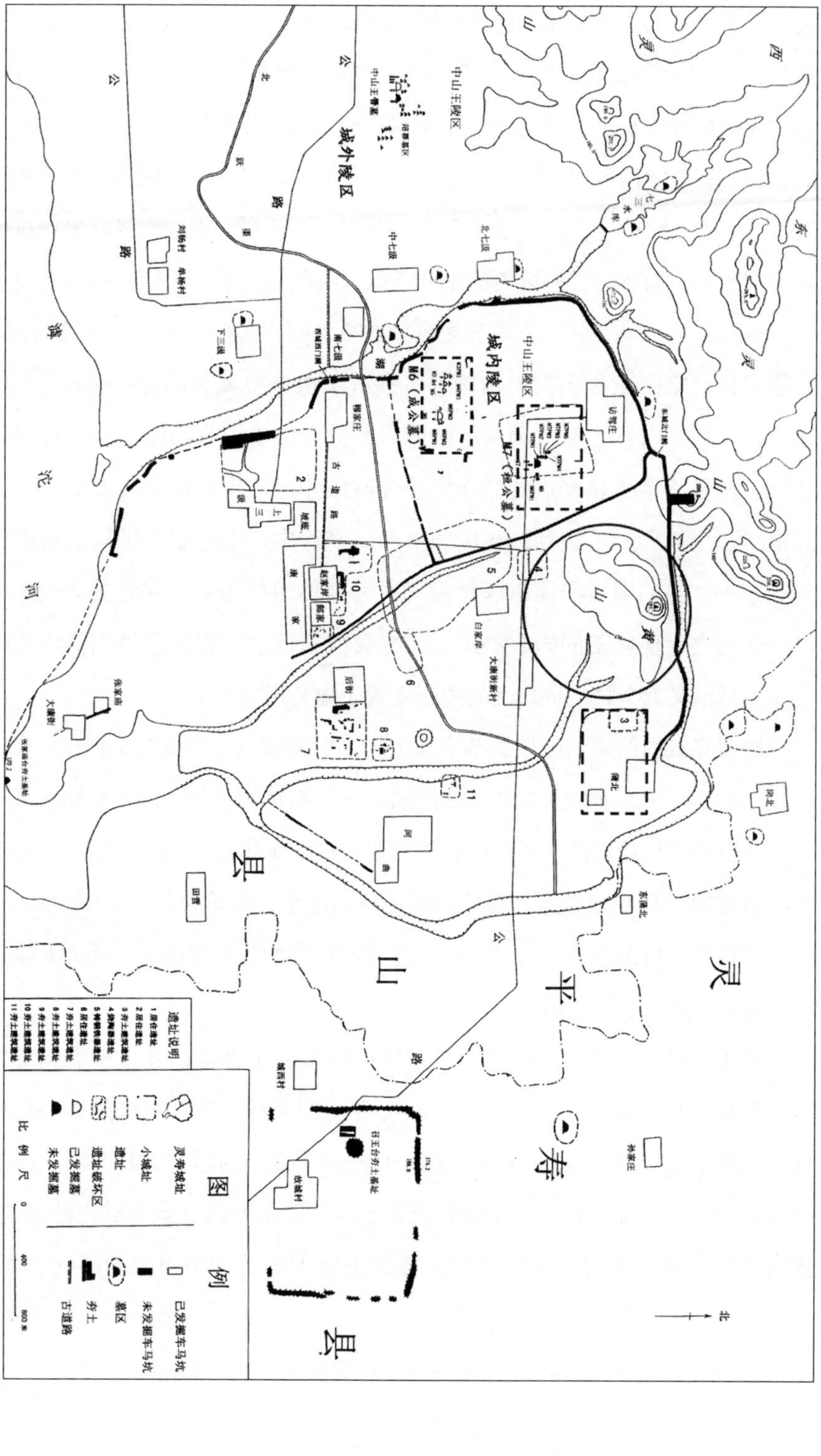

图 4-13　黄山、宫殿区和陵区位置关系示意图

逐，不难推断他会对营建自己的永眠之所有更高的要求。但是此时，原有"公墓"性质的旧陵区中，北侧地势最高的位置已被桓公墓占据，中间相对平缓的大片区域也安置了成公墓和一片贵族墓葬，留给𧧸的似乎只有成公墓东南侧的一片不算宽敞的区域。即便𧧸在规划自己的陵园时，城内陵区的南垣还未修筑，这一道垣墙的位置也不会比现在南移多少——再向南 400 米就是穿过灵寿城西门的东西向道路，将城内的主干道纳入陵区显然是不合情理的。

这样一来，当𧧸开始考虑营建自己的墓葬时，他面对的是这样的情况：一方面，他是第一位称王的中山国君，拥有父祖未曾拥有的尊崇地位；另一方面，在规划和安置了两代国君的陵园后，灵寿城内原有的陵区已经显得有些局促。这是一个略显窄迫的局面，𧧸会遵循先祖的规划而有所妥协么？在第二章中，我们已经了解到，在他统治的后半程中，王室制器机构的规模急速扩大——工巧们竭尽所能以满足新王对奢靡器用的需求。或许在这位年少继位、弱冠之年便称王的国君心中，父祖对国家危亡的担忧已经成为渐远的记忆，那么他又怎会甘心将自己的陵园安置于先公们的脚下？

按照兆域图的规划，仅𧧸墓中宫垣圈划的面积就达到 6.7 万平方米[1]，𧧸所企盼的，是一座前所未有的宏伟陵园，一座真正的王陵，而灵寿城北部高地已无法容纳这样规模的工程。况且𧧸需要突破的不仅是空间的局限，还有来自传统的束缚。都城尤其是北部核心区的格局已定，无论𧧸的陵园安置在何处，都必将打破布局的平衡，使城内核心区域向亡者的世界倾斜——死去君主的权威将笼罩和压迫继任的国君。

𧧸还是做出了让步，他将自己的陵园安置在了都城以外，考虑到都城的整体布局，这一举措是亡者向生者权力妥协的表现，放弃对城内核心区的占据，以换取更广阔的陵园空间。参照桓公选择墓地的标准，𧧸在西灵山的山脚圈划出了一大片土地，这里同样背倚群山、地势高敞，且与城内陵区相较，视野更加开阔。𧧸将从这里开始，筹划更宏大的属于中山王的陵区。而他，

---

[1] 长：1420 尺 +72 步≈316 米 +80 米≈396 米；宽：310 尺 +91 步≈69 米 +101 米≈170 米。

将是整个陵区的起点。

小结: 非壮丽无以重威

灵寿城的北部高地, 以黄山为中心对称分布国君的宫殿和陵墓。从南向北望, 城北是一片巍峨的高台建筑, 与城内外的山势连绵一片。人们可以直观地感受到, 在灵寿城中, 高度象征着权力。

事实上, 可以占据城市的制高点, 本身就是一种特权, 这种权力仅掌握在极少数人手中。在一座城市或者一片区域之中, 高度与安全紧密相关, 越高的视点意味着可以掌握越广阔区域的信息, 这一点在危机四伏、战乱频发的时代更显重要。

除宫殿和纪念性建筑外, 灵寿城周边还设有多处高台, 它们应是在连年战火中发挥实际功用的防御系统。在灵寿城北城垣中部, 有一处俗称"簸箕掌"的大型夯土高台。台宽 70 米, 高出地面 20 余米, 修筑在一处天然的石质小丘上, 向城外凸出约 150 米。[1] 簸箕掌西距灵寿城北门阙约 200 米, 承担着瞭望和防卫的军事功能, 戍卫北城垣上的唯一一座城门。类似具有防御功能的夯土高台在灵寿城的城垣上还有多处, 往往扼住门径、主要道路和水系。

在清理𰠭墓封土之上的建筑遗迹时, 考古工作者发现其中部分瓦件下覆盖有烧灰痕迹, 推测是有人在建筑内点燃篝火造成的。在瓦砾堆积层和原建筑地面之间, 还发现铜镞、残铁甲片和陶碗等。[2] 这些现象说明, 在中山国失去对城外王陵区域的直接控制后——可能是赵对中山的战争中, 或是中山国灭后——这个曾经神圣的空间, 一度被军队占据。在残酷的战争中, 修筑在城外的巍峨王堂, 成为一处难得的军事制高点——这大约是𰠭全然未曾想见的情况。

---

[1]《灵寿城》, 第 12 页。
[2]《𰠭墓》(上册), 第 13 页。

对城市制高点的把控最初离不开安全需求——占据制高点无疑能及时监控周边情况，因此这些制高点由国家的统治者建造，也由他们占据和掌控。随着城市的发展，"高度"除本身具有的物理属性之外，又展示出另一些与人相关的附加属性。不论是位于灵寿城东北的连绵宫殿，或是西北方向属于国君们的壮丽享堂，均居高临下俯瞰整个城市，同时也获得治下臣民的仰望。当"观看"这一行为发生在人与人之间时，往往是双向的。身在高处之人俯视低处时，也会被身在低处的人所仰视，而这俯仰之间的心理感受却大不相同。《史记·高祖本纪》记载，营建都城长安宫室时，刘邦"见宫阙壮甚"大怒，萧何对此的解释是"且夫天子四海为家，非壮丽无以重威"[1]。梁思成认为这说明萧何"认识到建筑艺术所可能有的政治作用"[2]。与其说这是对建筑的利用，不如说是对视觉感受的利用——广阔的面积、巍峨的高度和巨大的体量——当物与人的比例关系悬殊时，作为感受主体的人往往会震慑于巨物带来的威压。而当突出地平线的宏伟景观全部出于人工而非自然之力时，这种感受则会变得加倍强烈，使处于其中的人产生无可抗拒的敬畏之心。这一点更容易被统治者加以利用——将视觉奇观带给人们的身心体验转移到奇观的建造者和拥有者身上。因此统治者在对城市景观的建设中，对高度的重视，其本质是一种对视觉权力的占有，或者说是在利用视觉感受强化自身威权。

以视觉彰显威权的方式由来已久，且与阶级分化、权力集中相伴生。作为社会秩序的集中表现，"礼"，更演化出一种将等级尊卑与数量直接关联的逻辑。这一逻辑发展到战国时期，又出现了新的变化，即对体量、高度和巨大数量的追求。这种变化并非单独发生于某一国，而是随着王权集中，变成一种普遍的追求而愈加凸显：社会等级分化，高等贵族一方面有提升自己地位的需求，一方面又集中掌握了大量资源，急待建立新的等级秩序，而视觉显然是彰显威仪最直观的手段。对高、大、多等种种视觉形式的利用，其核心仍是标示和强化等级尊卑。

---

[1]《史记》，第385—386页。
[2]《中国建筑发展的历史阶段》，《梁思成全集》（第5卷），北京：中国建筑工业出版社，2001年，第250页。

结　语

　　本书力图将中山王璺墓及相关随葬品视为"作品"来解读，当然，这里所说的作品具有多重含义。

　　在以往的研究中，人们也许会将墓葬中的某一部分视为作品进行分析，而较少将墓葬的整体当作作品。我们可以把王陵想象为一幅画卷，随葬品则如点缀画中的树、石、人物。的确可以将这些独立的个体抽取出来欣赏，但它们又是完整画面的组成部分，同时具有在结构之中被理解的可能性。如果承认墓葬是文化和社会习俗的产物，同时也是礼仪的一部分的话，那么墓葬从大到小的细节应当都是预先规划好的。既然如此，营建一处墓葬和画一张画、做一件雕塑，或者建造一座建筑在操作上都是一样的。所有因素都可被视为作品总体的组成部分，按制作者设想的位置和方式摆放。当然，我们相信，规格越高的墓葬对规划的要求越高。这意味着，高等级墓葬作为整体被当成作品来解读的效度和信度更高。

　　毫无疑问，作品的呈现方式直接反映制作者的理念，这也是研究者关注的焦点。除此之外，笔者更加关心作品生成的过程。通常人们观看和讨论的对象都是作品呈现出的最终面貌，因此在解读时，也会将其当作一种凝固不变的状态。特别是墓葬这样特殊的对象，人们惯于研究一座墓葬的完成时态——当墓主下葬，墓道封闭，这件作品就全部完成，并马上凝固和隐藏了。但是也需要清晰地认识到，在这样的审视方式中，"时间"维度是缺席的，实际上就是将发生在不同时段的行为压缩到同一个空间——问题被大大的简化了。因此本书中所做的种种尝试，就是试图从作品最终呈现的面貌中，尽可能剥离出更多的时间线索，还原作品在形成过程中的种种环节，并通过重构作品从无到有的生成过程，窥探制作者的意图和目的。

中山王𰀉墓是一个绝佳的个案——无论是作为墓葬理想规划方案的兆域图，还是对墓葬本身完整的考古学"解剖"，甚至由于𰀉墓本身就是一件未竟之作，永远停留在未完成的状态中。这些都为解读和剥离这座墓葬建造的过程提供了更多的可能性。

尽管𰀉墓陵园未能按照规划完成，但这并不妨碍我们对已完成的部分进行观察。自上而下来看，王堂、墓室、椁室、随葬品甚至包括𰀉本身，都可被视为整个作品的构成因素。这些因素都已经完成，但对整个陵园来说，留给𰀉妻妾的部分和附属于陵园的宫室，则未及完工或者草草而就。因此𰀉墓陵园是一件不完整的作品，完成的部分是𰀉在世时规划好，并在他死后不久就落实的；未完成的部分在兆域图所提供的蓝图中也是规划好的，却因为政治形势的逆转、国力的迅速衰落遭受严重影响。人们最后只得接受一个看起来相当将就的处理方式，这使得𰀉墓最后呈现出一种精致与草率并存的奇特效果。规划和现实之间巨大的落差，显然背离了𰀉生前的理想。

𰀉墓固然是一个"特例"，但对于那些已经"完成"的作品来说，考校其从设计到落成的动态过程，同样具有意义。当从这个角度考虑墓葬的问题时，更多有趣的细节浮现出来。比如"作者"这个概念化的身份，会在不断剥离作品生成的过程中，被逐步拆解。

当把作品置于动态的时间中观察时，各个阶段的参与者就变得尤其重要。与画一幅画、写一张字这类可以由一位作者随心创作的作品不同，王陵的营建（这里所说的营建是总体的概念，包括建筑王墓，以及安置内部的所有包含物）过程显得更为严谨，不同群体参与其中，履行各自职能，并且互相协作。执行部门是规划方案的提供者，他们往往是专业人士，既要了解国君的需求，又要熟悉历史上的先例和实际操作中的具体环节。国君（墓主）作为墓葬的使用者和拥有者，我们可以将他类比为作品的赞助人，他有权决定方案的存废与修改，对于作品设计方案的意见必将导致方案的调整。从这个意义上说，国君是第二创作者。君主的权力至高无上，但并不是无限的，他的意见经常还要受到现实和制度的约束，而环绕国君的重臣不可避免地参与其中。在像营建王陵这样的大事上，除负责具体事务的执行部门外，中山国的重臣（如相邦司马賙）也参与讨论并发挥重要作用，这个群体可被视为第三创作者。三个群体的角色地位决定了他们在规划方案产生的过程中所占的权重各有不同，而最终的定案则是这三个群体博弈的结果。陵墓营建的具体实施者虽然不会参与到规划方案制定的过程中，但成品与规划往往不可能严格对应，而实施者的技术和施工质量直接影响作品最终的呈现效果（图5-1）。

　　具体到中山国的例子，我们还可以进一步拆解参与者。作为第二创作者的国君实际上还包含至少两个主体，一是墓主，二是其继任者。国君的陵墓通常都会自即位起便预先营建，因此在位的国君（即墓主）必然是王陵规划和建造最直接的决策者。但墓葬整体的完成是一个漫长的过程，在墓主去世并入葬后，监管王陵地上部分和其他相应设施建造的权力，便转移到他的继任者身上，第二创作者的主体发生变更。继任者的意愿和能力直接影响了作品能否按原计划施行。我们可以从灵寿城内的遗迹现象推测，譬在位期间除兴修自己的墓葬外，还

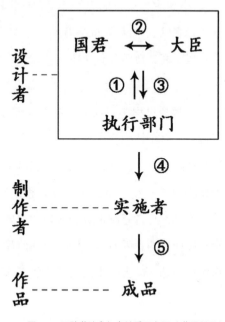

图 5-1　王陵营建参与者关系示意图（莫阳制图）

在承担督建其父祖陵园的职责，显然新君继续建造前任君主的墓葬是一贯的行为。而礜墓陵园的构想未能按规划实现，大部分责任应归结于他的继任者——尽管礜的嗣君放弃继续修筑如此巨大的陵园极可能是迫于国情危急，而并非出于主观意念。

时代略晚的《史记·封禅书》提供了一则实例，说明国君是如何直接影响作品生成的：

> 自得宝鼎，上与公卿诸生议封禅。封禅用希旷绝，莫知其仪礼，而群儒采封禅《尚书》《周官》《王制》之望祀射牛事。齐人丁公年九十余，曰："封禅者，合不死之名也。秦皇帝不得上封。陛下必欲上，稍上即无风雨，遂上封矣。"上于是乃令诸儒习射牛，草封禅仪。数年，至且行。天子既闻公孙卿及方士之言，黄帝以上封禅，皆致怪物与神通，欲放黄帝以上接神仙人蓬莱士，高世比德于九皇，而颇采儒术以文之。群儒既已不能辨明封禅事，又牵拘于《诗》《书》古文而不能骋。上为封禅祠器示群儒，群儒或曰"不与古同"，徐偃又曰"太常诸生行礼不如鲁善"，周霸属图封禅事，于是上绌偃、霸，而尽罢诸儒不用。[1]

在封禅过程中，汉武帝的意志起了决定性的作用，他甚至亲自操刀设计"祠器"。对于他而言，封禅的意义实在过于重大，而大臣们提供的方案又不能满足他的意愿。汉武帝的例子可能过于极端，但其中的道理则可以推及其他大型作品的"生产"，礜墓的生成过程或许亦相差不远。

不同参与者意图追寻和表现的"成品"必然有所区别。当借由蛛丝马迹剥离出设计者的意图时，他们各自如何观看作品，又对其有何期待，同样是值得探讨的问题。逝去的中山王礜停居于地下——一个倒影的世界，一处他理想的

---

[1]《史记》，第1397页。

居所。当響的后人们登上层层高台，祭祀中山国历史上最伟大的君主时，他们实际上和響倒映相视。他们眼前，除去灵寿城、黄山，便是一件充满缺憾的伟大作品，以及行将永逝的辉煌。

附录一

几案或博局？

　　曾墓的报告将这件精美的作品定名为"错金银四龙四凤方案"（图0-1），并说："因古人席地凭几而坐，所以也可以称它为几。"[1]

　　在高足坐具进入中原地区以前，人皆席地而坐，室内家具陈设中最主要的便是案，又以功用分为食案和书案等。案的实物早在山西襄汾陶寺大墓中已有发现，相似形态的器物还有俎，二者皆为长方形有腿的家具。但在功能上有所区别：案用于置物，俎多用于切割肉类。因此孙机认为当以器面是否耐刀切为二者判别标准——不耐刀切者皆为案。[2]

　　几同样是唐以前重要的室内家具，其形态与案相去不远。《说文·几部》："几，踞几也。象形。"可知几为象形字，几作为家具呈"几"形，平面下有曲足。几在席地而坐的时代，也以功用分为两种，一是用来倚靠身体的凭几（或称隐几）。如《尚书·顾命》有"凭玉几"之语。扬之水认为修饰几的"凭"与"隐"都取依倚的意思。[3]用以靠倚的几历史悠久，《诗》《书》《左传》《周

[1]《曾墓》（上册），第137页。
[2]孙机：《汉代物质文化资料图说》，上海：上海古籍出版社，2008年，第256页。
[3]详见扬之水：《隐几与养和》，《古诗文名物新证（二）》，北京：紫禁城出版社，2004年，第336页。

礼》等早期文献中都曾提到。另一种使用方式则是《释名·释床帐》所称"庋物"之几。这种几的功能与案相似。《广雅·释器》："案谓之枑。"又说："梡、棵、橛、房、杫、虞、桯、牥、俎，几也。"《说文·木部》："案，几属。"因此在稍晚的汉代，几、案两种家具逐步并称为"几案"。

得益于近代考古学的发展，我们不仅有文献作为依据，还有大量实物和图像材料可以比较。

曾墓内也有置物之用的陈设家具。十五连盏灯发现于曾墓东库西北角，出土时拆散放置，灯下有木灰痕迹，且灯的西侧南北一线发现一对铜铺首。据此可知下葬时十五连盏灯是拆散放置于一漆案之上的，根据木灰范围和铜铺首的位置，可推测此案长约 108 厘米、宽约 54 厘米，长宽比恰为 2：1。

得益于特殊的埋藏环境，目前在楚墓中出土了为数不少的漆木器，其中众多的置物类家具为研究提供了可兹比较的实物材料。以年代与曾墓相去不远的天星观二号墓为例[1]，该墓所出漆木器数量之多、保存之完好是极少见的，其中置物类家具计 34 件，保存完整的 28 件。（报告内分为俎、禁、案和几四类，见表 6-1）

表 6-1 天星观二号墓出土置物类家具表
单位：厘米

器名	编号（M2：）	长	宽	高	长宽比值
宽面彩绘俎	130	73	31.8	42.6	2.30
	171	77.2	32.5	48.7	2.38
	175	74.6	30	42.4	2.49
宽面素面俎	65	39.6	17.2		2.30
	121	41	23.5		1.74
	122	41	19		2.16
	131	40.5	21		1.93
	132	40	21.6		1.85

---

[1] 据报告推测天星观二号墓的下葬年代在公元前 350 年至前 330 年之间，墓主为楚国邸阳君夫人，其墓葬等级在已知楚墓中属高规格，相当于卿上大夫。湖北省荆州博物馆：《荆州天星观二号楚墓》，北京：文物出版社，2003 年，第 208—215 页。

器名	编号（M2：）	长	宽	高	长宽比值
宽面素面俎（接上）	133	40.4	22		1.84
	134	42.5	22		1.93
	135	41	23		1.78
	143	39.9	20		2.00
窄面素面俎	66	26.6	11.2	15.7	2.38
	123	26.7	10.8	15.6	2.47
	190	27.1	10.9	15.2	2.49
	191	25.8	10.7	15.3	2.41
	271	27	10.7	18	2.52
	272	27	10.9	15.4	2.48
	273	29.9	10.9		2.74
	275	26.3	10	15.6	2.63
案	248	139	65	11.2	2.14
	22	126.6	64.3	67.8	1.97
	107	113.5	54	66.3	2.10
	129	129	54.6	69.3	2.36
	147	119	53.5	70.8	2.22
	165	203	68.7	64.7	2.95
	247	130	56.2	58	2.31
几	41	55.5	29.5	41	1.88

统计表 6-1 中置物类家具的长宽比例，比值在 1.74—2.95 的范围内，平均值为 2.16，大体看来多为狭长的长方形。根据考古材料积累的情况，我们大致可将战国时置物类家具以大小分为几种规格。我们在今天难以确知这些器类在当时的具体名称，但是通过其尺寸、设计细节等因素，仍能推测出它们的功能。另外从统计数据可以看出，先秦时代不管是几、案或是历史更长久的俎，都以长方形为主。更进一步来说，在当时人的认知中，这类家具的形态不论大小普遍都是长宽比例约为 2:1 的长方形。正方形的案在战国秦汉既不见于文献，也没有实物出土。那么错金银四龙四凤方案真的是一张形状特殊的案（或几）么？笔者试图在中山国及周边地区寻找这一反常传统的来源，此时另一类型的

出土物进入了视野，它们是灵寿城中山王族墓 M3[1] 出土的两副青石质地的六博棋盘。

由于 M3 曾遭到严重的破坏，两副棋盘在出土时都已损毁，经过拼对和修复，才大致呈现原貌。两副棋盘尺寸完全相同，仅表面纹饰有所区别。棋盘表面有明显钉孔，此外同出的还有质地、纹饰相同的直角和长条状石片装饰，后者可能为棋盘包边。报告推测，这些雕刻精美的石制品原应被钉子固定在木板上，共同构成一件完整的六博棋盘（图6-1）。[2]

博局是六博中使用的棋局。六博，又作六簙、陆博，是一种流行于战国到汉代的游戏。《招魂》对此有描述："菎蔽象棋，有六簙些。分曹并进，遒相迫些。" M3 出土的两块博局尺寸完全相同，皆以浮雕形式刻画龙蛇、猛兽的图案，而六博所用栏位隐藏在这些繁杂的图案中。二者最主要的区别在于编号 M3:217 的博局正中为正方形，而编号 M3:216 的博局正中为三道短横杆。据李

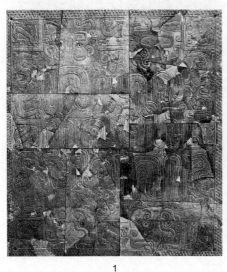 

1   2

图 6-1　M3 出土博局（1. M3:216，2. M3:217）（摘自《灵寿城》）

---

[1] 中山成公墓（M6）位于穆家庄村北 600 米的台地上。墓葬地表本有封土，但在 20 世纪 40 年代遭到破坏，发掘时封土仅残存 6 米高。墓南筑有大型平台，平台下有两座车马坑。墓东侧南北排列两座陪葬墓，西侧对称位置有一座陪葬墓。在 M6 西侧 150 米外，还东西向排列三座等级较高的王族墓葬（M3—M5），墓南侧各有车马坑一座。其中 M3 和 M4 北侧还各有一座陪葬墓。《灵寿城》，第 120—121 页。
[2]《灵寿城》，第 220 页。

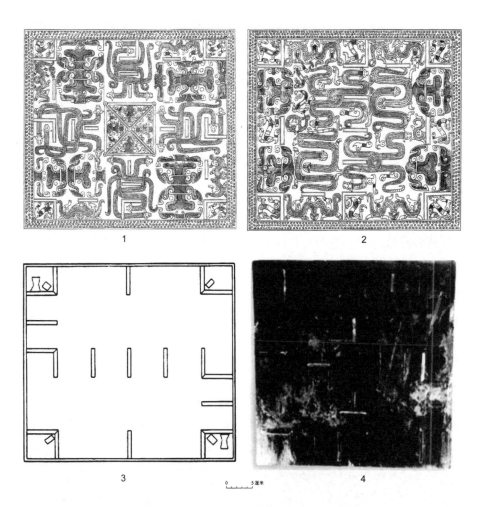

图6-2　博局形制、尺寸比较（1. M3:217，摘自《灵寿城》；2. M3:216，摘自《灵寿城》；3. M2:49，摘自《荆州天星观二号楚墓》；4. 漆博局，摘自《浙江安吉五福楚墓》）

零研究，前者较常见，后者少见且仅见于汉以前，两者间栏位的差异应与六博的不同玩法有关。[1]

　　M3的位置在M6陵园的西侧，M6的墓主据推测是中山成公，即𰵸的父亲。M3亦拥有属于自己的陪葬墓和车马坑，墓主应是在中山国具有较高身份的王室贵族。显然，在𰵸时代的中山国王室中，六博已有流传。

――――――――――

[1] 李零：《跋中山王墓出土的六博棋局――与尹湾〈博局占〉的设计比较》，《中国历史文物》2002年第1期。

根据目前的考古发现，战国时期除了灵寿城 M3 所出两副石质博局外，还有为数不少的漆木质博局实物（图 6-2），主要出土于楚地。如湖北荆州天星观二号墓出土的博局 M2:49，其栏位与 M3:216 石板博局类似，且二者尺寸也分毫不差。[1]与标本 M3:217 栏位相同的有浙江安吉五福楚墓出土的一副博局，其尺寸与 M3 所出相若，只是形状为规矩的正方形。[2]不难推测，至少在这一时期，博局的尺寸是相当固定的。

　　那么四龙四凤铜方案的正方形框架，是否有可能承托的是一副博局？将二者联系起来的不仅是相似的形状，还有相匹配的尺寸（图 6-3）。框架的内边

图 6-3　M3:216 石博局与四龙四凤方案尺寸比较（莫阳制图）

---

[1] M2:49，六博棋局长 45.5、宽 40.4、通高 28.2 厘米。湖北省荆州博物馆：《荆州天星观二号楚墓》，北京：文物出版社，2003 年，第 167、211 页。

[2] 博局边长 42、厚 1 厘米。浙江省文物考古研究所、安吉县博物馆：《浙江安吉五福楚墓》，《文物》2007 年第 7 期。

长约为 45 厘米，与 M3 两副博局长 45 厘米、宽 40.5 厘米的尺寸几乎完全吻合。且这一尺寸也符合目前出土博局实物中的绝大部分。

形状：作为一种设计理念

从另一个角度来看，实用器的形态往往直接由其功能决定，也即与人的需求紧密相关。中山王𰯟墓复原的漆案与远在楚地的天星观二号墓出土漆案，在形制和尺寸上均相差不远。这样的相似性恐怕并非直接来源于制度或规定，而是取决于此类器物的功能。

在战国时，人们的居住条件已有了较大的改善，建筑技术的发展使室内空间增大，但建筑举高的提升相对有限，因此席地起居的习俗仍占主流。随着床、榻等低矮坐卧家具的普及，若将日常器物直接放在地上，使用起来就变得极不方便，因此几、案等置物家具应运而生。这类家具往往随用随置，在同一居室空间内也会因场合的不同而做不同陈设，并不像后世的居室，家具有着相对固定的位置，平时陈放不动。[1]因此战国时期的置物类家具在尺寸和重量上，都有便于移动的特性，如𰯟墓漆案遗迹两侧的铺首衔环，显然就是出于搬挪方便的设计。几、案的尺寸并非随机，而是大致分为几种固定规格，或小巧轻便、或易于拆装。

当研究者面对一件器物时，常会由于学术训练的惯性，直接对其进行基于本学科角度的观察，而时常忽视器物和使用器物者之间最本质的关系，也即器物的产生是基于人的需求，器物的形态也必定适应于人的行为。

作为日常使用的家具，案的尺寸、功能与使用者的行为紧密相连。更进一步来说，这类家具的尺寸趋同，是由其功能决定的。举例来说，食案是放置餐具食物的家具，在就餐者席地而坐时，置于身前。因此食案的形态需要配合

---

[1] 关于战国时期居室空间与家具的使用，见杨泓：《家具演变和生活习俗》，《逝去的风韵——杨泓谈文物》，北京：中华书局，2007 年，第 23—25 页。

使用者的就餐习惯，其尺寸也基于使用者身体比例的客观情况。食案的长边多在40-50厘米间，稍宽于人的肩膀，而20—30厘米的宽度又与小臂长度相当。这样就可以保证在使用时，使用者可以在以肘部为圆心、小臂为半径的范围内舒适取用案上的食物，既不会有够不到的情况，也不会过于局促。

同时期的案尺寸有所差异，这应是为了适应人们不同场合的需要，值得注意的是，这类家具不论大小，形状都普遍为长宽比例约2:1的长方形，这背后的逻辑又是什么？笔者推测是因为此类家具是由单人使用的，在使用时，较贴合使用者身体，其长度不会超过一人双臂展开的长度，而宽度也在单臂水平前伸的距离以内，而这个比例正在2:1左右。

如果这个逻辑成立的话，那么"方"案存在的意义又是什么？它是为了配合使用者的什么需求？形制特殊的所谓"方"案，其实可以被理解为是两个普通的长方形案"拼合"在了一起。如果长方形案是对应于单人使用，那么所谓"方"案是否正暗示两个人同时使用的情况？就比如棋盘。从这一角度来看，特殊的形状可能对应特殊的使用方式，因此单就形状和尺寸而言，四龙四凤方案具有作为博局支架的充分条件。

几、案（或俎）等置物类家具在战国时期多被设计成长方形，这与其时居室空间、人们的起居习惯和礼俗相适应。另外从出土实物的情况来看，无论是尺寸还是功能，四龙四凤方案中缺失的案板极有可能是一副博局，因此笔者更倾向于认为四龙四凤铜"方案"是一件博局的支架。

附录二

鲜虞中山国文献编年

鲜虞中山国文献编年[1]

干支	纪年	事件	出处[2]	备注
辛未	周景王十五年（前530）	（夏六月）晋荀吴（荀吴，晋大夫荀林父之曾孙，荀偃之子。荀林父曾任中行之将，其后人又以中行为氏。荀吴谥穆，故亦称中行穆子、中行穆伯）伪会齐师者，假道鲜虞，遂入昔阳（在今河北省晋州市西）。 秋八月壬午，（晋）灭肥（鲜虞属国，在今河北省藁城县境内），以肥子绵皋（肥君名，杨氏《左传注》云："肥，国名。盖肥与鼓皆鲜虞属国，故《经》言'晋伐鲜虞'，十五年'围鼓'，《经》亦云'伐鲜虞围鼓'，皆以鲜虞贯之。"；杜氏《集解》云："巨鹿下曲阳西南有肥累城"，肥累城当为肥国之都城，在今河北省藁城县西南七里）归。	《左传》鲁昭公十二年，《春秋左传正义》，见《十三经注疏》第2062页。	中行氏，晋六卿之一。实物材料见《侯马白店铸铜遗址》H15:21，"中行"印模。
		（冬十月）晋伐鲜虞，因肥之役也。	《左传》鲁昭公十二年，见《十三经注疏》第2064页。	

---

[1] 此表主要以王先谦撰、吕苏生补释《鲜虞中山国事表疆域图说补释》为依据，重新梳理文献，略做校订、增补，并补充部分相关出土文献和实物材料。其中表内古今地名考证主要依据王先谦、吕苏生成果，不再另做标注。

[2] 此栏仅录史书有纪年者。意在提供一个较为准确可信的时空框架，并将可能相关的事件和人物尽量（但不一定确切的）安排到这一框架之中。

干支	纪年	事件	出处	备注
壬申	周景王十六年（前529）	（秋）鲜虞人闻晋师之悉起（《集解》：五年《传》曰遗守四千，今甲车四千乘，故为悉起）也，而不警边，且不修备。晋荀吴自著雍（著雍，晋邑，又见《左》襄公十年《传》，地望无考）以上军侵鲜虞（《正义》：上云悉起，得有上军在者。晋侯从平丘会还，行至著雍，闻鲜虞不警，遂使荀吴侵之，非从本国而去，故云自著雍以上军侵鲜虞），及中人（又见《国语·晋语》、《列子·说符》、《吕氏春秋·慎大篇》、《史记·赵世家》和《淮南子·道应训》。惟《淮南子》作终人，疑误。《集解》云：中山望都县西北有中人城。《左传注》：中人，今河北唐县西北十三里。《水经注·滱水注》：中人即中人亭，在今河北省唐县西。），驱冲竞，大获而归。	《左传》鲁昭公十三年，见《十三经注疏》第2073页。	
甲戌	周景王十八年（前527）	（秋八月）晋荀吴帅师伐鲜虞，围鼓（鼓，鲜虞属国。鼓之得名盖即本于鼓聚。《集解》：鼓，白狄之别，巨鹿下曲阳县有鼓聚。《汉书·地理志》及《续汉书·郡国志》，鼓聚即鼓都，与昔阳为一地，在今河北晋县西。）。鼓人或请以城叛，穆子弗许，左右曰：师徒不勤，而可以获城，何故不为？穆子曰：吾闻诸叔向曰，好恶不愆，民知所适，事无不济。或以吾城叛，吾所甚恶也，人以城来，吾独何好焉？赏所甚恶，若所好何？若其弗赏，是失信也，何以庇民？力能则进，否则退，量力而行。吾不可以欲城而迩奸，所丧滋多。使鼓人杀叛人而缮守备。围鼓三月，鼓人或请降，使其民见，曰：犹有食色，姑修而城。军吏曰：获城而弗取，勤民而顿兵，何以事君？穆子曰：吾以事君也。获一邑而教民怠，将焉用邑？邑以贾怠，不如完旧，贾怠无卒，弃旧不祥。鼓人能事其君，我亦能事吾君。率义不爽，好恶不愆，城可获而民知义所，有死命而无二心，不亦可乎？鼓人告食竭力尽，而后取之。克鼓而反，不戮一人，以鼓子鸢鞮（鼓君名，《国语》作苑支）归。 事又见《国语·晋语》：中行穆子帅师伐狄，围鼓。鼓人或请以城叛，穆子不受，军吏曰："可无劳而得城，子何不为？"穆子曰："非事君之礼也。夫以城来者，必将求利于我。夫守而二心，奸之大者也。赏善罚奸，国之宪法也。许而弗予，失吾信也，若其语之，赏大奸也。奸而盈禄，善将若何？且夫狄之憾者，以城来盈愿，晋岂其无？是我以鼓教吾边鄙贰也。夫事君者，量力而进，不能则退，不以安贾二。"令军吏呼城，儆将攻之，未傅而鼓降。（《国语集解》第444页） 又见《淮南子·人间训》，所记事与《国语》略同。	《春秋》及《左传》鲁昭公十五年，见《十三经注疏》第2077页。	

干支	纪年	事件	出处	备注
庚辰	周景王二十四年（前521）	**鼓叛晋**（（《集解》：叛晋属鲜虞），晋将伐鲜虞。 据左传昭二十二年"晋之取鼓也，既献而反鼓子焉，又叛于鲜虞。"可证鲁昭十五年荀吴以鼓子鸢鞮归晋后，仅献于宗庙，遂又使其归鼓为君。鼓即臣服于晋。至是年，鼓又叛晋复归属鲜虞，故晋将伐之。	《左传》鲁昭公二十一年，见《十三经注疏》第2099页。	
辛巳	周景王二十五年（前520）	**晋之取鼓也**（（《集解》：在十五年），**既献而反鼓子焉**（（《集解》：献于庙），**又叛于鲜虞**。 六月，荀吴略东阳（东阳，晋地名，又见《左传》襄公二十三年及《史记·赵世家》。《集解》："东阳，晋山东邑，魏郡广平以北。"《左传注》："东阳犹南阳，其地甚广，凡在太行之东，河南北部、河北南部之属晋者，皆晋东阳地。"盖春秋时属晋，战国时先属卫，后属赵，其地望不可确知），**使师伪罗者，负甲以息于昔阳之门外**（（《集解》：昔阳，故肥子所都），**遂袭鼓，灭之，以鼓子鸢鞮归，使涉佗守鼓**（《集解》：涉佗，晋大夫）。 《国语·晋语》有鼓之臣夙沙釐事。中行伯既克鼓，以鼓子苑支来。令鼓人各复其所，非僚勿从。鼓子之臣曰夙沙釐，以其挈行，军吏执之，辞曰："我君是事，非事土也。名曰君臣，岂曰土臣？今君实迁，臣何赖于鼓？"穆子召之，曰："鼓有君矣，尔止事君，吾定而禄爵。"对曰："臣委质于狄之鼓，未委质于晋之鼓也。臣闻之，委质为臣，无有二心。委质而策死，古之法也。君有烈名，臣无叛质。敢即私利，以烦司寇而乱旧法，其若不虞何？"穆子叹而谓其左右曰："吾何德之务而有是臣也？"乃使行。既献，言于公，与鼓子田于河阴，使夙沙釐相之。（《国语集解》第444—445页）	《左传》鲁昭公二十二年，见《十三经注疏》第2100页。	
甲午	周敬王十三年（前507）	**秋九月，鲜虞人败晋师于平中**（晋邑，地望无考。《左传注》言与中人近。），**获晋观虎，恃其勇也**（《集解》：为五年士鞅围鲜虞张本）。 鲁定四年，诸国会盟侵楚，推测前一年晋忙于部署伐楚事宜，使鲜虞乘虚而入。	《左传》鲁定公三年，见《十三经注疏》第2132—2133页。	

干支	纪年	事件	出处	备注
乙未	周敬王十四年（前506）	春三月，刘文公合诸侯于召陵，谋伐楚也。晋荀寅（中行寅，荀吴之子。晋倾公时下卿，将中军，谥文，亦称中行文子。）求货于蔡侯，弗得，言于范献子（即士鞅，晋大夫士会之曾孙、士匄之子。曾食采于范，其后遂以范为氏，故又称范鞅。荀吴后晋伐鲜虞的主要领导者。）曰："国家方危，诸侯方贰，将以袭敌，不亦难乎！水潦方降，疾疟方起，中山（《集解》：中山，鲜虞。《左传注》：中山即鲜虞，战国时为中山。）不服，弃盟取怨，无损于楚，而失中山，不如辞蔡侯。吾自方城以来，楚未可以得志，只取勤焉。"乃辞蔡侯。	《左传》鲁定公四年，见《十三经注疏》第2133页。	中山之名首次出现
		（秋）晋士鞅、卫孔圉（孔圉，孔羁孙），帅师伐鲜虞。 　　《左传》鲁定四年三月荀寅有"中山不服"之言。秋，士鞅即与卫伐鲜虞，其所伐鲜虞当为中山。 　　又清华简《系年》第十八章有："晋与吴会为一，以伐楚，阅方城。遂盟诸侯于召陵，伐中山。晋师大疫且饥，食人。"（见《清华大学藏战国竹简（贰）》第180页）《系年》为楚地出土文献，晋召陵之盟的记载与《春秋》、《左传》鲁定公四年所记史实相合。《左传》记鲁定四年春，晋在召陵之盟后并没有顺从其他诸侯伐楚的请求，而欲伐中山；《春秋》载同年秋，晋出兵鲜虞。而《系年》补充了二者间缺环，表明晋确实出兵中山。由此可推知《春秋》记载中的"鲜虞"，在《左传》和《系年》中称"中山"。	《春秋》鲁定公四年，见《十三经注疏》第2133页。	
丙申	周敬王十五年（前505）	冬，晋士鞅帅师围鲜虞。 　　《经》：晋士鞅帅师围鲜虞。《传》：晋士鞅围鲜虞，报观虎之役也（《集解》：三年鲜虞获晋观虎。《左传注》：据阮元《校勘记》及金泽文库本，"役"当作"败"）。	《春秋》及《左传》鲁定公五年，见《十三经注疏》第2139—2140页。	
丁未	周敬王二十六年（前494）	（秋）齐侯、卫侯会于乾侯，救范氏也。师及齐师、卫孔圉、鲜虞人伐晋，取棘蒲（今河北赵县治）。 　　《经》仅言："秋，齐侯、卫侯伐晋。"不书鲜虞及鲁。《集解》云："鲁师不书，非公命也。……鲜虞，狄帅贱，故不书。" 　　鲁定公十三年，晋六卿内讧，智、韩、赵、魏四家攻败范、中行氏，范吉射（士鞅子）、荀寅入朝歌。次年鲁定公、齐景公、卫灵公谋救范、中行氏，求援于鲜虞，取晋之棘蒲。此为鲜虞介入列国事物之始。其后棘蒲即划入鲜虞之版图。	《左传》鲁哀公元年，见《十三经注疏》第2156页。	鲜虞救范，中行氏，取晋棘蒲。

干支	纪年	事件	出处	备注
己酉	周敬王二十八年（前492）	春，齐、卫围戚，求援于中山（《集解》：中山，鲜虞）。 前事见，《经》、《传》鲁哀二年，晋赵鞅（即赵简子。）纳卫太子蒯聩于戚（蒯聩，卫灵公之太子。鲁哀公二年，卫灵公死，太子从赵氏，卫人乃立蒯聩子公子辄，是为出公。赵鞅欲入蒯聩为君，为卫军阻，遂入戚而保）。 时齐、卫诸国皆党从范、中行氏谋伐赵鞅，故围戚。中山参与与否不明。	《左传》鲁哀公三年，见《十三经注疏》第2157页。	
庚戌	周敬王二十九年（前491）	冬十一月，邯郸降，荀寅奔鲜虞。（十二月，齐弦施）会鲜虞，纳荀寅于柏人（《集解》：晋邑也，今赵国柏人县）。 此前一年，赵鞅伐朝歌，荀寅、范吉射奔邯郸。次年十一月，邯郸降。齐国夏伐晋，取邢、任、栾、鄗等八邑，会师鲜虞。 赵氏宗主赵鞅前497–前491年，灭范、中行氏。结束晋六卿执政，开始四卿执政时期。	《左传》鲁哀公四年，见《十三经注疏》第2158—2159页。	荀寅即中行寅，其名见于《侯马盟书》诅咒类105:1、105:2。
辛亥	周敬王三十年（前490）	春，晋围柏人，荀寅、士吉射奔齐。 柏人本晋邑，据前年《传》，齐会鲜虞纳荀寅于柏人，则柏人应已为齐、鲜虞所占。是年，荀寅等奔齐，则柏人复归于晋。	《左传》鲁哀公五年，见《十三经注疏》第2159页。	
壬子	周敬王三十一年（前489）	《经》：（春）晋赵鞅帅师伐鲜虞。 《传》：六年春，晋伐鲜虞，治范氏之乱也（《集解》：四年，鲜虞纳荀寅于柏人）。 自是年起，鲜虞之名不见于史，盖以中山之号载入史册。《左传注》云："晋曾数伐鲜虞，终春秋之世未能得之，《战国策》第有《中山策》，其后为赵所灭。"亦谓中山为鲜虞之继续。	《春秋》及《左传》鲁哀六年，见《十三经注疏》第2161页。	鲜虞之名最后出现
庚申	鲁隐公十四年（前481）			春秋结束
丙寅	周元王元年（前475）			战国开始

干支	纪年	事件	出处	备注
甲申	周贞定王十二年（前457）	《竹书纪年》："荀瑶伐中山，取穷鱼之邱。"事在晋出公十六至十八年，今本纪年录此事在周贞定王十二年，即晋出公十八年。(《古本竹书纪年辑校订补》第45页) 荀瑶即智伯，又称智瑶，晋出公（前474—前459年在位）和晋哀公（前456—前438年在位）初年正卿。穷鱼疑即厹繇。 《吕氏春秋·权勋篇》：中山之国有厹繇者。智伯欲攻之而无道也，为铸大钟，方车二轨以遗之。厹繇之君，将斩岸堙溪以迎钟。赤章蔓枝谏曰："诗云，唯则定国，我胡以得是于智伯。夫智伯之为人也，贪而无信，必欲攻我而无道也，故为大钟方车二轨以遗君。君因斩岸堙溪以迎钟，师必随之。"弗听，有顷谏之。君曰："大国为懂，而子逆之，不祥，子释之。"赤章蔓枝曰："为人臣不忠贞，罪也；忠贞不用，远身可也。"断毂而行，至卫七日厹而繇亡。(陈氏《校释》："赤章姓，蔓枝名。《庄子·天地》有赤张满稽。") 厹繇、夙繇、仇猶、厹猶、仇首等皆为"仇由"之异译。高诱注："厹繇，国之近晋者也。"《战国策》第注云："仇由，狄国也。"《括地志》："并州盂县外城，俗名原仇城，亦名仇猶城，夷狄之国也。"《国策地名考》、《山西通志》皆云在盂县。可知仇由在今山西盂县东北。 事又见于《韩非子·说林下》、《战国策·西周策》、《史记·樗里子传》及《淮南子·精神训》。 《国语》：赵襄子（赵简子之子，名无恤，时为晋正卿）使新稚穆子（姓新稚，名狗）伐狄，胜左人、中人（鲜虞故邑，在今河北省唐县西北），遽人来告，襄子将食，专饭有恐色。侍者曰：狗之事大矣，而主之色不怡，何也？襄子曰：吾闻之，德不纯，而福禄并至，谓之幸。夫幸非福，非德不当雍，雍不为幸，吾以是惧。(《国语集解》第453页)《国语》此事置于韩赵魏灭智氏前。仅言胜，而未言中山灭国。 事又见《吕氏春秋·慎大篇》、《淮南子·道应训》。《列子·黄帝篇》有赵襄子率徒十万狩于中山。		

干支	纪年	事件	出处	备注
丁巳	周威烈王二年、魏文侯元年、赵桓子元年（前424）	《中山策》：魏文侯欲残中山，常庄谈谓赵襄子曰："魏并中山，必无赵矣。公何不请公子倾（高《注》：魏君女）以为正妻，因封之中山，是中山复立也。"（《战国策》第1169页） 赵策未行而中山复国。详见吕苏生考诸家观点（《鲜虞中山国事表》第25页）。		
丁卯	周威烈王十二年（前414）	《史记·赵世家》：（赵献侯）十年，中山武公初立。又见《史记·赵表》。 《索隐》引《世本》：中山武公居顾（在今河北省定县；或曰顾即鼓，在河北省晋州市），桓公徙灵寿（在今河北省平山县三汲乡境内），为赵武灵王所灭，不言谁之子孙。 《水经注·滱水》："又东过唐县南"《注》：唐亦中山城也。唐，战国中山邑，与中人近，在今河北省唐县西北。	《史记·赵世家》赵献侯十年，见《史记》第1797页。 《史记·赵表》，见《史记》第706页。	灵寿城考古发掘成果见《战国中山国灵寿城——1975—1993年考古发掘报告》，北京：文物出版社，2005年。
癸酉	周威烈王十八年（前408）	《史记·魏世家》：（魏文侯）十七年，伐中山，使子击守之，赵仓唐傅之。 《史记·魏表》：（魏文侯十七年）击守中山。 《史记·赵世家》：（赵）烈侯元年，魏文侯伐中山，使太子击守之。 《史记·乐毅传》：乐毅者，其先祖曰乐羊。乐羊为魏文侯将，伐取中山，魏文侯封乐羊以灵寿。乐羊死，葬于灵寿，其后子孙因家焉。中山复国，至赵武灵王时复灭中山，而乐氏后有乐毅。（《史记》第2427页） 《史记·甘茂传》：魏文侯令乐羊将而攻中山，三年而拔之。乐羊返而论功，文侯示之谤书一箧。乐羊再拜稽首曰："此非臣之功也，主君之力也。"（《史记》第2312页） 《战国策·魏策》：乐羊为魏将而攻中山。其子在中山，中山之君烹其子而遗之羹，乐羊坐于幕下而啜之，尽一杯。文侯谓睹师赞曰："乐羊以我之故，食其子之肉。"赞对曰："其子之肉尚食之，其谁不食！"乐羊既罢中山，文侯赏其功而疑其心。（《战国策》第77页）事又见《说苑》。	《史记·魏世家》，见《史记》第1838页。 《史记·魏表》，见《史记》第708页。 《史记·赵世家》赵烈侯元年（魏文侯十七年），见《史记》第1797页。	中山亡于魏

干支	纪年	事件	出处	备注
癸酉	周威烈王十八年（前 408）	《战国策·赵策》：魏文侯借道于赵攻中山。赵侯（即赵烈侯）将不许。赵利曰："过矣。魏攻中山而不能取，则魏必罢，罢则赵重。魏拔中山，必不能越赵而有中山矣。是用兵者，魏也；得地者，赵也。君不如许之，许之大劝，彼将知矣利之也，必辍。君不如借之道，而示之不得已。"（《战国策》第 600—601 页） 《吕氏春秋·先识篇》：威公（西周桓公之子）又见屠黍（《说苑》作屠余，《水经注》、《十三洲志》作太史余。考《汉书·古今人表》，屠黍与魏文侯、中山武王、周威公、晋幽公同时）而问焉，曰："孰次之？"对曰："中山次之。"威公问其故。对曰："天生民而令有别。有别，人之义也，所异于禽兽麋鹿也，君臣上下之所以立也。中山之俗，以昼为夜，以夜继日，男女切倚，固无休息，（淫昏）康乐，歌谣好悲。其主弗知恶。此亡国之风也。臣故曰中山次之。"居二年，中山果亡。（《吕氏春秋新校释》第 965 页）事又见《说苑》。	《史记·魏世家》，见《史记》第 1838 页。《史记·魏表》，见《史记》第 708 页。 《史记·赵世家》赵烈侯元年（魏文侯十七年），见《史记》第 1797 页。	中山亡于魏
		中山寻复国。 中山复国在乐羊死后，其年不可考。 《索隐》："中山，魏虽灭之，尚不绝祀，故后更得复国，至赵武灵王又灭之也。"可知复国之中山为魏文侯所灭之中山。亡国与复国疑皆为桓公。 《赵世家》：赵敬侯十年（前 377），"与中山战于房子"，次年"伐中山，又战于中人"，此即复国后的中山。因此中山复国在前 377 年之前。（蒙文通《周秦少数民族研究》，中山复国至迟不过前 378 年；杨宽《战国史》定在前 380 年。）		中山复国
甲辰	周安王二十五年（前 377）	**（赵敬侯）十年，与中山战于房子。** 中山自赵烈侯三年（前 406）为魏所灭，至是年复见于史，其间凡二十九年。房子，《正义》云："赵州房子县是。"在今河北省高邑县西。	《史记·赵世家》赵敬侯十年，见《史记》第 1798 页。	
乙巳	周安王二十六年（前 376）	**赵敬侯十一年，伐中山，又战于中人。** 《集解》引徐广："中山唐县有中人亭。"在今河北省唐县西。	《史记·赵世家》赵敬侯十一年，见《史记》第 1799 页。	
壬子	周烈王七年（前 369）	**（赵成侯）六年，中山筑长城。** 中山国长城可能修筑在中山国南部边境，古槐水北岸，防止赵国入侵。（《北狄与中山国》第 126 页）	《史记·赵世家》，见《史记》第 1799 页。	《保定境内发现古中山国长城》、《保定境内战国中山长城调查记》

干支	纪年	事件	出处	备注
乙卯	周 显 王 二十七年（前342）	《史记·魏表》：（魏惠王二十九年）中山君为相。 　王先谦按：二十九，《世家》作二十八。《索隐》："魏文侯灭中山，使子击守之，后寻复国，至是始令相魏，其中山侯又为赵所灭。"王先谦以为《索隐》有误，此中山君当为魏所封君，而非中山国君。 　吕苏生按：《索隐》、王先谦都有误。据《韩诗外传》卷八、《说苑·奉使篇》，魏文侯灭中山后，曾出长子击守中山，号中山君。后纳赵仓唐之言，出少子挚于中山而复击，是挚代击为魏属之中山君。此中山君当为挚或其后继者。	《史记·魏表》魏惠王二十九年，见《史记》第725页。	
戊戌	周 显 王 四十六年（前323）	《战国策·中山策》：犀首（即魏人公孙衍，犀首是其号。初仕秦，后返魏，力倡合纵抗秦，为"五国相王"主要组织者。《史记·张仪传》附犀首传。）立五王，而中山后持。齐谓赵、魏曰："寡人羞与中山并为主，愿与大国伐之，以废其王。"中山闻之，大恐。召张登而告之曰："寡人且王，齐谓赵、魏曰，羞与寡人并为王，而欲伐寡人。恐亡其国，不在索王。非子莫能吾救。"登对曰："君为臣多车重币，臣请见田婴。"中山之君遣之齐。见婴子曰："臣闻君欲废中山之王，将与赵、魏伐之，过矣。以中山之小，而三国伐之，中山虽益废王，犹且听也。且中山恐，必为赵、魏废其王而务附焉。是君为赵、魏驱羊也，非齐之利也。岂若中山废其王而事齐哉？" 　田婴曰："奈何？"张登曰："今君召中山，与之遇而许之王，中山必喜而绝赵、魏。赵、魏怒而攻中山，中山急而为君难其王，则中山必恐，为君废王事齐。彼患亡其国，是君废其王而亡其国，贤为赵、魏驱羊也。"田婴曰："诺。"张丑曰："不可。臣闻之，同欲者相憎，同忧者相亲。今五国相与王也，负海（负海，齐也）不与焉。此是欲皆在为王，而忧在负海。今召中山，与之遇而许之王，是夺五国而益负海也。致中山而塞四国，四国寒心，必先与之王而故亲之。是君临中山而失四国也。且张登之为人也，善以微计荐中山之君久矣，难信以为利。"		

干支	纪年	事件	出处	备注
戊戌	周显王四十六年（前323）	田婴不听。果召中山君而许之王。张登因谓赵、魏曰："齐欲伐河东。何以知之？齐羞与中山之为王甚矣，今召中山，与之遇而许之王，是欲用其兵也。岂若令大国先与之王，以止其遇哉？"赵、魏许诺，果与中山王而亲之。中山果绝齐而从赵、魏。（《战国策》第1170—1174页） 《战国策·中山策》：中山与燕、赵为王，齐闭关不通中山之使，其言曰："我万乘之国也，中山千乘之国也，何侔名于我？"欲割平邑以赂燕、赵，出兵以攻中山。蓝诸君患之。张登谓蓝诸君曰："公何患于齐？"蓝诸君曰："齐强，万乘之国，耻与中山侔名，不惮割地以赂燕、赵，出兵以攻中山。燕、赵好位而贪地，吾恐其不吾据也。大者危国，次者废王，奈何吾弗患也？"张登曰："请令燕、赵固辅中山而成其王，事遂定。公欲之乎？"蓝诸君曰："此所欲也。"曰："请以公为齐王而登试说公。可，乃行之。"蓝诸君："愿闻其说。" 登曰："王之所以不惮割地以赂燕、赵，出兵以攻中山者，其实欲废中山之王也。王曰：'然'。然则王之为费且危。夫割地以赂燕、赵，是强敌也；出兵以攻中山，首难也。王行二者，所求中山未必得，王如用臣之道，地不亏而兵不用，中山可废也。王必曰：'子之道奈何？'"蓝诸君曰："然则子之道奈何？"张登曰："王发重使，使告中山君曰：'寡人所以闭关不通使者，为中山之独与燕、赵为王，而寡人不与闻焉，是以隘之。王苟举趾以见寡人，请亦佐君。'中山恐燕、赵之不己据也，今齐之辞云'即佐王'，中山必遁燕、赵，与王相见。燕、赵闻之，怒绝之，王亦绝之，是中山孤，孤何得无废。以此说齐王，齐王听乎？"蓝诸君曰："是则必听矣，此所以废之，何在其所存之矣。"张登曰："此王所以存者也。齐以是辞来，因言告燕、赵而无往，以积厚于燕、赵。燕、赵必曰：'齐之欲割平邑以赂我者，非欲废中山之王也；徒欲以离我于中山，而己亲之也。'虽百平邑，燕、赵必不受也。"蓝诸君曰："善。" 遣张登往，果以是辞来。中山因告燕、赵而不往，燕、赵果俱辅中山而使其王。事遂定。（《战国策》第1174—1177页）		中山君称王《史记》《通鉴》各国称王在是年，故《战国策》第注以谓中山之王亦在是岁。

干支	纪年	事件	出处	备注
丁未	周赧王元年（前314）	中山伐燕不见于他书，据中山方壶铭，有伐燕事"征不义之邦"。《史记·燕世家》子之之乱在燕王哙七年（前314），则中山伐燕当在是年。 《战国策·齐策·苏秦说齐闵王》：曰（昔）者，中山悉起而迎燕、赵，南战于长子，败赵氏；北战于中山，克燕军，杀其将。夫中山千乘之国也，而敌万乘之国二，再战北（比）胜，此用兵之上节也。然而国遂亡，君臣于齐者，何也？不啬于战攻之患也。（《战国策》第436页）		中山伐燕按，十四年约为前314年，那么即位当在前327—前328年。 中山君称王在前323年，在统治期间。
壬子	周赧王六年（前309）	（赵武灵王）十七年，出九门（在今河北藁城县西北三十里），为野台（在今河北省新乐市西南十三里），以望齐、中山之境。 《战国策·中山策》：司马憙三相中山，阴简难之。田简谓司马憙曰："赵使者来属耳，独不可语阴简之美乎？赵必请之，君与之，即公无内难矣。君弗与赵，公因劝君立之以为正妻。阴简之德公，无所穷矣。"果令赵请，君弗与。司马憙曰："君弗与赵，赵王必大怒；大怒则君必危矣。然则立以为妻，固无请人之妻不得而怨人者也。" 田简自谓取使，可以为司马憙，可以为阴简，可以令赵勿请也。（《战国策》第1178页） 《战国策·中山策》：阴姬与江姬争为后。司马憙谓阴姬公曰："事成，则有土子民；不成，则恐无身。欲成之，何不见臣乎？"阴姬公稽首曰："诚如君言，事何可豫道者。"司马憙即奏书中山王曰："臣闻弱赵强中山。"中山王悦而见之曰："愿闻弱赵强中山之说。"司马憙曰："臣愿之赵，观其地形险阻，人民贫富，君臣贤不肖，商敌为资，未可豫陈也。"中山王遣之。 见赵王曰："臣闻赵，天下善为音，佳丽人之所出也。今者臣来至境，入都邑，观人民谣俗，容貌颜色，殊无佳丽好美者。以臣所行多矣，周流无所不通，未尝见人如中山阴姬者也。不知者，特以为神，力言不能及也。其容貌颜色，固已过绝人矣。若乃其眉目准頞权衡，犀角偃月，彼乃帝王之后，非诸侯之姬也。"赵王意移，大悦曰："吾愿请之，何如？"司马憙曰："臣窃见其佳丽，口不能无道尔。即欲请之，是非臣所敢议，愿王无泄也。"	《史记·赵世家》赵武灵王十七年，见《史记》第1805页。	

干支	纪年	事件	出处	备注
壬子	周赧王六年（前309）	司马憙辞去，归报中山王曰："赵王非贤王也。不好道德，而好声色；不好仁义，而好勇力。臣闻其乃欲请所谓阴姬者。"中山王作色不悦。司马憙曰："赵强国也，其请之必矣。王如不与，即社稷危矣；与之，即为诸侯笑。"中山王曰："为将奈何？"司马憙曰："王立为后，以绝赵王之意。世无请后者。虽欲得请之，邻国不与也。"中山王遂立以为后，赵王亦无请言也。（《战国策》第1179—1181页） 《战国策·中山策》：司马憙使赵，为己求相中山。公孙弘阴知之。中山君出，司马憙御，公孙弘参乘。弘曰："为人臣，招大国之威，以为己求相，于君何如？"君曰："吾食其肉，不以分人。"司马憙顿首于轼曰："臣自知死至矣！"君曰："何也？""臣抵罪。"君曰："行，吾知之矣。"居顷之，赵使来，为司马憙求相。中山君大疑公孙弘，公孙弘走出。（《战国策》第1177页） 司马憙，又作司马喜，中山相。 按，《太史公自序》："自司马氏去周适晋，分散，或在卫，或在赵，或在秦。其在卫者相中山"，另据平山三器，司马赒相邦历三王，与《中山策》"司马憙三相中山"之说合。李学勤、李零以为二人为同一人。又，李学勤认为司马憙和蓝诸君为一人，亦即三器铭文之司马赒。大致可推测中山相邦司马赒，传世文献作司马憙（又作司马喜），是司马氏中由晋入卫的一支。 《韩非子·内储说下》：司马喜杀爰骞而季辛诛。（《韩非子新校注》第618页）该事置于似类三，"似类之事，人主之所以失诛，而大臣之所以成私也。" 《韩非子·内储说上》：中山之相乐池以车百乘使赵。（《韩非子新校注》第586页）《史记·秦本纪》秦惠文王更元七年（前318）乐池相秦。又《赵世家》武灵王十一年（前315）"王召公子职于韩，立以为燕王，使乐池送之。"则乐池活动年代大致与司马喜同时，若其确曾为中山相，则时间应在王时或稍晚。	《史记·赵世家》赵武灵王十七年，见《史记》第1805页。	

干支	纪年	事件	出处	备注
甲寅	周赧王八年（前307）	《史记·赵世家》:（赵武灵王十九年）王北略**中山之地**，至于**房子**，遂之代，北至**无穷**，西至**河**，登黄华之上。召楼缓谋曰:"我先王因世之变，以长南藩之地，属阻漳、滏之险，立长城，又取蔺、**郭狼**，败林人于荏，而功未遂。今**中山**在我腹心，北有燕，东有胡，西有林胡（古族名，战国时居今山西、陕西西北部及内蒙古南部地区）、**楼烦**（古族名，战国时居今山西宁武、岢岚一代。）、秦、韩之边，而无强之救，是亡社稷，奈何? 夫有高世之名，必有遗俗之累。**吾欲胡服。**" （赵武灵）王曰:"吾不疑胡服也，吾恐天下笑我也。狂夫之乐，智者哀焉; 愚者所笑，贤者察焉。世有顺我者，胡服之功未可知也。虽驱世以笑我，**胡地中山吾必有之。**"于是遂胡服矣。 《战国策·赵策·武灵王平昼间居》:（赵武灵王谓肥义）"……虽驱世以笑我，**胡地中山吾必有之。**" （公子成不欲胡服，王至其家）自请之曰:"……吾国东有河、**薄洛之水**，与齐、**中山**同之，无舟楫之用。自常山（即恒山，在今河北省曲阳县西北）以至代（古国名，周敬王四十四年前476年，为赵襄子所灭，地入赵，在今河北省蔚县一带）、上党（韩郡名，后入赵，在今山西省长治市北），东有燕、东胡（古族名，因居匈奴地东而得名）之境，西有楼烦、秦、韩之边，而无骑射之备。故寡人且聚舟楫之用，求水居之民，以守河、薄洛之水; 变服骑射，以备其参（三）胡、秦、韩之边。且昔者简主不塞晋阳，以及上党，而襄主并戎取代，以攘诸胡，此愚知之所明也。先时中山负齐之强兵，侵掠吾地，系累吾民，引水围**鄗**（在今河北省柏乡县北），非社稷之神灵，即鄗几不守。先王忿之，其怨未能报也。今骑射之服，近可以备**上党**之形，远可以报中山之怨。而叔顺中国之俗以逆简、襄之意，恶变服之名，而忘国事之耻，非寡人之所望于子!"（《战国策》第653–667页）	《史记·赵世家》赵武灵王十九年，见《史记》第1805—1807页。	

干支	纪年	事件	出处	备注
甲寅	周赧王八年（前307）	《战国策·中山策》：主父（赵武灵王）欲伐中山，使李疵观之。李疵曰："可伐也。君弗攻，恐后天下。"主父曰："何以？"对曰："中山之君，所倾盖与车而朝穷闾隘巷之士者，七十家。"主父出："是贤君也，安可伐？"李疵曰："不然。举士，则民务名不存本；朝贤，则耕者惰而战士懦。若此不亡者，未之有也。"（《战国策》第1181—1182页） 事又见《韩非子·外储说左上》（《韩非子新校注》第700页）	《史记·赵世家》赵武灵王十九年，见《史记》第1805—1807页。	
乙卯	周赧王九年（前306）	（赵武灵王）二十年，王略中山地，至宁葭（《索引》：县名，在中山）。 《吕氏春秋·贵卒》：赵氏攻中山。中山之人多力者曰吾丘鸩，衣铁甲，操铁杖以战，而所击无不碎，所冲无不陷，以车投车，以人投人也，几至将所而后死。（《吕氏春秋新校释》第1484页）	《史记·赵世家》赵武灵王二十年，见《史记》第1811页。	
丙辰	周赧王十年（前305）	（赵武灵王）二十一年，攻中山。赵袑为右军，许钧为左军，公子章为中军，王并将之。牛翦将车骑，赵希并将胡、代。赵与之陉（陉山，又名井陉山，在今河北省井陉县旧城东北，为太行八陉第五陉），合军曲阳（有上下曲阳，此为上曲阳，在今河北省曲阳县西），攻取丹丘（在今河北省曲阳县西北）、华阳（即恒山，在今河北省曲阳县西北）、鸱之塞（即鸿之塞，又名鸿上关，在今河北省曲阳县西北）。王军取鄗、石邑（在今河北省石家庄市鹿泉区东南）、封龙（在今河北省石家庄市鹿泉区东南）、东垣（在今河北省正定县东南）。中山献四邑请和，王许之，罢兵。	《史记·赵世家》赵武灵王二十一年，见《史记》第1811页。	
戊午	周赧王十二年（前303）	赵武灵王二十三年，攻中山。	《史记·赵世家》赵武灵王二十三年，见《史记》第1811页。	

干支	纪年	事件	出处	备注
庚申	周赧王十四年（前301）	《史记·赵表》:（赵武灵王二十五年）赵攻中山。 《史记·秦本纪》:（秦昭王八年，齐、魏、韩）共攻楚方城，取唐眜。秦破中山，其君亡，竟死齐。《秦本纪》记为秦昭王八年，对照《六国年表》，伐楚事在秦昭王六年，即公元前301年，赵破中山在同年。 《通鉴》:（周赧王十四年）赵王伐中山中山君犇齐。（卷三） 《战国策·赵策》:三国攻秦，赵攻中山，取扶柳（在今河北省衡水市冀州区），五年（若以赵惠文王三年灭中山反推，此年当是赵武灵王二十五年）以擅呼沲（即滹沱河）。齐人戎郭、宋突谓仇郝曰:"不如尽归中山之新地。中山案此言于齐曰，四国将假道于卫，以过章子之路。齐闻此，必效鼓。"（《战国策》第754页） 《战国策·赵策·赵收天下且以伐齐》:昔者，楚人久伐而中山亡。（《战国策》第608页）吴师道补正:"（六国）年表，武灵王二十五年攻中山，而秦、韩、魏、齐击楚，败唐眜（楚将军），亦此时也。" 《战国策·中山策》:中山君飨都士，大夫司马子期在焉。羊羹不遍，司马子期怒而走于楚，说楚王伐中山，中山君亡。有二人挈戈而随其后者，中山君顾谓二人:"子奚为者也?"二人对曰:"臣有父，尝饿且死，君下壶飱饵之。臣父且死，曰:'中山有事，汝必死之。'故来死君也。"中山君喟然而仰叹曰:"与不期众少，其于当厄;怨不期深浅，其于伤心。吾以一杯羊羹亡国，以一壶飱得士二人。"（《战国策》第1183页）楚与中山相隔甚远，疑误。中山君亡齐，事在前301年。	《史记·六国年表》，见《史记》第736页。 《史记·秦本纪》，见《史记》第210页。 《通鉴》	中山君奔齐李零《滹沱考》《再说滹沱——赵惠文王迁中山王于肤施考》认为"滹沱"为胡汉大致分界线。
辛丑	周赧王十五年（前300）	（赵武灵王）二十六年，复攻中山，攘地北至燕、代，西至云中（在今内蒙古托克托东北）、九原（在今包头市西）。	《史记·赵世家》赵武灵王二十六年，见《史记》第1811页。	
乙丑	周赧王十九年（前296）	（赵惠文王）三年，灭中山，迁其王于肤施（在今陕西榆林东南），起灵寿，北地方从，代道大通。 赵武灵王二十五年破中山，中山王奵窑奔齐。其后盖中山并未绝祀，而又拥立中山胜（《赵策》，《吕氏春秋》作中山尚）。此被迁于肤施者当为中山胜。	《史记·赵世家》赵惠文王三年，见《史记》第1813页。	

干支	纪年	事件	出处	备注
丙寅	周赧王二十年（前295）	（赵惠文王四年）与齐、燕共灭中山。 又见《史记·田敬仲完世家》：（齐湣王二十九年）赵杀其主父，齐佐赵灭中山。《齐表》：佐赵灭中山。 《史记·乐毅传》：当是时，齐湣王疆，南败楚相唐眜于重丘，西摧三晋于观津，遂与三晋击秦，助赵灭中山，破宋，广地千余里。（《史记》第2428页） 《战国策·燕策·或献书燕王》：秦久伐韩，故中山亡；今久伐楚，燕必亡。（《战国策》第1111页）秦攻伐韩、魏数年之久，牵制韩、魏使赵无后顾之忧，为赵灭中山提供了有利条件。 《战国策·魏策·八年谓魏王》：中山恃齐、魏以轻赵，齐、魏伐楚而赵亡中山。（《战国策》第889页）齐、魏为中山与国。	《史记·赵表》赵惠文王四年，《史记·齐表》齐湣王二十九年，见《史记》第738页。	中山国灭

附录三

鄂器物勒工名所见工匠及制器

姓名	职司	制品		
		编号	名称	铭文
弧 (《集成》 作尼)	冶匀工	DK：15	铜扁壶	七岁，冶匀啬夫启重，工弧。重四百六刀重。左繛者。
	左使库工	DK：34	十五连盏铜灯	十岁，左使库啬夫事夥，工弧，重一石三百五十五刀之重。右繛者。
		XK：5	铜升鼎	左使库工弧。
		XK：13	铜方座豆	左使库工弧。
		XK：19	铜圆壶	左使库工弧。
		XK：27	铜鬲	左使库工弧。
		XK：29	铜鬲	左使库弧。
姓名	职司	制品		
		编号	名称	铭文
戠 (《集成》 作贊)	冶匀工	DK：32	铜匜	八岁，冶匀啬夫启重，工戠。重七十刀重。右繛者。
	左使库工	DK：26	铜圆盒	左繛者。十岁，左使库啬夫事夥，工戠，重百一十刀之重。
徐戠	牀麀啬夫	DK：22	屏风插座	十四岁，牀麀啬夫徐戠，制省器。
		DK：23		
		DK：24		
		DK：39—1—3	铜帐橛	十四岁，牀麀啬夫徐戠制之。

姓名	职司	制品		
		编号	名称	铭文
酋 (《集成》 作福)	冶勺工	DK：21	铜鸟柱盆	八岁，冶勺啬夫孙蕊，工酋。

姓名	职司	制品		
		编号	名称	铭文
处	右使库工	DK：46	铜盘	十岁，右使库啬夫郭痉，工处，重。
		DK：25	铜圆盒	十二岁，右使库啬夫郭痉，工处，重百二十八刀重。左繙者。

姓名	职司	制品		
		编号	名称	铭文
工胄 (《集成》 作賙)	右使库工	XK：16	铜圆壶	十岁，右使啬夫吴丘，工胄，重一石百四十二刀之重。

姓名	职司	制品		
		编号	名称	铭文
疥	右使库工	DK：27	有柄铜箕	左繙者。十岁，右使库工疥。
		XK：33	铜勺	十三岁，右使库工疥。
		XK：34	铜勺	十三岁，右使库工疥。
		DK：33	铜错金银龙凤方案	十四岁，右使库啬夫郭痉，工疥。
		DK：35	铜错银双翼神兽	十四岁，右使库啬夫郭痉，工疥，重。
		DK：36		十四岁，右使库啬夫郭痉，工疥。

姓名	职司	制品		
		编号	名称	铭文
角	右使库工	XK：17	铜圆壶	十一岁，右使库啬夫郭痊，工角，重一石八十二刀之重。

姓名	职司	制品		
		编号	名称	铭文
牢（触）	右使库工	DK：17	铜盉	十一岁，右使库啬夫郭痊，工牢（触），重三百八刀。右缫者。

姓名	职司	制品		
		编号	名称	铭文
麿	右使库工	DK：16	铜盉	十二岁，右使库啬夫郭痊，工麿，重三百四十五刀重。左缫者。

姓名	职司	制品		
		编号	名称	铭文
郜	左使库工	DK：14	铜扁壶	十二岁，左使库啬夫孙固，工郜，重五百六十九刀。左缫者。

姓名	职司	制品		
		编号	名称	铭文
嫧（《集成》又作坿）	左使库工	DK：6	铜圆壶	十三岁，左使库啬夫孙固，工，重一石三百三十九刀之重。
		DK：7	铜圆壶	十三岁，左使库啬夫孙固，工嫧，重一石三百刀之重。
		CHMK2:6—1—10；CHMK2:8—1—10	圆帐铜接扣母扣	十四岁，左使库造，啬夫孙固，工嫧。其后有编号 1—10。
		DK：1	铜陪鼎	左使库工嫧。
		DK：2	铜陪鼎	左使库工嫧。
嫧（《集成》又作坿）	左使库工	DK：3	铜陪鼎	左使库工嫧。
		XK：25	铜簠	左使库工嫧。
		XK：36	铜匕	左使库工嫧。
		XK：37	铜匕	左使库工嫧。
		XK：38	铜刀	左使库工嫧。
		GSH：5—67	木椁铜铺首	左工嫧。
		GSH：5—42	木椁铜铺首	左工嫧（《集成》作贵）。

姓名	职司	制品		
		编号	名称	铭文
上	左使库工	DK：8	铜提链圆壶	十三岁，左使库啬夫孙固，工上，重四百七十四刀之重。

姓名	职司	制品		
		编号	名称	铭文
孙固	左使库啬夫	XK：20	小铜圆壶	府。十三岁，左使库啬夫孙固，所制省器，作制者。

姓名	职司	制品		
		编号	名称	铭文
孟鲜	私库工	BDD：40	夔龙纹镶金银泡饰	十三岁，私库啬夫煮正，工孟鲜。

姓名	职司	制品		
		编号	名称	铭文
颋（《集成》作夏）昃	私库工	BDD：42	包金镶银铜泡饰	十三岁，私库啬夫煮正，工颋昃。

姓名	职司	制品		
		编号	名称	铭文
陲面	私库工	BDD：43	包金镶银铜泡饰	十三岁，私库啬夫煮正，工陲面。

姓名	职司	制品		
		编号	名称	铭文
昱	左使库工	XK：58	铜错银双翼神兽	十四岁，左使库啬夫孙固，工昱，重。
		XK：3	铜升鼎	左使库工昱。
		XK：11	铜平盘豆	左使库工昱。
		XK：18	铜圆壶	左使库工昱。
		XK：31	铜勺	左使库工昱。
		CHMK2:4	铜山字形器	左使库工昱。

姓名	职司	制品		
		编号	名称	铭文
蔡	左使库工	XK：59	铜错银双翼神兽	十四岁，左使库啬夫孙固，工蔡。
		XK：7	铜升鼎	左使库工蔡。
		XK：10	铜细孔流鼎	左使库工蔡。
		XK：20	铜簠	左使库工蔡。
		XK：30	铜勺	左使库工蔡。
		XK：32	铜勺	左使库工蔡。
		DK：20	铜筒形器	左使库工蔡。
		CHMK2:5	铜山字形器	左使库工蔡。
		GSH：5—15	木椁铜铺首	左工蔡。
		GSH：5—60	木椁铜铺首	左工蔡。

姓名	职司	制品		
		编号	名称	铭文
亳更（《集成》作亮疟）	片器啬夫	DK：10	铜镶嵌红铜松石方壶	十四岁，片器啬夫亳更，所制省器作制者。
		DK：11	铜镶嵌红铜松石方壶	十四岁，片器啬夫亳更，所制省器作制者。
		CHMK2:64—1—4	铜铙	十四岁，器啬夫□□（亳更），所制省器作制者。

姓名	职司	制品		
		编号	名称	铭文
筹	右使库工	高庄战国墓M1：7	中山国铜鼎	十四岁，右使库啬夫郭痤，簡（筹）。重二百六十二斤之重。侍府储。[1]

---

[1] 李学勤:《秦国文物的新认识》，第27页。

附录四

平山三器铭文集释[1]

一、中山王𰯼铜鼎 XK:1[2]

唯十四年，中山

王𰯼詐（作）鼎，于铭

曰：於（呜，《集成》又作乌）虖（呼，《集成》又作乎）！语不废

𢦏（哉）！寡人闻之，蒦（与）

其汋（沦，《集成》又作溺）於人也，宁

汋（沦，《集成》又作溺）於渊。昔者，郾（燕）

君子徻（哙），觀（叡）弇夫

𤞷，𫯰（長）为人宗（《集成》又作主），闬

於天下之勿矣（疑）[3]

猶粯（迷）惑於子之

[1] 附录四图版采用张守中铭文摹本，莫阳制图。张守中：《中山王𰯼器文字编》，北京：中华书局，1991 年。铭文释文以《𰯼墓》释文为主，参校《集成》。

[2] 释文见《𰯼墓》（上册），第 341—365 页；《集成》，1529—1533 页。

[3]《集成》作“於天下之勿（物）矣”。

而辻（亡）其邦，为天

下殌（戮，《集成》又作僇），而皇（况）在於

少君虖（呼，《集成》又作乎）？昔者虗（吾）

先考成王，早棄

群臣，寡人學（幼）踵（童）

未甬（通）智，唯俌（傅）侮（姆）

氏（是）從。天降休命

于朕邦，又（有）厥忠

臣賏（《集成》又作賈），克忑（順）克卑（俾），

亡（無）不逵（率）尸（仁），敬忑（順）

天德，以猚（左，《集成》又作佐）右（《集成》又作佑）寡

人，使智（知）社稷之

賃（任），臣宗（《集成》又作主）之宜（義），夙

夜不解（懈），以詳（善《集成》又作誘）道（導）

寡人。含（今）舍（余）方壮，

智（知）天若否，侖（論）其

悪（德），省其行，亡（無）不

忑（順）道，考庀（宅，《集成》又作度）惟型，

於（鳴，《集成》又作烏）虖（呼，《集成》又作乎），折（哲）夅（哉）！

社稷

其庶虖（呼，《集成》又作乎）！厥業在

祇（《集成》作祇）。寡人聞之，事

少女（如）竤（長），事愚女（如）

智，此易言而難

行施（也，《集成》作旆）。非悊（《集成》作悊，又作信）与忠，

其隹（谁）能之，其隹（谁）能之？唯虗（吾）

老賏（《集成》又作賈），是克行之。

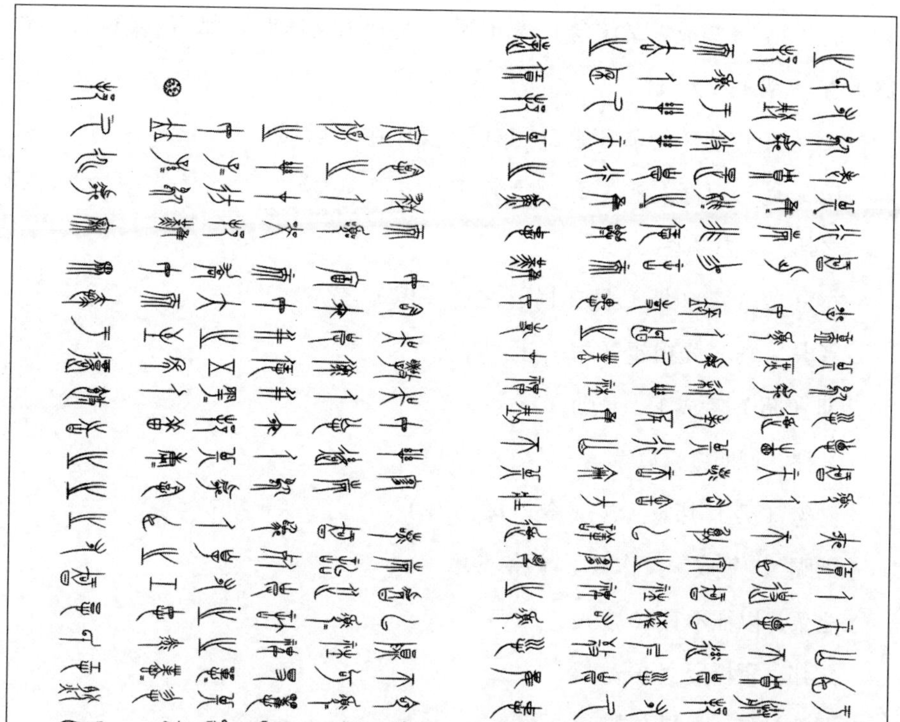

图 9-1　𰯌鼎（XK：1）铭文（据《中山王𰯌器文字编》摹本）

於（嗚，《集成》又作乌）虖（呼，《集成》又作乎），攸（《集成》又作悠）㦲（哉）！天其

又（有）塦（俐）于兹（《集成》又作在）厥邦

氏（是）以寡人匼（委）賃（任）

之邦，而去之遊，

亡（無）窓（慷）昜（惕）之悬（慮）。昔

者慮（吾）先祖趄（桓）王

邵（昭）考成王，身勤

社稷，行四方，以

憂愁（勞）邦家。含（今）慮（吾）

老賙（《集成》又作賈），親率參軍

之衆，以征不宜（義）

之邦，奮梓晨（振）鐸，

闢啟封疆，方臀（數）

百里，刺（列）城臂（數）十，

克倘（敵）大邦。寡人

庸其悳（德），嘉其力，

氏（是）以賜之厥命：

"隹（雖）又（有）死辠（罪），及參

殊（世）亡（無）不若（赦）"以明

其德，庸其工（功）。慮（吾）

老賙（《集成》又作賈）奔走不耴（聽）

命，寡人懼其忽然

不可得，憚憚憟憟，忈（恐）

隕社稷之光，氏（是）

以寡人許之，忢（謀）悬（慮）

皆從，克又（有）工（功）智

施（也,《集成》作旃），詒死辠（罪）之又（有）

若（赦），智（知）爲人臣之

宜（義）施（也,《集成》作旃）。於（呜,《集成》又作乌）虖（呼,《集成》又作乎），恴（念）之

𢦏（哉）！後人其庸庸之

毋忘尔邦。昔者

呉人併（并）雩（越），雩（越）人斆（修）

斅（教）備恁（《集成》又作任），五年覆

呉，克併（并）之至于

含（今）。尔毋大而悕（泰,《集成》又作肆），

毋富而喬（驕），毋衆

而嚻。叟（鄰）邦難新（親），

𢦔（仇）人在彷（旁）。於（呜,《集成》又作乌）虖（呼,《集成》又作乎），

恴（念）之𢦏（哉）！子子孫孫，永

定保之，毋竝（替）厥邦。

二、中山王譽方壺 XK : 15[1]

隹（唯）十四年，中山王譽命相邦赒，

擇郾（燕）吉金，鑄為彝壺，節于醒（禋）醣（齊），

可灋（法）可尚（《集成》又作常），以郷（饗）上帝，以祀先王。

穆穆濟濟，嚴敬不敢怠（怠）荒，因載所美，

卲（昭）友（《集成》又作跋）皇功，詆（詆）郾（燕）之訛，以憼（警，

[1] 释文见《譽墓》（上册），第 370—379 页；《集成》09735。

《集成》又作儆）嗣王。

佳（唯）朕皇祖文、武，趈（桓）祖、成考，是又（有）

純（纯）悳（德）遺恶（訓），以阤（施，《集成》又作陁）及子孫，用佳

（唯）朕

所放（《集成》又作儆）。慈孝寰（宣）惠，舉（舉）孯（賢）使能。天不

臬（斁）其又（有）忞（願），使得孯（賢）在（才，《集成》又作士）良

猺（佐）賵，以輔相厥身。余智（知）其忠詢（信）施（也），而講（專）

賃（任）之邦：氏（是）以遊夕飲飤（食），盋又（有）窓（遽，《集成》

又作憻）

旻（惕）？賵渴（竭）志盡忠，以猺（佐）右（《集成》又作佑）厥

闢（辟），不

貳（《集成》又作膩）其心，受賃（任）猺（佐）邦，夙夜篚（匪）

解（懈），進孯（賢）散（措）能，亡（無）又（有）轉（常）息，

以明闢（辟）光。倘（適）曹（遭）鄾（燕）君子

儈（噲），不分（《集成》作顧）大宜（義），不（舊）者（諸）侯，

而臣宗（《集成》又作主）易立（位），以内絕邵（召）

公之業，乏其先王之祭祀；

外之則牁（將）使迣（上）勤（觀）於天子之庿（廟），

而退與者（諸）侯齒竦（長）於遒（會）同，則迣（上）

逆於天，下不恶（順）於人施（也）。寡人非

之。賵曰："爲人臣而返（反）臣其宗（《集成》又作主），不

祥莫（大）[1]焉。牁（將）與慮（吾）君並立于丗（世），

齒竦（長）於遒（會）同，則臣不忍見施（也）。賵

恶（願）從在（士）大夫，以請（靖）鄾（燕）疆。"氏（是）以身蒙

皋冑，以戕（誅）不恶（順）。鄾（燕）旆（故）君子儈（噲）新

---

[1] 报告释文缺"大"字。

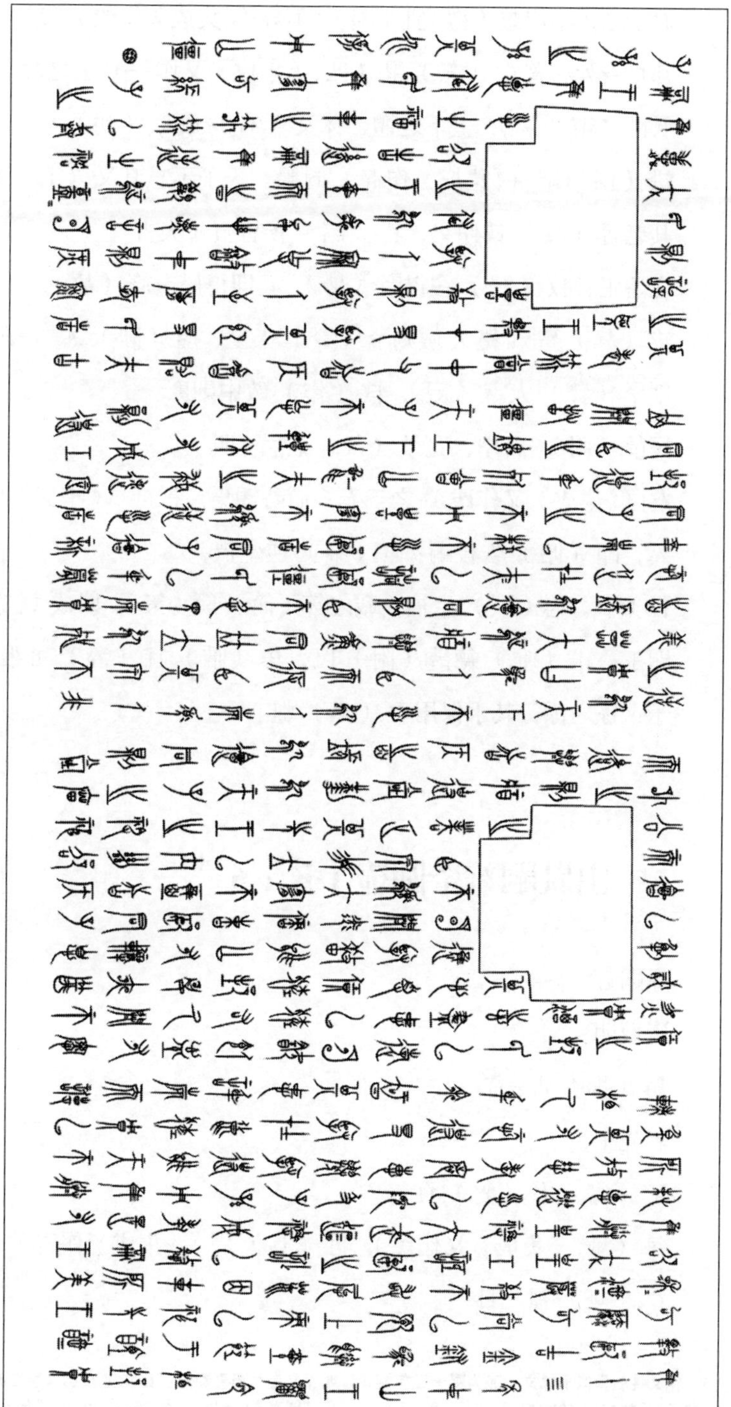

图 9-2 嗣方壶（XK：15）铭文（据《中山王嚳器文字编》摹本）

君子之，不用豐（禮）宜（義），不分（《集成》作顧）逆忿（順），旃（故）

邦亡身死，曾亡（無）鼠（匹，《集成》又作一）夫之救。述（遂）定

君臣之媦（位），上下之體，休又（有）成工（功），

叴（創）闢（《集成》作辟）封疆。天子不忘其又（有）勳，使

其老筲（策）賞仲父，者（諸）侯皆賀。夫古

之聖王，孜（務）在得夆（賢），其即得民。旃（故）

諱（辭）豐（禮）敬則夆（賢）人至，厜（陞）忢（愛）深

則夆（賢）人嵚（親），攸（作）斂中則庶

民莒（附）。於虖，允箊（哉）若言：明

犮（《集成》又作跋）之于壺，而時觀焉。祇祇（《集成》作祇祇）

翼，卲（昭）告後嗣：佳（唯）逆生禍，

佳（唯）忿（順）生福，載之筊（簡）筲（策），以戒（《集成》又作誡）

嗣王，佳（唯）德莒（附）民，佳（唯）宜（義）可緍（長）。子之

子，孫之孫，其永保用亡（無）疆。

三、中山胤嗣妵鎜圓壺 DK：6[1]

胤嗣妵

鎜敢明

昜（揚）告：昔

者先王，

夅（慈）忢（愛）百

每（敏，《集成》又作民），竹（篤）周（《集成》作冑）

亡（無）疆。日

---

[1] 銘文性質類似于悼文。壺為嚳十三年制，說明銘文應為舊壺新刻。銘文前22行文字結構松散，後37行文字
與嚳鼎和嚳方壺上銘文相近，出于同一人之手。見《嚳墓》（上冊），第383—394頁；《集成》09734。

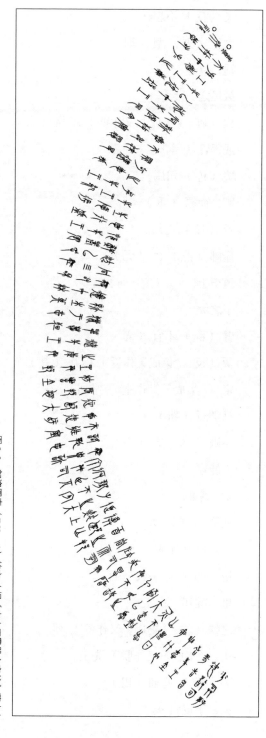

图 9-3　好盗圆壶（DK：6）铭文（据《中山王䂖器文字编》摹本）

炙（夜）不忘，

大峯（去）型（刑）

罰，以憂

厥民之

佳（唯，《集成》又作雁）不饸（辜）。

或得賢（賢）

狌（佐）司馬

賙，而豕（重）

賃（任）之邦。

逢郾（燕）亡（无）

道燙上。

子之大

臂（辟）不宜（義），

彶（反，《集成》作返）臣丌（其）

宗（《集成》又作主）。唯司

馬賙訢（靳）

詻戰（僤）态（怒），

不能寧

處，率師

征郾（燕），大

啟邦沺（宇）。

枋（方）嘼（數）百

里，唯邦

之榦（翰，《集成》又作幹）。唯

送（《集成》又作朕）先王，

茅（苗）蒐狚（田）

獵，于皮（彼）

新杢（土），其
澮（會）女（如）林，
馭右和
同，四駐（牡）
汸汸（騯騯），以取
鲜藁（槁，《集成》又作薧），郷（嚮）
祀先王，
德行盛
生（皇，《集成》又作旺）。陲像
先王，於（呜，《集成》又作乌）
虖（呼，《集成》又作乎），先王
之悳（德），弗
可复得！
霖霖（潸潸）流霧（涕）。
不敢寧
處。敬命
新墬（地），雨（《集成》又作雩）
祠先王，
𣥐𣥐（世世）毋𨒅（犯，《集成》又作乏），
以追庸（頌，《集成》又作誦）
先王之
工（功）刺（烈），子子
孫孫，毋又（有）
不敬，𢡃（寅）
祗（《集成》作祇）丞（承，《集成》又作烝）祀。

参考文献

一、文献

［战国］韩非 著、陈奇猷 校注:《韩非子新校注》,上海:上海古籍出版社,2000 年。

［战国］吕不韦 著、陈奇猷 校释:《吕氏春秋新校释》,上海:上海古籍出版社,
2002 年。

［汉］司马迁 撰、［宋］裴骃《集解》、［唐］司马贞《索引》、［唐］张守节《正
义》:《史记》,北京:中华书局,1959 年。

［汉］许慎:《说文解字》,北京:中华书局,1963 年。

［汉］赵晔 撰、［元］徐天祜 音注、苗麓 点校:《吴越春秋》,南京:江苏古籍出版
社,1999 年。

［汉］刘向 集录:《战国策》,上海:上海古籍出版社,1985 年。

［汉］刘向 撰、向宗鲁 校证:《说苑校证》,北京:中华书局,1987 年。

［西晋］杜预:《春秋左传集解》,上海:上海人民出版社,1977 年。

［唐］魏征等:《隋书》,北京:中华书局,1973

［清］阮元 校刻:《十三经注疏》,北京:中华书局,1980 年。

［清］王先谦 撰,沈啸寰、王星贤 点校:《荀子集解》,北京:中华书局,1988 年。

［清］王先谦 撰、吕苏生 补释：《鲜虞中山国事表疆域图说补释》，上海：上海古籍出版社，1993 年。

徐元诰 撰，王树民、沉长云 点校：《国语集解》，北京：中华书局，2002 年。

黎翔凤 撰、梁运华 整理：《管子校注》，北京：中华书局，2004 年。

范祥雍 编：《古本竹书纪年辑校订补》，上海：上海人民出版社，1957 年。

二、考古报告与简报

安徽省文物管理委员会、安徽省博物馆：《寿县蔡侯墓出土遗物》，北京：科学出版社，1956 年。

大葆台汉墓发掘组、中国社会科学院考古研究所：《北京大葆台汉墓》，北京：文物出版社，1989 年。

耿建扩：《古中山国遗址惊现地下军事粮仓》，《光明日报》2005 年 11 月 3 日。

郭宝钧：《山彪镇与琉璃阁》，北京：科学出版社，1959 年。

河北省博物馆、文物管理处：《河北平山县访驾庄发现战国前期青铜器》，《文物》1978 年第 2 期。

河北省博物馆、文物管理处：《满城、唐县发现战国时代青铜器》，《光明日报》1972 年 7 月 16 日。

河北省文化局文物工作队：《河北怀来北辛堡战国墓》，《考古》1966 年第 5 期。

河北省文化局文物工作队：《河北易县燕下都第十六号墓发掘》，《考古学报》1965 年第 2 期。

河北省文物管理处：《河北邯郸赵王陵》，《考古》1982 年第 6 期。

河北省文物管理处：《河北省平山县战国时期中山国墓葬发掘简报》，《文物》1979 年第 1 期。

河北省文物管理委员会：《河北石家庄市市庄村战国遗址的发掘》，《考古学报》1957 年第 1 期。

河北省文物研究所：《河北定县 40 号汉墓发掘简报》，《文物》1981 年第 8 期。

河北省文物研究所：《河北新乐中同村发现战国墓》，《文物》1985 年第 6 期。

河北省文物研究所:《河北平山三汲古城调查与墓葬发掘》,《考古学集刊》(第5集),中国社会科学出版社,1987年。

河北省文物研究所:《中山国灵寿城第四、五号遗址发掘简报》,《文物春秋》,1989年创刊号（第1—2期合刊）。

河北省文物研究所:《燕下都》,北京:文物出版社,1996年。

河北省文物研究所:《𫕷墓——战国中山国国王之墓》,北京:文物出版社,1995年。

河北省文物研究所:《行唐县庙上村、黄龙岗出土的战国青铜器》,《河北省考古文集》,北京:东方出版社,1998年。

河北省文物研究所:《战国中山国灵寿城——1975—1993年考古发掘报告》,北京:文物出版社,2005年。

河北省文物研究所、唐县文物保管所:《唐县淑闾东周墓葬发掘简报》,《文物春秋》2012年第1期。

河南博物院、台湾历史博物馆:《辉县琉璃阁甲乙二墓》,郑州:大象出版社,2003年。

河南省文物考古研究所:《固始侯古堆一号墓》,郑州:大象出版社,2004年。

河南省文物研究所、河南省丹江库区考古发掘队:《淅川下寺春秋楚墓》,北京:文物出版社,1991年。

河南省文物研究所:《信阳楚墓》,北京:文物出版社,1986年。

胡金华、冀艳坤:《河北唐县钓鱼台积石墓出土文物整理简报》,《中原文物》2007年第6期。

湖北荆州地区博物馆:《江陵马山一号楚墓》,北京:文物出版社,1985年。

湖北荆州地区博物馆:《江陵雨台山楚墓》,北京:文物出版社,1984年。

湖北省博物馆:《曾侯乙墓》,北京:文物出版社,1989年。

湖北省博物馆:《九连墩——长江中游的楚国贵族大墓》,北京:文物出版社,2007年。

湖北省荆沙铁路考古队:《包山楚墓》,北京:文物出版社,1991年。

湖北省荆州博物馆:《荆州天星观二号楚墓》,北京:文物出版社,2003年。

湖北省文物局:《湖北省南水北调工程重要考古发现I》,北京:文物出版社,2007年。

湖北省文物考古研究所、荆门市博物馆、襄荆高速公路考古队:《荆门左冢楚墓》,北京:文物出版社,2006 年。

湖北省文物考古研究所:《江陵九店东周墓》,北京:科学出版社,1995 年。

湖北省文物考古研究所:《江陵望山沙塚楚墓》,北京:文物出版社,1996 年。

湖南省博物馆等:《长沙楚墓》,北京:文物出版社,2000 年。

李文龙:《保定境内战国中山长城调查记》,《文物春秋》2001 年第 1 期。

辽宁省文物考古研究所、朝阳市博物馆:《河北正定县吴兴墓地战国墓葬发掘简报》,《考古》2012 年第 6 期。

刘福山:《灵寿县文物普查简报》,《文物春秋》1992 年第 1 期。

罗勋章:《田齐王陵初探》,《中国考古学会第九次年会论文集》,北京:文物出版社,1997 年。

马书平:《保定境内发现古中山国长城》,《新华每日电讯》2002 年 3 月 29 日。

山东省文物考古研究所:《临淄齐墓(第一集)》,北京:文物出版社,2007 年。

山东省文物考古研究所:《山东淄博市临淄区淄河店二号战国墓》,《考古》2000 年第 10 期。

山西省考古研究所、山西博物馆、长治市博物馆:《长治分水岭东周墓地》,北京:文物出版社,2010 年。

山西省考古研究所:《侯马白店铸铜遗址》,北京:科学出版社,2012 年。

山西省考古研究所:《侯马铸铜遗址》,北京:文物出版社,1993 年。

山西省文物工作委员会:《侯马盟书》,北京:文物出版社,1976 年。

陕西省考古研究所、始皇陵秦俑坑发掘队:《秦始皇陵兵马俑坑一号坑发掘报告 1974-1984》,北京:文物出版社,1988 年。

陕西省考古研究所:《西安北郊秦墓》,西安:三秦出版社,2006 年。

陕西省考古研究院、秦始皇兵马俑博物馆:《秦始皇帝陵园考古报告 2001-2003》,北京:文物出版社,2007 年。

石家庄地区文物管理所:《河北灵寿县出土战国货币》《考古学集刊》(第 2 集),中国社会科学出版社,1982 年。

石家庄地区文物管理所:《河北新乐县中同村战国墓》,《考古》1984 年第 11 期。

随州市博物馆:《随州擂鼓墩二号墓》,北京:科学出版社,2008 年。

王丽敏：《河北曲阳县出土战国青铜器》，《文物》2000 年第 11 期。

王巧莲：《行唐县西石邱出土的战国青铜器》，《文物春秋》1995 年第 3 期。

文启明：《河北灵寿县西岔头村战国墓》，《文物》1986 年第 6 期。

河北省文物研究所：《河北新乐中同村发现战国墓》，《文物》1985 年第 6 期。

滹沱河考古队：《河北滹沱河流域考古调查与试掘》，《考古》1993 年第 4 期。

吴山菁：《江苏六合县和仁东周墓》，《考古》1977 年第 5 期。

杨书明、杨勇：《灵寿县青廉村战国青铜器窖藏》，《文物春秋》2008 年第 4 期。

雍城考古工作队：《凤翔县高庄战国秦墓发掘简报》，《文物》1980 年第 9 期。

长沙市文化局文物组：《长沙咸家湖西汉曹𡢾墓》，《文物》1979 年第 3 期。

镇江博物馆：《江苏镇江谏壁王家山东周墓》，《文物》1987 年第 12 期。

郑绍宗：《行唐县李家庄村发现战国铜器》，《文物》1963 年第 4 期。

郑绍宗：《唐县南伏城及北城子出土周代青铜器》，《文物春秋》1991 年第 1 期。

中国科学院考古研究所：《辉县发掘报告》，北京：科学出版社，1956 年。

中国科学院考古研究所：《长沙发掘报告》，北京：科学出版社，1957 年。

三、专著

《战国鲜虞陵墓奇珍：河北平山中山国王墓》，北京：文物出版社，1994 年。

白云翔：《先秦两汉铁器的考古学研究》，北京：科学出版社，2005 年。

曹迎春：《中山国经济研究》，北京：中华书局，2012 年。

陈建立、刘煜主编：《商周青铜器的陶范铸造技术研究》，北京：文物出版社，
2011 年。

陈梦家：《六国纪年》，上海：上海人民出版社，1956 年。

陈寅恪：《金明馆丛稿二编》，上海：上海古籍出版社，1980 年。

成都金沙遗址博物馆、河北博物馆、河北省文物研究所编：《发现·中山国》，成都：
巴蜀书社，2019 年。

段宏振：《赵都邯郸城研究》，北京：文物出版社，2009 年。

段连勤：《北狄与中山国》，石家庄：河北人民出版社，1982 年。

段连勤：《北狄族与中山国》，桂林：广西师范大学出版社，2007 年。

冯时：《中国古文字学概论》，北京：中国社会科学出版社，2016 年。

傅熹年：《傅熹年建筑史论文集》，北京：文物出版社，1998 年。

高明：《中国古文字学通论》，北京：文物出版社，1987 年。

郭德维：《楚系墓葬研究》，武汉：湖北教育出版社，1995 年。

邯郸市文物保护研究所：《追溯与探索——纪念邯郸市文物保护研究所成立四十五周年学术研讨会文集》，北京：科学出版社，2007 年。

何艳杰：《中山国社会生活研究》，北京：中国社会科学出版社，2009 年。

何艳杰等：《鲜虞中山国史》，北京：科学出版社，2011 年。

河北省博物馆 编：《战国中山国史话》，北京：地质出版社，1997 年。

河北省文物研究所：《河北省考古文集 （三）》，北京：科学出版社，2007 年。

河北省文物研究所：《河北省考古文集 （四）》，北京：科学出版社，2011 年。

黄尝铭：《东周中山王国器铭集成 （增订本）》，台北：真微书屋，2018 年。

赖德霖：《走进建筑 走进建筑史》，上海：上海人民出版社，2012 年。

李零：《中国方术考》，北京：人民中国出版社，1993 年。

李零：《简帛古书与学术源流》，北京：生活·读书·新知三联书店，2004 年。

李学勤：《东周与秦文明》，上海：上海人民出版社，2007 年。

李学勤：《李学勤集——追溯·考据·古文明》，哈尔滨：黑龙江教育出版社，1989 年。

李学勤：《中国古代文明研究》，上海：华东师范大学出版社，2005 年。

李学勤：《李学勤早期文集》，石家庄：河北教育出版社，2008 年。

李学勤主编：《清华大学藏战国竹简 （贰）》，上海：中西书局，2011 年。

林宏明：《战国中山国文字研究》，台北：台湾古籍出版社，1992 年。

刘彬辉：《楚系青铜器研究》，武汉：湖北教育出版社，1995 年。

陆德富：《战国时代官私手工业的经营形态》，上海：上海古籍出版社，2018 年。

罗兰·巴特尔：《埃菲尔铁塔》，北京：中国人民大学出版社，2008 年。

吕亚虎：《战国秦汉简帛文献所见巫术研究》，北京：科学出版社，2012 年。

蒙文通：《古族甄微——蒙文通文集第二卷》，成都：巴蜀书社，1993 年。

蒙文通：《周秦少数民族研究》，龙门书局，1933 年。

商承祚：《长沙古物闻见记·续记》，北京：中华书局，1996 年。

石永士、王素芳:《中山国探秘》,石家庄:河北教育出版社,2002 年。

睡虎地秦墓竹简整理小组:《睡虎地秦墓竹简》,北京:文物出版社,1978 年。

宋玲平:《晋系墓葬制度研究》,北京:科学出版社 ,2007 年。

苏秉琦:《苏秉琦考古学论述选集》,北京:文物出版社,1984 年。

苏辉:《秦三晋纪年兵器研究》,上海:上海古籍出版社,2013 年。

苏荣誉:《磨戟:苏荣誉自选集》,上海:上海人民出版社,2012 年。

孙机:《汉代物质文化资料图说(增订本)》,上海:上海古籍出版社,2008 年。

孙庆伟:《周代用玉制度研究》,上海:上海古籍出版社,2008 年。

谭其骧主编:《中国历史地图集》,北京:中国地图出版社,1982 年。

陶希圣:《辩士与游侠》,台北:台湾商务印书馆,1995 年。

田余庆:《秦汉魏晋史探微(重订本)》,北京:中华书局,2004 年。

王国维:《古史新证》,北京:清华大学出版社,1994 年。

巫鸿、朱青生、郑岩主编:《古代墓葬美术研究》(第 2 辑),长沙:湖南美术出版社,2013 年。

巫鸿主编:《汉唐之间的视觉文化与物质文化》,北京:文物出版社,2003 年。

巫鸿:《礼仪中的美术——巫鸿中国古代美术史文编》,北京:生活·读书·新知三联书店,2005 年。

巫鸿:《黄泉下的美术——宏观中国古代墓葬》,北京:生活·读书·新知三联书店,2010 年。

吴荣曾:《读史丛考》,北京:中华书局,2014 年。

吴晓筠:《商周时期车马埋葬研究》,北京:科学出版社,2009 年。

徐坚:《暗流:1949 年之前安阳之外的中国考古学传统》,北京:科学出版社,2012 年

徐龙国:《秦汉城邑考古学研究》,北京:中国社会科学出版社,2013 年。

扬之水:《古诗文名物新证》,北京:紫禁城出版社,2004 年。

扬之水、孙机、杨泓:《燕衎之暇》,香港:香港中文大学文物馆,2007 年。

杨泓:《逝去的风韵——杨泓谈文物》,北京:中华书局,2007 年。

杨鸿勋:《建筑考古学论文集》,北京:文物出版社,1987 年。

张守中:《中山王𰯲器文字编》,北京:人民美术出版社,2011 年。

中国社会科学院考古研究所：《中国考古学两周卷》，北京：中国社会科学出版社，2004 年。

中国社会科学院考古研究所编：《殷周金文集成（修订增补本）》，北京：中华书局，2007 年。

［日］冈元凤编纂、王承鹏点校 解说：《毛诗品物图考》，济南：山东画报出版社，2002 年。

［日］梅原末治：《增订洛阳金村古墓聚英》，同朋社，昭和五十九年。

［英］迪耶·萨迪奇 著，王晓刚、张秀芳 译：《权力与建筑》，重庆：重庆出版社，2007 年。

［德］雷德侯 著、张总等 译：《万物：中国艺术中的模件化和规模化生产》，北京：生活·读书·新知三联书店，2005 年。

［英］杰西卡·罗森 著、邓菲等 译：《祖先与永恒——杰西卡·罗森中国考古艺术文集》，北京：生活·读书·新知三联书店，2011 年。

［美］W. J. T 米切尔 编，杨丽、万信琼 译：《风景与权力》，南京：译林出版社，2014 年。

Emma C. Bunker: *Ancient Bronzes of the Eastern Eurasian Steppes: From the Arthur M. Sackler Collections*, Arthur M. Sackler Foundation, 1997.

Edited by Wen Fong: *The Great Bronze Age of China–An Exhibition From the People's Republic of China*, The Metropolitan Museum of Art, 1980.

Pope Gettens Cahill and Barnard: *The Freer Chinese Bronzes I*, Freer Gallery of Art, 1969.

Bernhard Karlgren: *A Catalogue of the Chinese Bronzes in the Alfred F.Pillsbury Collection*, The University of Minnesota Press, 1950.

C.T.LOO&CO: *An Exhibition of Ancient Chinese Ritual Bronzes*, The Detroit Institute of Arts, 1940.

Martin Powers:*Art and Political Expression in Early China*, Yale University, 1991.

Edited by Jessica Rawson: *Mysteries of Ancient China*, British Museum Press, 1996.

Adam T. Smith: *The Political Landscape: Constellations of Authority in Early Complex Polities*, University of California Press, 2003.

Jeeny So: *Eastern Zhou Ritual Bronzes: From the Arthur M. Sackler Collections*, Arthur M. Sackler Foundation, 1995.

Edited by Wu Hung: *Body and Face in Chinese Visual Culture*, Havard University Asia Center, 2004.

Xiaolong Wu: *Bronze Industry, Stylistic Tradition, and Cultural Identity in Ancient China: Bronze Artifacts of The Zhongshan State, Warring States Period (476-221BCE)*, Ph.D. dissertation, University of Pittsburgh, 2004.

Xiaolong Wu: *Material Culture, Power, and Identity in Ancient China*, Cambridge University Press, 2017.

四、论文

白晓燕、李建丽:《试论中山国与周边国家的关系》,《文物春秋》2007 年第 5 期。

鲍远航:《〈水经注〉所引三种汉晋河北地记考论》,《河北工业大学学报 (社会科学版)》2014 年第 3 期。

北京市发酵工业研究所:《中山王墓出土铜壶中的液体的初步鉴定》,《故宫博物院院刊》1979 年第 4 期。

步连生:《中山王墓出土遗物考释三则》,《故宫博物院院刊》1979 年第 2 期。

蔡礼彬:《从出土材料看战国时期平民手工业者》,《求是学刊》2003 年第 5 期。

曹迎春:《战国时期中山国的交通》,《山西广播电视大学学报》2007 年第 4 期。

曹迎春:《战国时期中山国制玉业》,《文教资料》2007 年第 27 期。

曹迎春:《从青铜器看中山国的北方民族特色》,《晋中学院学报》2008 年第 5 期。

曹迎春:《战国时期中山国商业初探》,《河北青年管理干部学院学报》2008 年第 6 期。

曹迎春:《战国中山人口探索》,《河北师范大学学报 (哲学社会科学版)》2009 年第 2 期。

曹迎春:《战国中山国制陶业研究》,《兰台世界》2009 年第 23 期。

曹迎春:《战国中山农业探索》,《农业考古》2010 年第 1 期。

曹迎春：《中山国灵寿城人口问题初探》，《文物春秋》2010 年第 2 期。

曹迎春：《战国时期中山国的商品生产分析》，《兰台世界》2011 年第 3 期。

曹迎春：《"飞跃"与"同步"——中山国经济发展特点》，《河北师范大学学报（哲学社会科学版）》2011 年第 4 期。

曹迎春：《鲜虞中山的"农"与"牧"》，《农业考古》2012 年第 3 期。

曹迎春：《关于中山国考古中几个问题的新看法》，《文物春秋》2012 年第 5 期。

曹迎春：《考古所见战国时期燕与中山的文化共性》，《河北青年管理干部学院学报》2013 年第 1 期。

曾骐：《中山三器与中山国——铸刻在青铜上的历史之七》，《历史大观园》1992 年第 9 期。

常怀颖：《侯马铸铜遗址研究三题》，《古代文明》（第 9 卷），2013 年。

常怀颖：《略谈铸铜作坊的空间布局问题》，《南方文物》2017 年第 3 期。

常怀颖：《两周都邑铸造作坊的空间规划》，《三代考古（七）》，北京：科学出版社，2017 年。

常素霞：《战国中山国玉器》，《收藏家》1998 年第 1 期。

常素霞：《中山国王墓及其陪葬墓出土玉器研究》，《文物春秋》2010 年第 4 期。

陈邦怀：《中山国文字研究》，《天津社会科学》1983 年第 1 期。

陈光田、徐永军：《浅论中山王鼎壶铭文中的修辞格式》，《渤海大学学报（哲学社会科学版）》2005 年第 5 期。

陈惠：《内蒙古石棚山陶文试释——中山国族属探源》，《文物春秋》1992 年增刊。

陈丽凤、张慧：《河北灵寿东城南村出土战国窖藏货币整理研究》，《文物春秋》2000 年第 4 期。

陈伟：《对战国中山国两件狩猎纹铜器的再认识》，《文物春秋》2001 年第 3 期。

陈应祺：《战国中山国"成帛"刀币考》，《中国钱币》1984 年第 3 期。

陈应祺：《从考古发现谈中山国崇"山"的特点》，《河北学刊》1985 年第 5 期。

陈应祺：《中山国灵寿城出土货币概论》，《河北金融·钱币专辑》1988 年增刊。

陈应祺、李恩佳：《论中山国都城灵寿城的营建——答柳石、王晋》，《河北学刊》1988 年第 2 期。

陈应祺：《中山国灵寿古城》，《河北文化报》1988 年 9 月 20 日。

陈应祺等：《战国中山国建筑用陶斗浅析》，《文物》1989 年第 11 期。

陈应祺等：《中山国灵寿城遗址陶器初探》，《文物春秋》1991 年第 4 期。

陈应祺：《战国中山国瓦当》，《收藏家》2001 年第 7 期。

陈振裕：《曾侯乙墓的乐器与殉人》，《故宫文物月刊》1996 年第 6 期。

程如峰：《从山字镜谈楚伐中山》，《江淮论坛》1981 年第 6 期。

程薇：《清华简〈系年〉与晋伐中山》，《深圳大学学报（人文社会科学版）》2012
年第 2 期。

崔宏：《战国中山国墓葬研究》，河北大学硕士学位论文，2015 年。

笪浩波：《从近年出土新材料看楚国早期中心区域》，《文物》2012 年第 2 期。

戴书田：《灯具极品——银首男俑铜灯》，《河北日报》1994 年 3 月 6 日。

董坤玉：《先秦墓祭制度再研究》，《考古》2010 年第 7 期。

杜逎松：《"五年复吴"释》，《故宫博物院院刊》1979 年第 2 期。

杜逎松：《试谈平山县中山王墓出土的铜器》，《光明日报》1979 年 10 月 16 日。

杜逎松：《中山王墓出土铜器铭文今译》，《文献》1980 年第 4 期。

段连勤：《关于平山三器的作器年代及中山王的在位年代问题——兼与李学勤、李
零同志商榷》，《西北大学学报》1980 年第 3 期。

段连勤：《鲜虞及鲜虞中山国早期历史初探》，《人文杂志》1981 年第 2 期。

段连勤：《对〈中山国亡于崇儒说献疑〉一文的质疑》，《文博》1987 年第 3 期。

冯峰：《东周殉葬的考古学研究》，北京大学硕士学位论文，2005 年。

冯小红：《从清华简〈系年〉看侯马盟书的年代》，《邯郸学院学报》2018 年第 2 期。

冯秀环：《试论战国中山国的军事制度》，河北师范大学硕士学位论文，2004 年。

冯秀环、马兴：《论战国中山的国防制度》，《广西社会科学》2005 年第 12 期。

傅熹年：《战国中山王䐮墓出土的〈兆域图〉及其陵园规制的研究》，《考古学报》
1980 年第 1 期。

傅筑夫：《春秋战国时期的官私手工业》，《南开学报》1980 年第 4 期。

高兵：《中山国婚制、婚俗初探》，《河北大学学报（哲学社会科学版）》2004 年第
3 期。

高英民：《灵寿县出土中山国金币》，《河北日报》1984 年 12 月 25 日。

高英民：《中山国自铸货币初探》，《河北学刊》1985 年第 2 期。

高英民：《战国中山国金贝的出土——简述"成白"刀面文诸问题》，《中国钱币》1985 年第 4 期。

高应勤：《东周楚墓人殉综述》，《考古学报》1991 年第 12 期。

郜丽梅：《司马赒与中山》，《文博》2006 年第 1 期。

耿庆刚：《东周青铜器动物纹样研究》，西北大学博士学位论文，2019 年。

顾颉刚（遗稿）、顾洪整理：《战国中山国史札记》，《学术研究》1981 年第 4 期。

郭德维：《江陵楚墓论述》，《考古学报》1982 年第 2 期。

郭德维：《楚墓分类问题探讨》，《考古》1983 年第 3 期。

韩炳华：《东周青铜器标准化现象研究》，山西大学博士学位论文，2009 年。

何浩：《司马子期的国别与"楚伐中山"的真伪——兼与天平、王晋同志商榷》，《河北学刊》1990 年第 6 期。

何琳仪：《中山王器考释拾遗》，《史学集刊》1984 年第 3 期。

何清谷：《试谈赵灭中山的几个问题》，《人文杂志》1981 年第 2 期。

何艳杰：《中山国社会生活礼俗研究》，郑州大学博士学位论文，2003 年。

何艳杰：《战国中山王权初探》，《福建教育学院学报》2004 年第 4 期。

何直刚：《中山国史杂考》，《河北学刊》1985 年第 3 期。

何直刚：《中山非鲜虞辨》，《河北学刊》1987 年第 4 期。

何直刚：《中山金器刻辞再推敲》，《文物春秋》1990 年第 3 期。

何直刚：《中山出自长狄考》，《河北社会科学论坛》1990 年第 6 期。

何直刚：《中山国史杂考（二）》，《文物春秋》1991 年第 3 期。

何直刚：《中山三铭与中山史考》，《文物春秋》1992 年第 2 期。

何直刚：《中山国人俑灯和连盏灯的艺术特色》，《中国文物报》1994 年 5 月 1 日。

胡传耸：《东周燕文化初步研究》，北京大学硕士学位论文，2006 年。

胡金华：《中山灵寿城址出土空首布及相关问题研究》，《中国钱币》2010 年第 1 期。

胡顺利、郭德维：《寿县楚王墓椁室形制复原问题讨论》，《江汉考古》1983 年第 3 期。

胡顺利：《中山王鼎铭"五年复吴"的史实考释辨》，《中国史研究》1984 年第 3 期。

胡小满：《中山国古都出土乐器简论》，《中国音乐》2007 年第 4 期。

黄盛璋：《关于战国中山国墓葬遗物若干问题辨证》，《文物》1979 年第 5 期。

黄盛璋：《再论平山中山国墓若干问题》，《考古》1980 年第 5 期。

黄盛璋：《中山国铭刻在古文字、语言上若干研究》，《古文字研究》（第 7 辑），1982 年。

黄盛璋：《平山战国中山石刻初步研究》，《古文字研究》（第 8 辑），1983 年。

黄盛璋：《关于侯马盟书的主要问题》，《中原文物》1987 年第 2 期。

黄锡全、赵志鹏：《灵寿故城附近发现早期直刀币》，《中国钱币》2006 年第 2 期。

黄益飞：《侯马盟书札记三则》，《三代考古》，北京：科学出版社，2018 年。

贾腾《玉皇庙文化墓葬与鲜虞中山文化墓葬对比研究》，河北师范大学硕士学位论文，2016 年。

贾作林：《鲜于中山国史杂考》，《甘肃高师学报》2011 年第 3 期。

姜允玉：《中山王铜器铭文中的音韵现象初探》，《古汉语研究》2005 年第 1 期。

孔德琴：《战国中山三器铭文的文学解读》，《民族文学研究》2008 年第 2 期。

莱茵：《一幅罕见的"兆域图"——中山国王陵设计图》，《文物天地》1982 年第 4 期。

雷从云：《灿烂的中山国文物》，《文物天地》1982 年第 7 期。

雷建红：《赵王陵 2 号陵考古收获与认识》，《河北省考古文集（四）》，2011 年。

雷晓伟：《汉代"物勒工名"制度的考古学研究》，郑州大学硕士学位论文，2010 年。

李恩佳：《战国时期中国的陶量》，《文物》1987 年第 4 期。

李家浩：《谈睡虎地秦简"夜草为灰"的"夜"——兼谈战国中山胤嗣壶铭文的"炙"》，《出土文献》（第 10 辑），上海：中西书局，2017 年。

李零：《跋中山王墓出土的六博棋局——与尹湾〈博局占〉的设计比较》，《中国历史文物》2002 年第 1 期。

李零：《再说滹沱——赵惠文王迁中山王于肤施考》，《中华文史论丛》2008 年第 4 期。

李零：《太行东西与燕山南北——说京津冀地区及周边的古代戎狄》，《青铜器与金文》（第 2 辑），上海：上海古籍出版社，2018 年。

李娜、艾虹：《中山国青铜器的出土与研究概述》，《沧州师范学院学报》2017 年第 3 期。

李卫华、杨珏、章梅芳：《从古代文献探"物勒工名"》，《北京科技大学学报（社会科学版）》2017 年第 6 期。

李文龙：《河北顺平县坛山战国墓》，《文物春秋》2002年第4期。

李晓东：《中山国守丘刻石及其价值》，《河北学刊》1986年第1期。

李晓琴：《赵国与中山国饮食习俗比较》，河北师范大学硕士学位论文，2009年。

李学勤：《平山墓葬群与中山国的文化》，《文物》1979年第1期。

李学勤、李零：《平山三器与中山国史的若干问题》，《考古学报》1979年第2期。

李学勤：《秦国文物的新认识》，《文物》1980年第9期。

李瑶：《战国燕、齐、中山通假字考察》，吉林大学硕士学位论文，2011年。

李玉洁：《试论我国古代棺椁制度》，《中原文物》1990年第2期。

李云端：《鲜虞人来自何方》，《文物春秋》1994年第4期。

李知宴：《中山王墓出土的陶器》，《故宫博物院院刊》1979年第2期。

梁勇：《恒山、石邑杂考》，《河北地方志通讯》1985年第1期。

林杰等：《中山国玉卜辞试释》，《文物春秋》1990年第3期。

刘宝才：《中山国亡于崇儒说献疑》，《文博》1986年第3期。

刘彬辉：《论东周时期用鼎制度中楚制与周制的关系》，《中原文物》1991年第2期。

刘超英：《战国中山国族属浅析》，《文物春秋》1992年增刊。

刘佳君：《东周赵文化研究——兼论考古学文化与族属》，北京大学硕士学位论文，
2012年。

刘来成等：《试探战国时期中山国历史上的几个问题》，《文物》，1979年第1期。

刘来成：《战国时期中山王兆域图铜版释析》，《文物春秋》1992年增刊。

刘厅：《中山王鼎铭文"咎"考释》，《文教资料》2013年第11期。

刘卫华：《传奇中山 雄风浩荡：战国中山国遗址出土的田猎、军事器具》，《收藏家》
2016年第5期。

刘卫华：《战国中山国黑陶赏析》，《收藏家》2013年第10期。

刘彦琪、王刚、赵娟、任晓磊、张烨亮：《甘肃礼县出土春秋时期青铜方壶的造型
工艺研究——兼论秦人的模块化生产方式》，《文物》2015年第1期。

刘英：《鲜虞中山族属问题研究》，河北师范大学硕士学位论文，2004年。

刘昀华：《中山王鼎铭"至于今"的句读》，《文物春秋》2000年第4期。

刘昀华：《战国中山王藏玉》，《收藏家》2002年第1期。

刘长：《战国时期鸟柱盘与筒形器研究》，《华夏考古》2014年第2期。

柳石等:《中山国故都——古灵寿城考辨》,《河北学刊》1987 年第 3 期。

路洪昌:《鲜虞中山国疆域变迁考》,《河北学刊》1983 年第 3 期。

路洪昌等:《石邑城址考辨》,《地名知识》1984 年第 6 期。

路洪昌:《战国中山国的经济》,《河北学刊》1985 年第 1 期。

路洪昌:《战国时期中山国的交通》,《河北学刊》1986 年第 5 期。

路洪昌:《战国中山国若干历史问题考辨》,《河北学刊》1987 年第 6 期。

路洪昌等:《中山早期地域和中人、中山其名》,《河北学刊》1988 年第 4 期。

罗福颐:《中山王墓鼎壶铭文小考》,《故宫博物院院刊》1979 年第 2 期。

马兴:《战国中山军事制度初探》,《史学集刊》2007 年第 2 期。

闵胜俊:《战国中山国青铜器铭文美学研究》,山东大学博士学位论文,2011 年。

牛俊法、陈建强:《魏灭中山之战考略》,《军事历史》2008 年第 2 期。

瓯燕:《栾书缶质疑》,《文物》1990 年第 12 期。

邱东联:《楚墓中人殉与俑葬及其关系初探》,《江汉考古》1996 年第 1 期。

饶宗颐:《中山君考略》,《古文字研究》(第 5 辑),1981 年。

饶宗颐:《中山君考略》,《学术研究》1980 年第 2 期。

商承祚:《中山王鼎、壶铭文刍议》,《古文字研究》(第 7 辑),1982 年。

商承祚:《中山王礜方壶圆鼎及奾蚉圆壶三器铭文考释会同篇前言》,《文物春秋》1992 年第 2 期。

尚志儒:《试论平山三器的铸造年代及中山王的在位时间——兼与段连勤同志商榷》,《河北学刊》1985 年第 6 期。

申云艳:《中山国瓦当初探》,《考古》2009 年第 11 期。

师宁:《再谈战国中山石邑地望问题——兼答梁勇同志》,《河北地方志》1988 年第 6 期。

石磊:《中山王族墓三号墓出土的六博局石雕板与古代之博戏》,《河北省考古文集(四)》,2011 年。

石永士:《战国时期中山国的交通概述》,《河北省公路交通史参考资料》(第 4 期)1981 年 11 月。

石永士:《中山国的时代与文化》,《河北省考古文集 (三)》,2007 年。

石志廉:《中山王墓出土的铜投壶》,《文博》1986 年第 3 期。

史石:《中山国青铜器艺术的特色》,《河北学刊》1982 年第 3 期。

史为乐:《中山国简说》,《河北师范大学学报（哲社）》1981 年第 2 期。

舒之梅、吴永章:《从楚的历史看楚与中原地区的关系》,《江汉论坛》1980 年第
1 期。

苏辉:《秦、三晋纪年兵器的刻铭及行款论析》,《郑州大学学报（哲学社会科学
版）》,2014 年第 6 期。

苏银梅:《器物的意蕴——谈中山国墓葬遗址出土的"山"字形铜器》,《石家庄学
院学报》2019 年第 2 期。

孙德惠:《古中山国青铜器物纹饰艺术审美探析》,《河北师范大学学报（哲学社会
科学版）》2011 年第 3 期。

孙华:《试论中山国的族姓及有关问题》,《河北学刊》1984 年第 4 期。

孙华:《中山王厝墓铜器四题》,《文物春秋》2003 年第 1 期。

孙机:《深衣与楚服》,《考古与文物》1982 年第 1 期。

孙启祥:《古石邑城的沿革及其地位》,《地名知识》1984 年第 8 期。

孙闻博:《鲜虞、中山族姓及渊源问题之再探》,《四川文物》2005 年第 5 期。

孙稚雏:《中山王厝鼎、壶的年代史实及其意义》,《古文字研究》（第 1 辑），
1979 年。

孙仲明:《战国中山王墓〈兆域图〉的初步探讨》,《地理研究》1982 年第 1 期。

孙周勇:《西周手工业者"百工"身份的考古学观察——以周原遗址齐家制玦作坊
墓葬资料为核心》,《华夏考古》2010 年第 3 期。

汤洁娟:《中原地区两周手工业遗存研究》,郑州大学博士学位论文，2017 年。

汤志彪:《晋系铜器铭文释读》,《古文字研究》（第 32 辑），北京：中华书局,2018 年。

唐晓峰:《中山〈兆域图〉:我国古代实用图的例证》,《上海文博论丛》2004 年
第 4 期。

唐宇:《汉代六博图像研究——以考古材料为中心》,中央美术学院硕士学位论文,
2013 年。

滕铭予:《中山灵寿城东周时期墓葬研究》,《边疆考古研究》（第 19 辑），北京：科
学出版社，2016 年。

天平等:《先秦中山国史研究之回顾》,《河北学刊》1987 年第 2 期。

天平等:《试论楚伐中山与司马子期》,《河北学刊》1988 年第 1 期。

天平等:《论鲜虞国的族姓、都城及其他》,《河北学刊》1989 年第 5 期。

天平等:《狄灭邢、卫实为中山灭邢、卫考辨》,《史学月刊》1990 年第 2 期。

天平等:《论晋伐中山与文公复立》,《晋阳学刊》1990 年第 5 期。

天平等:《论春秋中山与晋国赵氏渊源》,《河北学刊》1990 年第 6 期。

天平:《论春秋中山与晋国的关系》,《中国史研究》1991 年第 4 期。

天平:《"中山盗"解疑》,《河北学刊》1991 年第 6 期。

天平、王晋:《论山字形器与中山国的山川祭祀制度》,《世界宗教研究》1992 年第 4 期。

天平、王晋:《论魏灭中山与战国初期的格局》,《河北学刊》1993 年第 4 期。

天平:《对中山国都顾城的历史考察》,《大同高等专科学校学报》1998 年第 3 期。

田天:《西汉遣策"偶人简"研究》,《文物》2019 年第 6 期。

田伟:《试论两周时期的积石积炭墓》,《中国历史文物》2009 年第 2 期。

汪莱茵:《富丽的中山国文物》,《故宫博物院院刊》1979 年第 2 期。

汪笑楠:《"设官以司,物勒工名"——先秦楚国漆器手工业管理研究》,《设计艺术研究》2018 年 2 期

王纯:《中山古国的覆灭》,《河北省公路交通史参考资料》1984 年 27 期。

王冠英:《栾书缶应称为巢盈缶》,《文物》1990 年第 12 期。

王海航:《石家庄与石邑》,《石家庄科技报》1983 年 7 月 1 日。

王青芝、王照兰:《王先谦与〈鲜虞中山国事表疆域图说〉》,《兰台世界》2008 年第 2 期。

王腾飞:《东周燕墓再研究》,吉林大学硕士学位论文,2019 年。

王岩:《错金银四龙四凤铜方案》,《文明》2002 年第 4 期。

王颖:《战国中山国文字构形特点试探》,《社会科学家》2005 年 S1 期（增刊）。

王颖:《战国中山国文字研究》,华东师范大学博士学位论文,2006 年。

王勇:《平山三器若干问题研究》,《宁夏大学学报（哲学社会科学版）》1991 年第 1 期。

巫鸿:《谈几件中山国器物的造型与装饰》,《文物》1979 年第 5 期。

巫鸿:《中山王𰻞墓九鼎考辨——对"考古材料"与"考古证据"的反思》,《考古》

2020 年第 5 期。

吴静安:《中山国始末考述》,《南京师院学报》1979 年第 3 期。

吴荣曾:《中山国史试探》,《历史学》1979 年第 4 期。

吴艳丽:《河北出土商周青铜礼器、杂器铭文辑证》,河北大学硕士学位论文,2009 年。

吴艳丽:《河北出土商周时期中山国青铜礼器、杂器"物勒工名"格式探究》,《语文学刊》2012 年第 8 期。

吴振武:《释平山战国中山王墓器物铭文中的"鈆"和"私库"》,《史学集刊》1982 年第 3 期。

伍立峰:《战国中山国工艺美术的风格》,苏州大学硕士学位论文,2005 年。

伍立峰、梁会敏、曹舒秀:《战国时期中山国多重形象组合器物造型风格探议》,《装饰》2005 年第 12 期。

伍立峰、曹舒秀:《战国中山国工艺美术风格形成的背景》,《社会科学论坛》2006 年第 3 期。

武贞:《陶苑奇葩——中山黑陶》,《收藏界》2012 年第 8 期。

武庄:《中山国灵寿城与赵都邯郸城比较研究》,《邯郸学院学报》2009 年第 2 期。

武庄:《中山国灵寿城初探》,郑州大学硕士学位论文,2010 年。

夏渌:《战国中山二王名考——释古酿、好、壤等铭文及有关古鉨文字》,《西南师范学院院报》1981 年第 3 期。

夏素颖、韩双军:《河北平山县黄泥村战国墓》,《文物春秋》2004 年第 2 期。

夏自正:《中山国史简述》,《河北学刊》1981 年创刊号。

肖楠:《试论卜辞中的"工"与"百工"》,《考古》1981 年第 3 期。

辛迪:《两周戎狄考》,北京大学博士学位论文,2005 年。

徐海斌:《"中山侯钺"器名小考》,《南方文物》2008 年第 1 期。

徐海斌:《中山王器铭文补释三则》,《文物春秋》2008 年第 5 期。

徐海斌、陈爱和:《中山王方壶铭文"愿从士大夫"的释读及相关问题》,《井冈山学院学报》2009 年第 2 期。

徐海斌:《先秦中山国史研究综述》,《井冈山大学学报(社会科学版)》2010 年第 1 期。

徐海斌：《战国中山国的政治体制探析》,《河南师范大学学报（哲学社会科学版）》2011 年第 4 期。

徐海斌：《从出土货币资料看先秦中山国的商业》,《井冈山大学学报（社会科学版）》2011 年第 5 期。

徐海斌：《战国中山王墓所出兆窆图铜板铭文集释》,《兴义民族师范学院学》2014 年第 2 期。

徐海斌：《铜器铭文所见白狄中山之伦理观念——兼论白狄对华夏文化的认同》,《江汉论坛》2016 年第 9 期。

徐文英、韩立森：《燕下都与灵寿故城出土瓦当的比较研究》,《文物春秋》2012 年第 2 期。

徐文英：《燕下都与灵寿故城比较研究》, 河北师范大学硕士学位论文，2012 年。

徐文英：《战国中山国度量衡及相关问题》,《博物院》2019 年第 3 期。

徐中舒：《中山三器释文及宫堂图说明》,《中国史研究》1979 年第 4 期。

许建伟：《论中山王鼎铭"凭""仁"通假说不能成立——与陈抗同学商榷》,《中山大学研究生学刊（文科）》1981 年第 3 期。

薛惠引：《中山王世系》,《故宫博物院院刊》1979 年第 2 期。

扬之水：《闪烁在史书边缘的记忆——先秦金银器知见录》,《湖南省博物馆馆刊》,（第 14 辑）长沙：岳麓书社，2018 年。

杨博：《先秦中山国史研究概要》,《高校社科动态》2009 年第 4 期。

杨博：《河北地区所见先秦时期有铭兵器调查与研究》, 河北师范大学硕士学位论文，2011 年。

杨博：《谫论鲜虞中山国史的研究面向》,《石家庄学院学报》2019 年第 2 期。

杨泓：《介绍几件工艺精美的中山国铜器》,《中国文物》1980 年第 4 期。

杨鸿勋：《战国中山王陵及兆域图研究》,《考古学报》1980 年第 1 期。

杨建芳：《平山中山国墓葬出土玉器研究》,《文物》2008 年第 1 期。

杨建华：《中国北方东周时期两种文化遗存辨析——兼论戎狄与胡的关系》,《考古学报》2009 年第 2 期。

杨洁：《浅析青铜错银双翼神兽》,《文物世界》2010 年第 1 期。

杨蒙生：《清华简〈筮法〉篇"焉"字补说——兼谈平山中山王器铭中的一个相关

字》，《安徽大学学报（哲学社会科学版）》2018年第3期。

印群：《西周墓地制度之管窥》，《辽宁大学学报（哲学社会科学版）》2000年第4期。

于豪亮：《中山三器铭文考释》，《考古学报》1979年第2期。

袁锦标：《关于古中山国》，《石家庄晚报》1989年4月3日。

袁永明：《墓出土玉器研究刍议》，《文物春秋》1999年第6期。

张冲：《河北承载建筑元素的出土文物研究》，河北师范大学硕士学位论文，2016年。

张翠莲：《河北考古新发现与古代史研究》，《河北师范大学学报（哲学社会科学版）》2001年第4期。

张殿吉：《中山国城邦制度论》，《河北师院学报》1985年第1期。

张帆：《东周时期太行山东麓地区车马埋葬制度研究》，河北师范大学硕士学位论文，2016年。

张岗等：《鲜虞中山族姓问题探讨》，《河北学刊》1981年创刊号。

张建宇：《三晋纪年兵器的整理与相关问题研究》，吉林大学硕士学位论文，2018年。

张金茹：《鲜虞中山国青铜器的造型艺术》，《文物春秋》2002年第5期。

张克忠：《中山王墓青铜器铭文简释——附论墓主人问题》，《故宫博物院院刊》1979年第1期。

张娜：《战国中山国文字构形系统研究》，河北师范大学硕士学位论文，2009年。

张素凤：《中山王错方壶和鼎铭文字用研究》，《励耘学刊（语言卷）》2005年第2期。

张远山：《白狄中山、魏属中山秘史——兼驳〈史记〉"中山复国"谬说》，《社会科学论坛》2013年4期.

张政烺：《中山国胤嗣壶释文》，《古文字研究》（第1辑），1979年。

张政烺：《中山王壶及鼎铭考释》，《古文字研究》（第1辑），1979年。

赵诚：《"中山壶""中山鼎"铭文试释》，《古文字研究》（第1辑），1979年。

赵化成：《从商周"集中公墓制"到秦汉"独立陵园制"的演化轨迹》，《文物》2006年第7期。

赵化成：《从商周集中公墓制到秦汉独立陵园制的历史轨迹》，《古代文明研究通讯》，北京大学古代文明研究中心，2000年6月。

赵化成：《周代棺椁多重制度研究》，《国学研究》（第5卷），北京：北京大学出版社，

1998 年。

赵擎寰:《战国中山王墓出土公元前四世纪建筑平面图》,《工程图学学报》1980 年第 1 期。

甄鹏圣:《战国时期中山国商业经济发展研究》,河北师范大学硕士学位论文,2008 年。

郑绍宗:《略谈战国时期中山国的疆域问题》,《辽海文物学刊》1992 年第 2 期。

钟凤年:《试谈平山三铜器》,《文物》1981 年第 12 期。

周南泉:《中山国的玉器》,《故宫博物院院刊》1979 年第 2 期。

朱德熙、裘锡圭:《关于侯马盟书的几点补释》,《文物》1972 年第 8 期。

朱德熙:《中山王器的祀字》,《文物》1987 年第 11 期。

朱德熙等:《平山中山王墓铜器铭文的初步研究》,《文物》1979 年第 1 期。

朱俊英、张万高:《东周时期楚国高级贵族墓地剖析》,《楚文化研究论集》(第 4 辑),郑州:河南人民出版社,1994 年。

［日］松崎权子 著,陈洪 译:《关于战国时期楚国的木俑与镇墓兽》,《文博》1995 年第 1 期。

Jie Shi: "Incorporating all For One: The First Emperor's Tomb Mound", *Early China*, 2014.

Jie Shi: "The Hidden Level in Space and Time: The Vertical Shaft in the Royal Tombs of The Zhongshan Kingdom in Late Eastern Zhou (475–221 bc) China", *Material Religion, Material Religion:The Journal of Objects, Art and Belief,* Volume 11, 2015–Issue 1.

后 记

  本书是在博士学位论文《战国中山王墓研究：一种艺术史的视角》的基础上修订而成，正式出版更名为《考宅惟型：美术史视野下的战国中山王墓》。"考宅惟型"出自譻鼎铭文，原意是成为居官的典范，作为书名，"宅"则可以引申为居室或墓葬。副标题中的"战国中山王墓"特指譻墓，一方面譻墓是目前唯一一座战国中山国的国王墓，另一方面也有回避生辟字的实际考虑。

  论文最初完成于2015年暮春。在博士学位论文中，做墓葬的个案研究相当冒险，从选题到搭框架，举步维艰，写作更是一个不断怀疑、苦苦寻求突破的过程。在经历了数次打击之后，才勉力完成。尽管成稿相对匆忙，但确是学生时代经历的最大的一次历练。也是在同一个夏天，我挥别了在母校中央美术学院的十年光阴和学生时代，进入中国社会科学院考古研究所工作，开启了全新的征程。

  第一次大修论文是在2017年，也是考虑将其出版。当时受单位委派，在上海大学挂职，沪上的夏天酷暑难耐，白日里的工作琐碎而繁忙，只能借着夜色躲进台灯笼罩的一小方天地，将粗疏的枝叶尽力修剪。但遗憾的是，当年的出版机会落空，收到拒信和评审意见的下午，我正在美秀博物馆看贝聿铭的回顾展，失望的情绪瞬间漫入静谧的桃源乡。

相关研究数次被拒后，本就犹疑的我一度放弃出版书稿的念头，觉得它幼稚且充满自我陶醉。当然这个想法一直盘桓至今，时不时就会跳出来折磨我。相比于外部的困难，最致命的还是内心的怀疑。当再次重拾勇气面对书稿时，又过了将近三年。论文最后一次修改始于 2020 年春节。经过工作的磨砺和田野考古的训练后，再回头看学生时代的写作，难免会为简单粗暴的认识感到尴尬。这情形如同直面多年前尚且幼稚却又强装成熟的自己一般，陌生感和微妙的羞怯使整修书稿的工作变得十分痛苦。这次修改增补了近年来的新材料、新研究和部分之前未曾关注到的研究成果，删改了一些不成熟的认识，并重新制作了插图。文字表述也一并做了调整，一来减少语病，一来拆分了不少长难句，希望读者不至备受煎熬。

这次修改历时数月，从寒冬持续到初夏，仿佛回到埋首写作博士论文的日子。但是当下毕竟不同以往，2020 年初正值新冠疫情肆虐，一切工作停摆，全家困于室内。人生似乎从未如此断裂，也从未如此清晰地感受到，过去的日子一去不复回。作为人文学科学者，我不能阻止自己了解发生的事。海量的信息和汹涌的情绪席卷而来，恐惧、愤怒以及对伤痛的无能为力……这些感受对我而言是一次巨大的冲击，直到今天尚不能全然消化。

在这漫长的过程中，始终无法平复的自我怀疑和疫情带来的困顿，使我经历了三十多年来最严重的一次焦虑症。在核对最后一遍文献时，甚至不得不屏住呼吸，攥紧拳头才能勉强分辨屏幕上晃动的文字。精神和肉体的双重折磨常使我无法心无旁骛地进入研究，即便这个领域一直都是让人心安的庇护所，仿佛沉浸其中便可逃避世事，但是人又如何能做到真正的逃避呢？当我意识到这一点时，连逃避都变得困难了。

在研究中我惯擅切分和划定边界，材料、事实和观点是全然不同的存在，研究者对待研究对象，也应冷静、客观。但在反复进入和抽离的过程中，我终于困惑了，开始质疑清晰边界是否存在。选择将墓葬研究作为主攻领域，是因为天然对生死这一问题抱有着强烈好奇。墓葬是联系生和死的特殊场域，从中能看到社会、习俗、文化、信仰、宗教乃至政治的映像，但最不应忽视却时常被忽视的，反而是人对死亡的理解和感受。墓葬就如同为抵达另一世界准备的行囊，而葬礼则是隆重的告别，这其中有多少是仪式习俗，又有多少反映人对生和死的认知？透过器物、遗址或文献，我们研究的终归是人——观察和描述"物"并不全因为物本身，更应由物去理解人和人的行为。不论是今人或古人，总有共通的感受，而我所做的，不过是通过古人留下的痕迹，尝试回溯他们的经历和所思所想。人与物的关系紧密且复杂，脱离了特定的时空，今人不一定能捕捉这些转瞬即逝的关联，也不一定可以准确地感受或描述，但是我仍试图迈出这一步……当然这种追求难免受困于主观视角，文中有些推想，踩着极脆弱的证据链，现在看来未免简单、片面并且一些观点有过度阐释的嫌疑，自知对分寸的把握还相当稚拙，也只能留待日后懊悔了。

过去我以为历史是一扇窗，透过窗户可以逆转时光，窥见彼岸的世界和人。但或许历史是一面镜子，我们看到的终究是当下和自身。

学术是一条寂寞的道路，追寻真理的过程永远没有尽头，就如同在暗夜踽踽独行，茫然四顾而不知身在何处。幸而这阻且长的路途有师友们的指引、陪伴，他们是天上的星月，是路边的灯，是共举火把的寻路人。

感谢母校中央美术学院，让我拥有追求理想的信念和坚持自我的勇气。感谢导师郑岩教授，十余年来蒙老师的指导是我最大的幸运，老师是我的启蒙人也是引导者，在遇到老师之前我不知道自己竟也能做个好学生。感谢美院每位指导和鼓励过我的老师，尹吉男、贺西林、李军、西川、邵彦、黄小峰等师长，从他们身上学到的不仅是知识还有更多人生道理。感谢同门兄弟姐妹和学友们的陪伴和鼓励，我会将这些珍贵的记忆永远收藏。

感谢中国社会科学院考古研究所的领导、老师和同仁，包容和理解跨专业的我的种种异想和不专业。脚踏实地的田野工作让很多飘在空中的想法落了地。在考古所和考古学界的学习和工作，大大激发了我的潜能，也使我对学术、考古学，甚至原以为熟知的美术史，都有了更深认识。这些难以复制的宝贵经验让我觉得不负当初的冒险选择。

感谢杨泓先生，先生的关心和指导让我颇多受益并从中汲取力量。感谢河北省博物院郝建文老师、中山国古城遗址管理所黄军虎所长，感谢"燕赵风流"考察队的同学们，数次对中山故地的考察为研究打下基础。感谢巫鸿、苏荣誉、冯时、吴霄龙、陈凌、王伟、吴雪杉、仇鹿鸣、郭永秉、施杰、常怀颖、田天、张闻捷、耿朔、王子奇、王磊诸位师长和学友，为本书提供了重要材料和启发。感谢本书的编辑赵阳和北京大学出版社，为书的出版付出了大量时间和耐心。

感谢好友秦晓磊、阮晶京以及花家地学习小组的每位成员，少年结交一路相伴，十余年来一起学习、工作和玩耍，为了理想从未停下脚步。感谢父母家人，尊重我走自己选择的路。感谢我自己，虽然时常觉得痛苦疲乏让人寸步难行，但仍坚强活着，并且从未放弃学习和思考。还要感谢 GALA 和 Queen 两支乐队以及网易云音乐（经常猜不准的）心动模式，为我的学术领域提供结界，毕竟在我的 BGM 里没有人能打败我。

2021 年 9 月 21 日中秋佳节于北京